# 大型电厂复杂地基基础设计案例集

西南电力设计院
本书编委会 编

中国建筑工业出版社

**图书在版编目（CIP）数据**

大型电厂复杂地基基础设计案例集/西南电力设计院，本书编委会编. —北京：中国建筑工业出版社，2011.9
ISBN 978-7-112-13475-5

Ⅰ.①大… Ⅱ.①西…②本… Ⅲ.①发电厂-地基-基础（工程）-设计-案例-选集 Ⅳ.①TU271.1

中国版本图书馆CIP数据核字（2011）第167946号

本案例集为复杂地基条件下的大型电厂工程地基处理及基础设计的成功经验。分为山区电厂和滨海电厂两部分，共14个案例。较为典型的有：针对滑坡、边坡及深厚回填土的防治及处理，针对特殊地形布置的边坡上建构筑物的地基处理，针对非常发育的岩溶地基处理等山区电厂面临的复杂地质条件的地基基础设计实例；以及针对高烈度地震区严重液化软弱土层的抗液化处理及软土地基处理，高烈度地震区软弱土层上的减沉疏桩基础的应用，高烈度地震区深厚极软土的处理，软土地基处理等滨海电厂各种软弱土层的处理实例。

本书可供电力系统土建设计人员学习参考。

* * *

责任编辑：赵梦梅 李天虹
责任设计：张 虹
责任校对：王誉欣 姜小莲

**大型电厂复杂地基基础设计案例集**
西南电力设计院
本书编委会 编
*
中国建筑工业出版社出版、发行（北京西郊百万庄）
各地新华书店、建筑书店经销
北京红光制版公司制版
北京建筑工业印刷厂印刷
*
开本：787×1092毫米 1/16 印张：12¾ 字数：310千字
2011年10月第一版 2011年10月第一次印刷
定价：**32.00**元
ISBN 978-7-112-13475-5
(21241)

# 《大型电厂复杂地基基础设计案例集》
# 编 辑 委 员 会

# 序

《大型电厂复杂地基基础设计案例集》一书汇集了西南电力设计院近10年在国内及国外的各种复杂场地上完成的电厂工程的地基处理和基础设计典型案例和实例。该书涵盖了山区电厂和滨海电厂可能面临的大量山区地基和软土地基工程地质问题及相应的处理实例，部分处理实例具有前瞻性和开创性，处于国内先进水平，具有应用价值。

综观这本书可以认为：

（1）本书的内容丰富多样。不仅包括了山区电厂经常遇到的挖方边坡、填方边坡、滑坡、大面积填土、岩溶等工程地质问题的处理实例，还包括了通过合理利用山地地形地貌优化建（构）筑物的布置从而规避可能形成新的挖填方边坡的处理实例；不仅包括了在高烈度地震区（8度0.3$g$）软土地基上建设电厂时可能遇到的严重液化、震陷、沉降过大等危及电厂安全的技术难题的处理实例，还包括了1000MW等级特大型电厂在软土地基上建设时的软土地基处理实例。针对这些多种多样的地基处理实例，本书均一一作了详细的阐述。

（2）本书阐述的高烈度地震区软土地基上建设大型电厂的地基处理实例中，严重液化土层的抗液化处理、严重液化土层上大面积堆载时的软土地基处理、极软土的消除震陷处理、减沉复合疏桩基础的应用等地基处理技术均成功在大型电厂的软土地基处理设计中得到应用，这些应用实践不仅验证了相关的理论，也为相关理论的进一步完善提供了工程应用支撑。

（3）本书中的实例汇集了国内、国外电力工程实践中大量复杂场地条件的地基处理，是当今中国电力建设“立足国内、走向世界”的发展道路的缩影，也是电力土建技术水平达到了一个新的高度的见证。部分实例是由设计单位依托高校的理论研究优势共同联合科技攻关，反映了对于重大的工程项目，合作攻克科技难关是行之有效的。

本书汇集了在各种复杂场地条件上建造大型电厂（300～1000MW等级）时针对地基的处理和基础的设计的大量实例，包括了山区地基和滨海软土地基的多种多样的处理技术手段应用实例，特别是高烈度地震区的软土地基抗震处理设计实例，这些工程实例不仅对电力建设而且对其他各行各业都具有很好借鉴意义。

本书收录的所有工程实例均已付诸实施并经受住了实践的考验，事实验证了实例中所采用的工程处理方法、措施是得当的、安全可靠的，具有一定的推广应用价值。

最后，希望有更多的实际工程的地基基础领域的案例集问世，推动我国的地基工程理论和应用水平的不断前进。

中国工程院院士

后勤工程学院教授

郑颖人

2011年6月

# 前　　言

能源是现代社会发展的基础，电力是能源的重要组成。改革开放30年来，中国的经济发展举世瞩目，电力建设的快速发展为国民经济的发展提供了重要的保障。特别是进入21世纪后，电力建设者们立足国内，走向世界，创造了电力建设发展史上一个又一个的辉煌。国内，西部大发展带来了电力发展新机遇，大批600MW和1000MW等级的大型火力发电厂的建设使我国电力建设的规模和质量有了极大的提高；国际上，大量大型火力发电厂的建设投产使我国电力建设的国际竞争力不断增强，涌现出一批具有国际竞争力的电力建设和设计咨询公司。

工程建设，设计先行。西南电力设计院作为中国电力建设设计咨询的龙头企业之一，紧紧抓住了中国电力建设快速发展的历史机遇，先后在国内外完成了大量的大型电厂设计工作，攻克了许多工程技术难题，为我国的电力建设发展作出了贡献。尤其是近十年来，我院先后完成了大量以贵州盘南电厂和发耳电厂（均为4×600MW）为代表的在山区复杂地形地貌和地质条件的电厂项目、以浙江宁海电厂二期（2×1000MW）工程为代表的滨海电厂项目、以印尼中爪哇电厂和拉布湾电厂（均为2×300MW）为代表的国外电厂项目的勘测设计工作，为总结和分享这些设计经验特汇编了《大型电厂复杂地基基础设计案例集》一书。

本书涵盖了多种复杂场地条件下的地基处理及基础设计的实际工程实例。全书根据场地条件分为两个部分，山区场地条件和滨海软土场地条件。其中在山区场地条件下建造大型电厂时的地基处理和基础设计案例主要阐述了深厚填方的处理、滑坡的防治治理以及发育岩溶地基处理等工程实例，还阐述了在山地条件下合理利用地形进行结构布置来规避可能出现的高挖、填方边坡治理等工程实例。滨海软土场地条件下建造大型电厂时的地基处理和基础设计案例则主要阐述了我国江浙沿海软土场地上建造1000MW等级电厂时的地基处理及基础设计实例；同时还阐述了在印度尼西亚高烈度地震区（8度0.3$g$）建造大型电厂（300MW等级）时的大量地基抗震处理设计实例，包括：软土地基饱和砂土严重液化时的抗液化处理、重要建（构）筑物的基础选型及分析计算、大面积堆载的地基处理、控制沉降复合疏桩基础的应用以及极软土（淤泥）的地基处理等工程实例。这些工程实例涉及的场地条件广泛，比较具有代表性。

本书中的滨海软土场地条件的工程实例是我院借助浙江大学在软弱土地基处理与基础工程方面的研究成果，进行共同联合工程技术攻关所获得的成果，这些成果还成功推广应用到我院近年承担的其他数十项国内外大型火力发电厂工程中，为这些电厂的顺利建成和稳定运行奠定了坚实基础。

本书可供科研设计单位及相关院校的土建专业人员参考。

由于我们水平有限，书中难免存在不足之处，恳请广大读者和同行批评指正。

2011年6月20日

# 目　录

## 第一篇　山　区　电　厂



## 第二篇　滨　海　电　厂

# 第一篇
# 山 区 电 厂

# 1 强夯法处理山区地基的设计与实践

山区电厂一般为坑口电厂，建厂条件比较特殊，经常出现较大的挖方和填方。深厚填方处理不当容易造成场地的稳定隐患，进而威胁电厂的建（构）筑物安全。本文介绍某电厂深厚填方采用强夯处理的分析设计及实际应用情况，可供类似山区电厂参考。

## 1.1 工程地质概况

贵州某600MW等级电厂厂址区域由于新构造运动的间歇性掀斜抬升及江河的强烈切割，形成山峦叠嶂、地形破碎的高原型构造侵蚀、剥蚀中低山山原地貌。区域的气象条件具有雨季较短且暴雨特别集中的特点。

厂区为构造剥蚀中低山斜坡，呈大致阶梯状斜坡地貌，受近东西向展布的河流及其支流的切割，地形起伏较大且较为破碎。总体地势北东高南西低，南北高、中间低，自然地面标高1015～1125m，高差约110m。

场地上覆第四系地基土成因类型多样，主要分为残坡积层、冲洪积成因及滑坡堆积成因，下伏基岩为二迭系上统龙潭组（P2L）的砂、泥岩互层夹煤层。

场地内各岩土层由上至下划分为：

①层　素填土（$Q^{ml}$）：多为碎石和黏性土混碎石，结构松散-稍密，厚度一般小于3.0m。

②层　滑坡堆积层（$Q^{del}$）：主要分布于北西侧的H3滑坡体中，成分复杂，由可塑状粉质黏土混碎石、块石、碎石混黏性土及鸡窝状煤层组成，结构稍密，部分低洼地带受采煤影响，岩体破碎，结构松散，滑坡体厚度约为6.7～24.3m。

③层　冲洪积层（$Q^{al+pl}$）：由于受山区河流物质来源的影响，河流、洪流沉积的冲洪积层成分复杂，厚度一般6.0～10.0m，最大厚度达13.0m。划分为$③_1$、$③_2$、$③_3$、$③_4$、$③_5$及$③_6$六个亚层：

$③_1$层：粉质黏土，灰黄色，软塑状，厚度小于1.0m。

$③_2$层：粉质黏土，灰色、褐黄色，可塑为主，局部为硬塑，厚度一般较小，局部分布于河流阶地。

$③_3$层：含碎石黏性土，颜色较杂，可塑-硬塑状，碎石粒径20～80mm，含量约为15%～35%，多为中等风化的砂岩、玄武岩。

$③_4$层：含黏性土碎石，颜色较杂，碎石粒径30～90mm，多为中等风化的砂岩、玄武岩等，为稍密状。

$③_5$层：圆砾，粒径为10～20mm，成分主要为砂岩、玄武岩等，稍密，局部分布于阶地中。

$③_6$层：卵石、漂石，灰色、褐黄色，粒径30～180mm为主，最大粒径可达500mm，卵石成分为中等风化的砂岩、玄武岩。骨架颗粒之间充填砂、砾石，主要沿河谷阶地分布，为稍密-中密。

④层　残坡积层：($Q^{el+dl}$)，分布于斜坡及坡脚地带，厚度约1.0～20.0m，局部地段26.0m，通过膨胀性试验，普遍具有弱膨胀性。划分为$④_1$、$④_2$、$④_3$、$④_4$及$④_5$五个亚层：

$④_1$层：粉质黏土，灰黄色，软塑状，厚度一般3.0～5.0m。

$④_2$层：粉质黏土，灰色、褐黄色，可塑、硬塑为主，厚度一般较小，局部分布于山地斜坡上。

$④_3$层：含碎石黏性土，颜色较杂，可塑-硬塑状。碎石含量约为10%～40%，粒径20～80mm，多为中等风化的砂泥岩，厚度变化较大。

$④_4$层：含黏性土碎石，灰色、褐黄色，碎石粒径30～120mm，稍密为主，碎石为中等风化的砂泥岩。混可、硬塑黏性土，含量一般小于40%，厚度变化较大。

$④_5$层：块石，为残坡积、崩积成因，以中等风化、微风化的砂岩为主，灰白色，粒径大小不等，最大粒径超过4.0m。

⑤层　砂泥岩夹煤层，系软质岩组，岩性软硬相间，呈互层或夹层状，为二叠系龙潭组的中上煤组地层。

## 1.2　面临的几个问题

厂址区域的地质条件复杂，场地地形起伏大，按设计拟建的场地标高，场地低洼及部分河道地段需要大面积填方，填方厚度5～35m，填土总量超过500$m^3$。

对填土必须进行可靠、有效的处理。强夯是一种经济而简便的、有效的方法，一方面加速填土前期固结，并提高填土的物理力学性能；另一方面，强夯能极大地减少甚至消除填土的后期沉降，消除回填土对桩基的负摩擦力。

厂区范围内的压实填土地基主要分布在水务区、厂前区和升压站等地段。处理方法是采用大面积强夯为主、分层碾压为辅的施工工艺进行处理。

该电厂地基强夯面临和需要解决的几个工程岩土问题：

(1) 场地稳定性问题

由于建筑场地位于山区，地形复杂，建筑场地处于大挖大填地区，部分重要建筑物位于高填方场地上，因此场地稳定性问题十分突出。

(2) 强夯时产生的振动、侧向挤压和位移带来的边坡稳定性问题。

(3) 高填方带来的桩负摩擦力问题。

## 1.3　强夯的场地分区

厂区布置如图1-1所示。根据厂址区域的设置、厂区的工程地质条件以及地基处理的影响程度和加固设计要求，强夯的场地主要分为如下所述五个区域。

(1) Ⅰ区（冷却塔部分地段）

主要位于厂区南侧的冷却塔部分及办公楼部分的深厚填土地段，最大填土厚度达

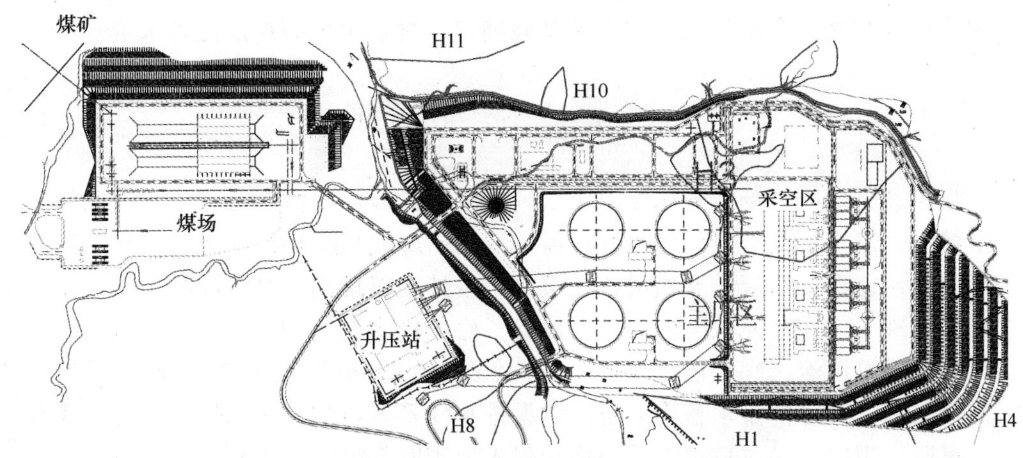

图 1-1　贵州某 600MW 等级电厂厂区布置图

25m。其中河道区（1 号、3 号冷却塔及其南侧办公楼部分地段）需进行原土基强夯。

(2) Ⅱ区（水务区部分地段）

主要位于厂区的西侧、西南侧的深厚填土地段，最大填土厚度达 35m。该区河道区需进行原土基强夯。

(3) Ⅲ区（H3 滑坡地段）

在 H3 古滑坡体范围内的建（构）筑物地基滑坡体较破碎且成分复杂，具有极大的不均一性，不能作为重要建（构）筑物的天然地基，在 H3 古滑坡体范围内的建（构）筑物地基场平后拟采用强夯、桩基础穿过滑体等工程治理措施，以确保场地及建（构）筑物的稳定性。对 H3 古滑坡体地段需进行原土基强夯。

(4) Ⅳ区（场地北西侧的小煤窑采空区地段）

场平 1065m、1075m、1085m 的地段，当小煤窑采空区出露或较浅时，应清除采空塌陷区，并进行回填强夯处理。

(5) Ⅴ区（升压站地段）

该地段为单斜坡地貌，场地半挖半填，最大填方厚度达 25m。

## 1.4 填料组织

强夯施工的成败首先取决于填料组织，特别是饱和土体的强夯施工主要措施就是改善填土成分。为此，在现场条件允许的情况下，应尽量改善填土成分。

填料来源于开挖区，主要由泥岩、砂岩、黏土等组成。由于泥岩易风化成土状，影响强夯效果，所以场地填方时，要求将作为填料用的砂岩较均匀地混在泥岩及黏土中，砂岩占全总的 30%以上，这就要求开挖回填施工应有计划性。为此，在进行填料组织时，按如下要求进行：

(1) 表层耕土、生活和建筑垃圾及有机质含量大于 5%的土及煤层不能作为回填料使用。

(2) $③_1$ 和$④_1$ 软塑黏土层应予挖除，集中堆放，用于以后厂区的绿化用土。

(3) 填料级配：填料最大粒径小于 40cm，不均匀系数 $C_U>5$，曲率系数 $C_C>1$。填土的最大干密度和最优含水量可采用击实试验确定，含水量控制在最优含水量±2%。

## 1.5 排 水 措 施

由于河流部分地段为场地的深厚填土区域，相应的地段河流改道。为了让场地填土不处于饱水状态，以增强其自身的稳定性，需要采取措施使填土场地中的地下水及河道两侧斜坡的地下泉水能通过河流的原始河道在填方边坡处顺畅排出。基于这种考虑，在完成回填土工程施工准备工作及原状土强夯后，设置了底部排水系统和填土内部排水系统。

具体做法是原河流区底层满铺 150mm 厚碎石＋500mm 厚块石＋150mm 厚碎石透水层，另外沿河床底设纵向排水盲沟，盲沟内设排水软管，盲沟上做回填土（石）强夯。

当有泉眼出现时，采取盲沟方式，将水引入河床底部纵向排水盲沟排走。

填土中设两层碎石结合的排水网格，强夯至设计标高后再开挖施工。

以上排水设施与河岸边坡排水系统中隔离带后的碎石排水层相连，组成整体排水系统。

## 1.6 强 夯 参 数 设 计

到目前为止，强夯法还没有一套成熟、完善的理论和设计计算方法，需要先初步选定强夯参数，再通过现场试夯确定。

设计主要关心强夯后的有效影响深度和该深度范围土的改善程度。根据《火力发电厂地基处理技术规定》（DL 5024—93），$D=\alpha\sqrt{mH}$，其中 $\alpha$=0.3～0.6，它不仅与锤重、锤形、落距有关，还与夯点布置、夯击数、土体性质等有关。

强夯能级决定强夯的处理深度，在相同的土层和相同的夯击工艺情况下，在有效影响深度范围内不同的强夯能级，处理效果相差不大。本工程填方量大面广，考虑到工程的重要性、工程进度及施工经济效果，填筑体分层厚度暂定 6m，强夯能级采用 4000kN·m；对需处理原土层厚度＜5m 时，强夯能级采用 3000kN·m，原土层厚度≥5m 时，采用 4000kN·m，原土层厚度≥7m 时，采用 6000kN·m。影响系数 $\alpha$ 取较小值，约 0.3。

通常选择夯锤质量（单位 t）和落距（单位 m）以两者数字相近为宜。从经济效果看，可以适当增大落距以加大单击能量。本工程填筑体强夯选定锤重 20t，落距 20m，对原土基强夯则根据土层情况做调整。

根据锤底面静压力 30～50kPa 确定锤底面积（本工程为 5m$^2$）。一般情况是对软土锤底静压力取低值，较硬的土取高值，这样使单位面积的冲击能量与土体的强度匹配，不至于使锤对土体的作用以冲切力为主。

经过多年的工程实践，对于不同能级、不同锤形参数，有经验的施工单位基本上已有固定的夯参数和布点形式，强夯试验一般不再进行不同夯距和不同布点形式的比较。

单点夯击数、夯击遍数和夯击顺序是强夯试验的重点，单点夯击数涉及土体加固后强度的高低，而夯击遍数则直接受地基土含水量高低、饱和度大小的制约，影响到强夯的总体加固效果。在试验中应重点加强每遍强夯时的监测和加固效果检测。

## 1.7 强 夯 试 验

根据厂址区域的设置、厂区的工程地质条件以及地基处理的影响程度和加固设计要求，采用不同能级的强夯对原土基地面区和填方区填筑体分别进行强夯试验，以验证采用本工艺进行地基处理的可行性。

强夯试验主要包括 4000kN·m、6000kN·m 原土基直接强夯和 4000kN·m 夯坑中加填料强夯试验，5m 填筑体 3000kN·m 强夯、5m 填筑体 4000kN·m 强夯、6m 填筑体 4000 kN·m强夯和 9m 填筑体 6000kN·m 强夯。

从原土基强夯的试验结果证明，经强夯加固后地基承载力特征值 $f_{ak}\geqslant 300$kPa，密实度比夯前有明显提高，压实系数 $\lambda_c>0.97$，地基变形模量 $E_0=24.8\sim57.8$MPa；4000kN·m直接强夯的有效加固深度为 7m，6000kN·m 直接强夯的有效加固深度为 9m，4000kN·m 填料强夯的有效加固深度为 7m。影响深度内干密度、压缩性均得到明显改善，渗透性降低。

从填筑体强夯的试验结果证明，经强夯加固后地基承载力特征值 $f_{ak}=225\sim375$kPa，压实系数 $\lambda_c>0.97$，地基变形模量 $E_0=11.9\sim51.9$MPa；强夯加固效果依次为：5m 填筑体 4000kN·m、5m 填筑体 3000kN·m、6m 填筑体 4000kN·m 和 9m 填筑体 6000kN·m，其中 9m 填筑体 6000kN·m 强夯效果较差，这除了填筑厚度大外，和填料组织以及含水量有关。

强夯试验结果表明：

(1) 由于本场地地质条件的复杂性，原土基直接强夯法和填料强夯法并不能截然分开，填料强夯法用于特定的覆盖③$_2$、④$_2$ 土层的区域，而直接强夯法则用于其他区域，在使用过程中由于地质条件的差异性及气候原因，必然包含一定的填料强夯法，只有这样才能保证强夯的总体施工质量。

(2) 对于河道区域，地下水位较高地段，在强夯前应铺设 0.8m 厚度砂岩碎石土土层(不包含泥岩)。

(3) 对于地下水泉水出露地段，必须构筑盲沟，在沟内回填硬质碎石，将水引出场地外。在试夯中，载荷试验和动力触探各有一点检测结果偏低，属非正常值，经现场勘察明显反映了一个事实，即该区工程地质条件中的特殊性和不均匀性，出现弱点同该试区属于河道，地下水位偏高和夯击过程中地下泉水出露有极大关系。

(4) 填筑体强夯泥岩土质的加固效果明显优于黏性土，大面积施工特别是雨季时应尽量采用砂泥岩。

## 1.8 总 结

针对前面所述的主要岩土工程问题，作为山区电厂其填土地基强夯设计与施工需注意和采取的措施主要如下：

(1) 保证场地稳定的措施

首先要做好原地面的清理，对原始地表应全部清除施工场地内所有的障碍物，如树木、树根、旧有建筑物和基础等；全部清除表层耕植土、淤泥、垃圾、草皮以及有机质含量大于5%的土；对于原土基中存在的③$_1$、④$_1$软塑黏土层应予清除，然后回填挖方碎石土至起夯面标高。

要做好填筑面与原地面结合部的处理，山坡的填方地段在填土堆积前，必须对原始倾斜（坡度大于5°）的地表挖成阶梯形，并进行反台阶（台阶宜内倾）处理，台阶宽度不小于6m为宜，阶梯高宽比不大于1∶3，台阶施工与填筑同步进行，不应过早开挖，以免雨水冲刷风化，影响质量。

要做好地表水的处理，对原地面存在的泉眼、地下径流应无一遗漏逐个处理。设置暗管、盲沟、检查井等排水措施，使地下泉水、地下径流水排出。

要非常重视排水系统的合理有效设置。场地平整后在原河流区域底部铺设800mm厚的碎石及块石，主要有两方面考虑：一方面是起排水作用；另一方面是考虑整个场地的稳定问题。一旦出现排水不畅、填土饱水，将影响整个场地和河道护坡的稳定，并将严重影响布置在该区域场地上的冷却塔的安全，其后果相当严重。

（2）保证边坡稳定的措施

根据经验，地下水位以上土层强夯时产生的侧向压力和位移，其对边坡稳定性影响极其有限，其数值不超过地下水位以下土层强夯时的几十分之一，而本场地填土地基绝大部分位于地下水位以上，这对保证边坡稳定是非常有利的。

振动影响的一般规律是标高低处强夯对标高高处产生的影响是放大，标高高处强夯对标高低处产生的影响是衰减，而且衰减幅度是非常大的，这对本场地是非常有利的，随着填方的增高，强夯对坡角的影响将很小，同时由于过渡带（或者减振沟）的存在，强夯振动对侧向影响也大大衰减。

针对强夯时产生的振动、侧压力、侧向位移对边坡的影响，当土坡边有挡土墙时，在强夯范围与挡土墙之间设置隔振沟，如强夯区与河道填方边坡之间；或者设置碾压过渡带（相当于一个隔振沟），待强夯完成后，再分层碾压并和填筑体连接。

当边坡无挡墙时，可在强夯施工完成后，再用低能级强夯或分层碾压对边坡进行压实处理。

强夯试验时应进行侧向位移和侧压力监测，取得实测数据，确定侧向影响宽度。

（3）高填方桩基负摩擦问题

高填方如果不存在湿陷和降水问题，在周围无其他以强夯地基为持力层的建（构）筑物或地面堆载时，桩基负摩擦力只有在自重压力下的固结沉降时才会产生，本场区虽然填土厚度大，但填土是分层填筑，分层强夯，总的时间跨度在半年以上，这个过程本身对原土地基就相当于一个堆载预压的过程，考虑到原土地基土层的物理力学指标，好于一般软黏土和冲填土，而各个土层又进行强夯处理，所以在构筑物施工时，整个地基自重压力下的固结沉降可以认为已经基本完成，即使有也很小，由地基土体自身的后期固结沉降引起的桩基负摩擦力很小。

# 2 某600MW等级电厂煤场高填方边坡变形处理实例

山区电厂的建厂条件比较特殊，经常出现较大的挖方边坡和填方边坡，这些边坡处理不当容易造成场地的稳定隐患。本案例介绍某电厂煤场区填方边坡发生滑移变形后的分析处理措施，成功地防止了边坡的继续滑移，确保了煤场构筑物的安全。

## 2.1 概　　况

某600MW等级电厂地处山区，煤场场地为宽缓顺向坡，坡面起伏，自然坡角一般5°～10°，岩层倾角8°～15°，岩层倾向与坡向基本一致。煤场采用半挖半填，填方边坡侧临近河道，煤场零米标高1046m，填方边坡坡脚最低点标高1009m，相对高差达37m，填方边坡按1∶2.5放坡，设2～3道3m宽马道，原设计坡脚为3m高浆砌块石挡墙。

2005年1月，在场平回填过程中，发现局部地段挡墙有1～2cm的水平位移，墙体出现纵向深度0.5m左右的拉裂缝现象，并且有发展的趋势。分析其原因，认为是挡墙未落到基岩上，挡墙下局部灰黑色软泥未清除，发生沉降和局部滑移变形破坏。因此，进行了第一次处理，为防止边坡出现滑坡，处理方案为原设计挡墙脚以外4m处设置抗滑桩，共151根，桩直径1.2m，中心距离3.2m，地面以下桩长约18m，地面以上桩长度为2m，桩间设置挡板，厚度0.4m。桩、挡板与原来设计挡墙之间空挡部位采用土夹石回填。

2005年5月底，下了两场暴雨后，于6月1日发现部分增设的抗滑桩及挡板产生裂缝，而且煤场零米标高1046m处及坡脚外侧农田中也有裂缝。分析其破坏原因，认为仍然是填土边坡沿软弱层面及下伏基岩面发生顺层滑移，抗滑桩不足以承受下滑推力，说明当初抗滑桩设计参数取值不合理，对灰色软泥认识不足。因此，进行第二次处理，处理方案在原设计的18～94号抗滑桩区段新增加48根抗滑桩，桩尺寸2m×3.5m，间距5.0m，桩长为地面以下约为22m，地面以上3m，为保证土体不从桩顶冲出，方桩与原来的桩连为整体受力，两者之间保持2.0m净距，嵌入中风化基岩7m。此外，为防坡体受阻后沿桩前冲出，桩前设计反压荷载。

## 2.2 地 质 概 况

根据工程勘测及施工挡墙时基槽开挖揭露，场地地层为残坡积细粒混合土，下伏龙潭组砂泥岩夹煤层，坡脚的基础底面局部发育有灰色软塑状黏性土，填方边坡坡脚挡墙区段地层自上而下主要有以下几层：

红褐色、黄褐色及杂色可塑状黏土夹砂泥岩风化颗粒，岩屑粒径2～5mm，岩屑含量占土重的40%，呈松散-稍密状，其中局部地段含厚度小于1.0m的灰色软塑黏土。该层残坡积土层厚 3～8m。

浅黄色、灰色泥岩、砂质泥岩、砂岩夹煤层，强风化厚度 2～5m。下为中等风化的深灰色薄至中厚层泥岩、砂岩、粉砂质泥岩互层夹煤层，煤层厚度小于 0.5m。其中强风化岩石岩芯较破碎，多呈碎颗粒状及砂状，局部土状；中风化岩体相对完整，岩芯呈柱、短柱状等。

此外，地形上填方边坡坡脚位于河道的Ⅰ级阶地后边缘，阶地宽 25～40m，与河道河床高差小于 10m，顺向边坡的基岩倾伏于河床之下。场地的地下水位埋深 3～4m。

## 2.3 变形和破坏机制分析

### 2.3.1 裂缝的分布

(1) 边坡处理平面图见图 2-1，其中 34～88 号抗滑桩均不同程度分布有裂缝，桩顶裂缝与桩线平行，呈张性裂缝；桩身裂缝多为倾角 30°～50°，呈剪性裂缝；桩身有明显的倾斜，由于缺乏桩的竣工资料，所以无法测出桩的变位大小。

(2) 抗滑桩线上部 1046m 平台分布有 60m 左右长的弧形裂缝，宽 5mm，大致平行于抗滑桩线，呈张性裂缝，一端与 52 号桩相对应，另一端与 88 号桩相对应，距填方平台顶边缘 20m。

(3) 抗滑桩线下部（靠河道侧）农田中共发现 4 条张性裂缝及 2 条剪裂缝，缝宽 2～5cm，长度不等。

图 2-2 所示为抗滑桩和挡板的裂缝；图 2-3 所示为伸缩缝处的变形；图 2-4 为煤场地面的裂缝。

### 2.3.2 变形及裂缝产生的原因

(1) 边坡结构

顺向坡坡度 12°～14°，地形坡度与岩层倾角基本一致。边坡上部为覆盖层，由残坡积砂质黏土夹风化碎石块组成，平均厚度 7～8m；下为 0.4～0.9m 厚的灰色、灰色软塑状的黏土（软泥）；再下为强风化和中风化的砂岩、泥岩、炭质页岩、煤层等煤系地层。边坡的最上部为人工填土的高填方，最高填方厚度 26m，主要成分为碎石土。

(2) 软弱结构面

边坡结构中的灰黑色软塑状黏土，经取样试验，重塑剪切结果，三组平均值为：$c=9.1\text{kPa}$，$\varphi=3.5°$。该灰黑色软泥的形成，主要原因是泥岩经地下水长期活动作用的结果。灰黑色软泥即为潜在的滑动带（面）。

(3) 经检测，填土视电阻率及压实系数差异性，高填方回填土质量不满足要求，透水性极强。

(4) 暴雨

根据规范要求，在施工期和使用期阶段应避免地表水及地下水大量渗入坡体，而煤场地面和其下的边坡表面未设临时排水设施，永久性排水设施还未完成，连续几天下大雨后，雨水便沿高填方强透水体渗入至软泥界面而产生强烈的活动，软泥的强度进一步降低，渗透压力增

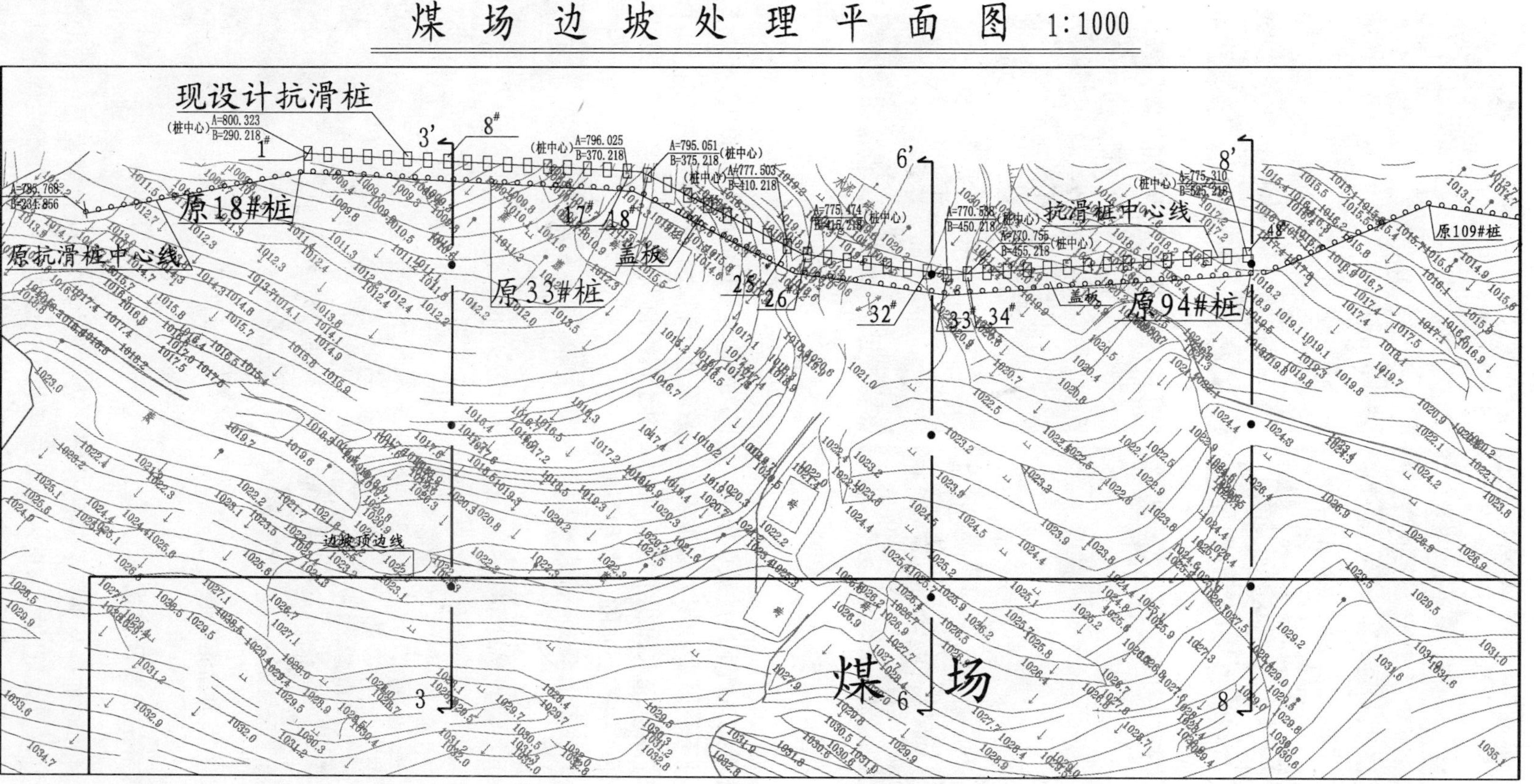


图 2-1　某煤场边坡处理平面图（1：1000）

(a) (b) (c) (d)

图 2-2　抗滑桩及挡板裂缝

加，填土处于饱水状态，产生冲蚀破坏作用。这是产生边坡变形的最主要原因。

基于上述种种不利因素，填方边坡安全系数降低，剩余下滑力急剧增大，由于抗滑桩及挡板的阻拦，并未产生大面积滑坡。然而，由于抗滑桩及挡板的承载力不足以抵挡急剧增大的下滑力，便产生了上述的变形和裂缝。

图 2-3　伸缩缝处变形

图 2-4　煤场地面裂缝

### 2.3.3　变形和破坏的机制及模式

根据物探资料和对桩身及平面裂缝的分析，边坡结构中的灰色软泥是潜在的滑动面，由于堆载（高填方）及大量的雨水贯入活动并增载，边坡先于高填方产生固结沉降裂缝，再沿灰色软泥缓慢地下滑引起深部的应力与应变，使以阻力为主的近水平段岩体发生剪切破坏，将其重量全部压在抗滑桩及挡板上，抗滑桩及挡板产生各种裂缝。又由于抗滑桩及挡板的变形，使其下部农田中的土变形产生裂缝。其滑动模式有两种：

（1）边坡在煤场坡顶的填土地面产生裂缝后，与残坡积层中的灰色软弱土层（软泥）构成贯通的复合滑动面滑动，遇抗滑桩及挡板受阻，定义为浅层滑动。

（2）边坡在煤场坡顶的填土地面产生裂缝后，再沿下伏的残坡积层与基岩的接触面及填方边坡坡脚地带的深埋灰色软泥层面构成贯通的复合滑动面滑动，由于受填方边坡前侧河道河床临空面影响，产生顺层的滑动面，以河道为剪出口滑动，定义为深层滑动。

图 2-5 和图 2-6 所示分别为浅层滑动和深层滑动示意图。

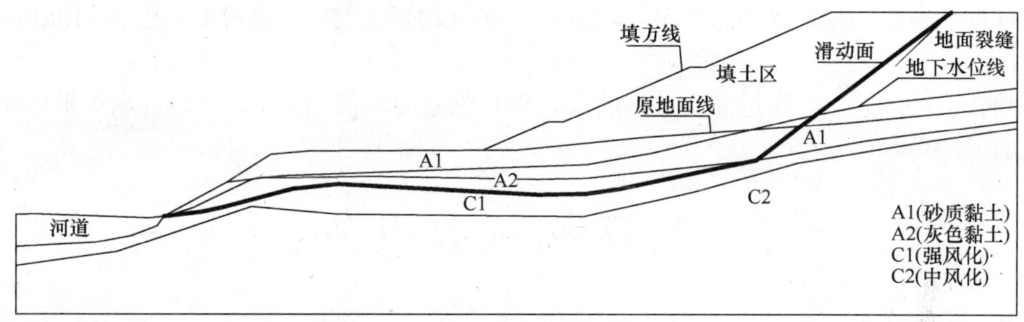


图 2-5　浅层滑动示意图

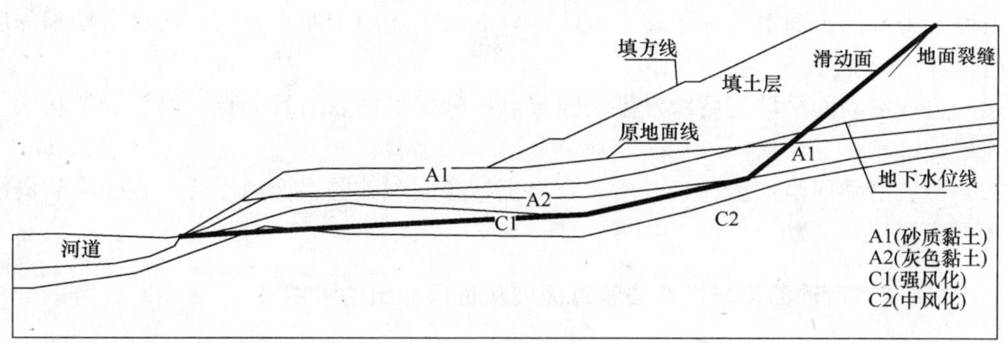


图 2-6　深层滑动示意图

### 2.3.4　变形体的现状

目前，边坡（变形体）基本上是稳定的，至少是处在临界稳定状态。因为从 2005 年 6 月 1 日至 9 月初的 3 个月里，在无任何地表排水措施的情况下，期间虽然经数次暴雨洪水，边坡并未产生明显的滑移，说明边坡至少处于临界稳定状态，也说明原抗滑桩继续在起作用。如果抗滑桩未起作用，那么边坡可能将进一步下滑。

根据变形体的范围和厚度大致估算变形体的体积为 17.5 万立方米。

## 2.4　滑带土的物理力学参数取值

滑带土为灰黑色软泥，取三组扰动土样，室内重塑剪切试验，其结果的平均值为 $c=9.1\,\text{kPa}$，$\varphi=3.5°$。

灰色软泥的取值是一个复杂的问题，涉及因素较多，且难以查清。取值时可按如下方式处理：

(1) 软泥无法取原样，而取出的扰动土样回试验室后，要过筛取出粗粒重塑加工试验，得出的 $c$、$\varphi$ 值显然是偏低的，按试验室的经验，可提高 30%。

(2) 软泥空间分布是不均的，厚度不一，各处的强度不一，因此 $c$、$\varphi$ 值也不一样。

(3) 软泥的空间分布不是一个平面，而是凸凹不平、波浪起伏的，这也影响 $c$、$\varphi$ 的取值。

(4) 假设现为临界状态（其中包括原抗滑桩的抗力在内），进行滑带土的 $c$、$\varphi$ 值反算。反算的结果，浅层滑动时软泥 $c$=10kPa，$\varphi$=5.12°；深层滑动时滑动面 $c$=10kPa，$\varphi$=7.7°。

综合上述因素，并通过多次试算确定，灰黑色软泥取值为 $c$=10kPa，$\varphi$=6.5°，深层滑动面 $c$=10kPa，$\varphi$=7.7°。

## 2.5 滑坡推力计算

### 2.5.1 滑坡推力计算方法

滑坡推力采用折面滑动和传递系数法计算。按下述两个原则分别对浅层滑动和深层滑动进行计算：

(1) 边坡滑动面沿填土后缘发生裂隙起点—软弱层面后沿歼灭点—沿软弱滑动面（浅层或深层）滑动；

(2) 边坡滑动面沿填土起点—沿岩石与土结合面至软弱层面后沿歼灭点—沿软弱滑动面（浅层或深层）滑动。

### 2.5.2 采用圆弧滑动简化毕肖普法验算边坡从桩顶冲出的可能性

经计算，按 2.5.1 节 (1) 计算得到的浅层滑动剩余下滑力最大为 1886.8kN/m，圆弧滑动验算边坡从桩顶冲出的安全系数略小于 1，处于临界状态。

## 2.6 处理方案

处理方案必须确保上述分析的可能的破坏模式得到有效防范，方案的拟定要能抵抗剩余下滑力的作用，还要防止边坡土从桩顶冲出。经过多方案比较，最后归结到以下两个方案的优选。

### 2.6.1 反压平台方案

第一种处理方案为反压平台方案，如图 2-7 所示。此方案为滑坡处理常用方案，其设计受力合理，施工简单，自身排水性能极好。其不足处在于必须对反压位置地段范围的软弱面进行处理。由于软弱面较薄（仅 0.4～0.9m 厚），埋藏较深，无论采用碎石桩、夯扩桩（自然土层局部超过 10m）、固结灌浆或置换，对其处理后能提高多少 $c$、$\varphi$ 值，必须由试验确定，其处理质量均没有绝对把握。若处理不好，反压平台有冲入河道、堵塞河道的可能性。

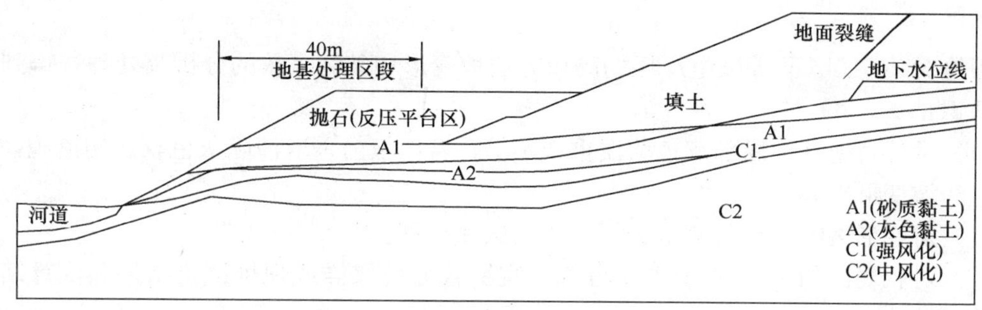


图 2-7　反压平方案

### 2.6.2　大直径抗滑桩方案

另一种处理方案为抗滑桩方案，如图 2-8 所示。此方案也为滑坡处理常用方案，其设计受力简单合理，处理成功后隐患小。其优点为：费用较少，工期短，地质情况直观，碰见问题容易解决；其缺点为：有基坑涌水，施工开挖时覆盖层较厚，加之边坡在变形中，施工必须作好支护，同时在雨天不能施工。另外，为保证土体不从桩顶冲出，抗滑桩与原来的桩连为整体受力，桩前设局部反压荷载。

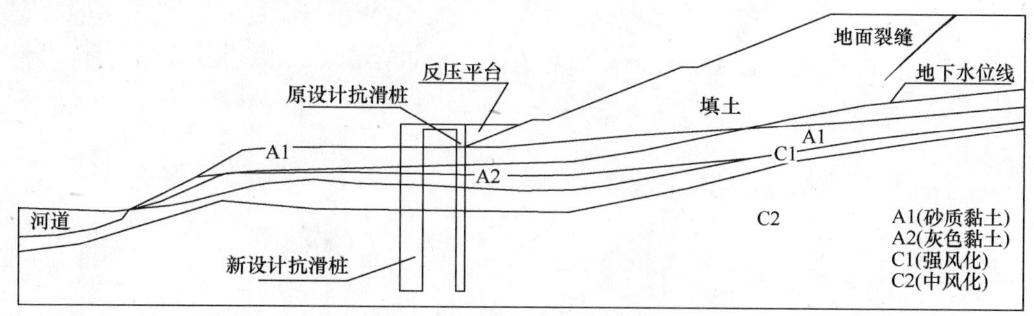


图 2-8　抗滑桩方案

通过分析比较，最终选择大直径抗滑桩方案。其具体措施如下：

由于边坡沿软弱层和填方土体复合滑动，加之滑坡推力较大，桩的长度在滑坡鼓丘段以桩底进入河床基岩面以下 7m，并保证进入中风化基岩 7m 的双控标准来确定，其他区段以进入中风化基岩 7m 为准。根据滑坡推力计算结果，处理边界为原 33～94 号桩区段，但是由于 18～33 号区段为斜坡地形，故将该区段同时处理。根据优化桩尺寸和间距后推荐方案为：在原设计的 18～94 号桩区段采用 48 根抗滑桩，桩尺寸 2m×3.5m，间距 5.0m，桩长为地面以下约为 22m，地面以上 3m（做局部反压平台保证土体不从桩顶冲出，经计算边坡从抗滑桩顶冲出的安全系数为 1.21），方桩与原来的桩连为整体受力，两者之间保持 2.0m 净距。

排水设施的考虑：滑体周围筑排水沟——排除地面水；滑体下部垂直于河流分别布置 3 个排水廊道——排除地下水。

## 2.7 总　　结

根据对某 600MW 等级电厂煤场高填方边坡变形和破坏事故的分析及处理，得到以下几点认识：

（1）设计对地基中局部灰色软泥重视不够，若回填前采取清除灰色软泥的措施，则不会发生边坡变形破坏。

（2）对变形裂缝要认真测量分析，寻找破坏机理。

（3）对软弱面的 $c$、$\varphi$ 值要慎重考虑，宜综合分析取样或现场试验结果和反算结果进行取值。

（4）要分析可能产生的滑动面，通过计算确定最大剩余下滑力。

（5）处理措施要多方案比较，对可能产生的浅层滑动、深层滑动和桩顶滑出，在处理措施中均应考虑。

随着电力建设的不断发展，条件好的厂址越来越少，特别是在山区进行电力建设更是如此。因此，如何处理各种不同地质条件，如滑坡、超高挖（填）边坡、复杂岩溶、采空区等，是结构设计工程中的重要任务。该工程的煤场高边坡变形处理的实践为山区电力建设提供了有益的借鉴。

# 3 滑坡防治分析与实例

山区电厂的选址容易受到周边条件的限制，为了确保电厂的安全，电厂的厂区均避开不利的地质地貌，但往往不能确保电厂的周边不出现滑坡体等不利的地质现象。有些滑坡体甚至会对厂区的安全构成威胁。以下介绍了贵州某电厂为防治可能对电厂安全运行构成威胁的滑坡体进行的治理分析，可供类似工程借鉴。

## 3.1 厂址自然环境概述

### 3.1.1 地形地貌

某600MW等级电厂位于贵州省六盘水市，厂址卢家寨在大地构造上位于黔西发耳旋卷构造杨梅树向斜盆地中，受新构造运动间歇性抬升的影响，卢家寨一带为中低山平缓斜坡，地势北高南低，厂址就位于斜坡下部，平均坡度13°左右，厂址斜坡坡脚高程1016.6～1036.5m，后部山脊高程1146.2m，相对高差129.6～109.7m。北盘江支流——湾河为卢家寨一带的主要水系，湾河由东向西从卢家寨厂址南面流过，然后汇入北盘江，河谷海拔高程在1020～1065m左右，两岸地形陡峭。

### 3.1.2 地层岩性

卢家寨厂址一带出露地层主要有二迭系上统龙潭组和第四系残坡积、冲洪积层。

第四系（Q）：较广泛地分布于沟谷、河流两岸及缓坡台地上，主要为残坡积（$Q^{el+dl}$）、冲洪积（$Q^{al+pl}$）。岩性为粉质黏土、块石、卵石、粉质黏土混碎石及黏性土，厚度约0～6m。

二迭系上统龙潭组（$P_{21}$）：由灰色、灰褐色、黄褐色粉-细砂岩、深灰色泥岩，粉砂质泥岩互层夹菱铁矿薄层及数十层煤组成，厚度380～420m，与其上的三叠系下统飞仙关组逐渐过渡。厂址斜坡地带广泛出露该套地层。

### 3.1.3 区域构造及地震

卢家寨一带在大地构造上位于黔中古陆和康滇地轴之间的沉降带中，区内出露的主要构造为发耳旋卷构造，其范围包括都格、杨梅树、顺场、兰花箐、老屋基等，由一系列放射状弧形褶曲和冲断层组成巨大的旋卷构造，中心地带为发耳构造盆地。该盆地面积约820km²，内部构造复杂，长度10km以上的褶曲有9个，断层有11条。构造盆地最低洼处不在中心地带，而在马龙屯、棋盘屯、妥倮屯，其中妥倮屯构造坳陷幅度最大。

从区域地质图上分析，厂址位于发耳旋卷构造形成杨梅树盆形向斜的南东翼及宝山东西向（宣威之北—宝山—鸡场—常明）隐蔽构造带的北侧，构造不甚发育，仅有小规模次级褶曲和断裂。

新生代以来区域内构造活动渐趋平静，无区域性大断裂和活动性断裂，区域地质构造环境稳定。

根据《中国地震动峰值加速度区划图》（1/400 万，GB 18306—2001 图 A1），该区地震动峰值加速度为 0.05$g$（$g$ 为重力加速度），地震基本烈度为 6 度。

### 3.1.4 地下水

区域地下水类型以基岩裂隙水及第四系地层中的孔隙水为主，受大气降水补给，向低洼的沟谷排泄。

第四系中的孔隙水：主要赋存于残坡积、冲洪积和滑坡堆积层等松散地层中。残坡积层中的孔隙水一般水量贫乏；冲洪积层地势低洼，砂、卵石层主要位于江河及溪流沟谷的两侧，透水性强，地下水含量丰富；滑坡堆积层下部有较丰富的地下水，主要在滑坡体的中、下部向地势低洼处径流，并在滑坡体前缘河边一带出露。

基岩裂隙水：由于场地以龙潭组泥岩、砂岩互层为主，形成了多个不稳定含水层，地下水贮存及富水的强弱与主要含水层（砂岩）的厚度及裂隙发育程度有关。富水性在旱季很少，雨季有所增加。

## 3.2 工程地质特征及滑坡分布

### 3.2.1 岩土体工程地质特征

卢家寨一带为平缓的斜坡，总体上地势北高南低，斜坡的坡度约 10°～14°，局部地段大于 17°，岩层倾向与坡向基本一致。岩性组合特征为：下伏基岩为煤系地层，上覆有少量的坡积层（表 3-1）。

**卢家寨斜坡岩性组合类型** **表 3-1**

| 建造类型 | 煤系地层 | 坡 积 层 |
|---|---|---|
| 岩性组合类型 | 泥岩、砂岩、煤层 | 粉质黏土、含角砾粉质黏土混碎石 |

煤系地层为二迭系龙潭组（$P_{21}$）泥岩、砂岩夹多层煤层。为软硬相间的软质岩组，在厂址中广泛分布。

泥岩：深灰色，以黏土矿物为主，泥质、粉砂泥质结构，薄-中厚层状，节理裂隙发育，具有微细水平层理，极易风化，失水后龟裂，强风化厚度一般约 1～2.5m。

砂岩：青灰、灰白色，矿物成分为长石、石英、云母等，细粒结构，中厚层状，泥钙质胶结，节理裂隙较发育，呈陡倾角状，裂隙面有铁质、硫等侵染，强风化厚度 1.0～3.0m。

煤层：与砂、泥岩互层分布于场地中，局部呈透镜状或渐变式接触，相变较大，有的已成线状夹于砂泥岩互层地层中，厚度 0.3～1.1m 不等。煤层主要呈灰色、灰黑色、黑色等色，具有油脂、玻璃等光泽，多为块状、层状及粉末状，遇水易软化。

炭质泥岩：主要分布于含煤层的附近，深灰色、黑色，质软，隐节理、裂隙发育，易风化破碎。

坡积层零星分布于沟谷、河流两岸及缓坡上，以残坡积（$Q^{el+el}$）、冲洪积（$Q^{al+pl}$）为主。岩性为粉质黏土、块石、卵石、粉质黏土混碎石及黏性土。

煤系地层在天然干燥状态下，泥岩、炭质泥岩、煤层呈硬塑状，结构较致密，而在饱和状态下呈软塑-流塑状，强度大大降低。粉质黏土天然状态下呈可塑状，结构较松散，而在富水状态下呈软塑-流塑状，强度低。

### 3.2.2 地下水的水文地质特征

卢家寨一带的地下水主要为第四系残、坡积层的孔隙水及基岩裂隙水。孔隙水水量较小，主要由大气降水补给，向地势低洼处排泄；基岩裂隙水，由于煤系地层为泥岩、砂岩夹煤线互层，形成了多个不稳定层间含水层，地下水贮存及富水的强弱与主要含水层（砂岩）的厚度及裂隙发育程度有关，为卢家寨斜坡的深层地下水。

### 3.2.3 滑坡分布

根据地质报告，本工程场地周围分布有大小不一的滑坡体多个，其布置见图 3-1，其中对厂址影响最大的就是 $H_1$ 滑坡，本文将基于 $H_1$ 滑坡进行分析研究，提出治理方案。

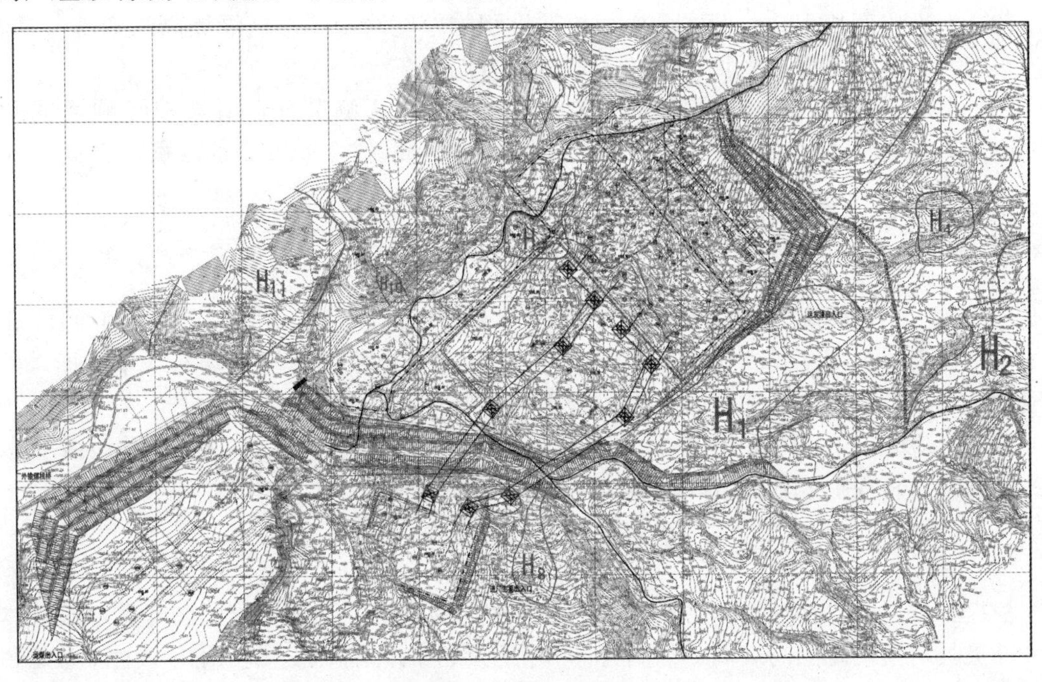


图 3-1 滑坡分布图

## 3.3 $H_1$滑坡的基本特征

### 3.3.1 滑坡的形态特征

$H_1$滑坡在平面上呈凹地形，滑坡前缘向两侧展开。滑坡两侧分别以小山梁为界，剪出口位置位于湾河河床附近。后缘呈陡坎状，形成明显的滑坡后壁，滑坡长近600m，中后部宽160m，前缘最大宽度340m，平均宽约200m。滑坡前缘剪出口海拔为1040m，后缘最高海拔1120m，平均地形坡度为9°，滑坡体厚6.0～24m，平均厚约18m。计算方量为216万$m^3$，主滑方向227°。

从地貌上看，滑坡区从下至上分布着三级地形较缓的平台，第一级平台位于滑坡前缘，高出湾河河床约6m，平台从上至下向两侧展开，受湾河冲蚀和当地居民挖煤影响，形成局部坍塌，轴线长约200m，均宽约300m。二级平台长约150m，宽约160m，平台前缘与第一级平台之间的坡度约为25°，后缘与第三级平台前缘之间的坡度约为14°，平台中部地势平缓，分布着梯田。三级平台长160m，宽160m，台地后缘坡度约为37°。

### 3.3.2 滑坡分级分块特征

通过对$H_1$滑坡的地貌形态和坡体上的建筑物等迹象综合分析，$H_1$滑坡应为一老滑坡，20世纪六七十年代曾有过较大规模的活动。按地貌形态、特征，可将其分为三部分：

（1）滑坡上部长160m，宽160m。根据钻孔分析，松散堆积物厚度约16m，滑坡后缘陡坎高约12m。海拔为1130m，前缘海拔1096m，滑动方向227°，平均地形坡度9°。

（2）滑坡中部长150m，宽160m，松散堆积物厚度约10m，后缘坡高约6m，前缘海拔为1080m，地势平缓，平均坡度约3°，滑动方向227°。

（3）滑坡前部长200m，平均宽300m，滑坡体向两侧散开，滑坡前缘顺河宽度为340m，滑坡体松散堆积物厚约18m，后缘坡高10m，海拔1080m，前缘剪出口高出河床0.8m，海拔1046m，滑坡体主滑方向为227°。

### 3.3.3 滑坡物质组成特征

$H_1$滑坡滑体的物质组成以粉质黏土混碎石、泥岩块、碎石土和三叠系龙潭组的煤系地层为主。滑体上部主要为粉质黏土混碎石和泥岩块、碎石土，下部块石含量增加，可能为滑动后的破碎基岩，下伏基岩为砂泥岩互层，中间夹杂煤线和炭质泥岩，煤线厚度0.3～0.5m，滑坡体上的梯田在雨季蓄水，易产生下渗，使炭质泥岩、泥岩以及煤线受水浸湿产生软化，从而形成软弱带。

### 3.3.4 滑动带（面）特征

根据野外勘测、钻探揭露，滑坡体下部为泥岩夹煤层，泥岩互层的破碎体，破碎体岩块表面见具有滑动现象的玻璃、油脂光泽和挤压产生的碎屑和粉末。滑体中上部为此套地层强风化的粉质黏土混碎石，呈灰色-深灰色，碎屑状，干燥时抗剪强度较大，遇水后强度急剧下降。滑床为泥岩，呈深灰色、灰白色，薄层-中厚层状，以黏土矿物为主，节理裂隙发育，水平层理，极易风化，遇水后极易软化。野外勘查发现，滑坡前缘见多处地下水，呈浸润状产出，并见破碎的泥岩和煤层推压在河床上。为此可以确定滑坡的剪出口在河床附近。滑动面埋深上部16m左右，中部20m左右，下部18m左右。

### 3.3.5 滑坡地表变形特征

滑坡区地表变形形迹为陡坎，地表凹地、平台等。滑坡后缘形态呈一圈椅状，滑坡体两侧地形均高出滑坡本身 2～10m，滑坡体在运动过程中发生了分离，形成三级平台，并且在平台中可见一些明显地表凹陷，由于人为的改造和雨水冲刷影响，有些地表凹陷已不十分明显，20 世纪 70 年代初该滑坡体受大量降雨的影响活动较为强烈，导致原居住在坡体上的两户居民搬迁到滑坡体外，位于滑坡体上的水（城）盘（县）线 110kV 送电线路的拉线塔基础发生移位，被迫改线至滑坡体右边缘小山脊建设。

$H_1$滑坡的发育经历了一个较长的时间，斜坡的破坏方式是一个由量变到质变的渐进破坏过程，在滑坡发育的过程中，随着变形的发展，坡体中逐渐聚积了弹性应变能，当这种弹性应变能集聚到一定的程度，即引起滑坡全部或部分复活，发生一次滑动。从地貌形态上分析，由于滑体的不同位置运动速度不同，滑坡产生了分块，第一级平台的移动距离大于第二级平台，第二级平台的移动距离大于第三级平台，因此形成三级平台之间相对较陡的斜坡。

图 3-2　厂址及滑坡全貌

### 3.3.6　滑坡现象照片

厂址全貌如图 3-2 所示，$H_1$滑坡现场照片如图 3-3 至图 3-8 所示。

图 3-3　$H_1$滑坡前缘右侧壁及冲沟

图 3-4　$H_1$滑坡舌

图 3-5　$H_1$滑坡前缘和滑坡舌

图 3-6　$H_1$滑坡前缘次级滑坡

图 3-7 $H_1$滑坡前缘的 26 号钻孔

图 3-8 $H_1$滑坡前缘次级滑坡及泉水点

## 3.4 $H_1$滑坡形成条件分析

$H_1$滑坡的形成与发生是特定的地质地貌环境作用的产物，其发育主要受地层岩性条件、地质构造条件、地貌条件的控制。大气降雨是滑坡发生的主要触发因素。

### 3.4.1 地层岩性因素

该滑坡区坡体上部、中部为第四纪残坡积物，均为泥岩、炭质泥岩风化破碎的产物，工程性能很差，据取样试验，$c$ 值（快剪）多在 20～95kPa 内，$\varphi$ 值（快剪）多在 7°～27.2°之间。下部有湾河冲洪积物堆积。在沟谷、河流两岸及缓坡台地上呈条带分布。下伏基岩主要为二叠系上统龙潭组的粉～细砂岩、深灰色泥岩、粉砂质泥岩互层及煤层。据试验，其抗剪强度峰值 $\varphi$ 一般为 5°～35°，$c$ 为 10～300kPa，岩层的抗剪强度差别较大，其中，黏性土混碎石、碎石混黏性土、煤层及泥岩的抗剪强度较低，一般 $\varphi$ 为 5°～20°，$c$ 为 10～50kPa，而砂岩抗剪强度较高，$\varphi$ 可达 25°～35°，$c$ 为 150～300kPa。因此，滑坡体上抗剪强度较低的岩层形成了软弱岩层，一旦坡体上的这些软弱岩层的强度衰减到接近残余值时，坡体必将产生变形，直至产生滑动。第四纪松散的坡积层及下伏的软弱岩层为 $H_1$滑坡的形成提供了必要的地层岩性条件。

### 3.4.2 地质构造因素

该滑坡区域位于川滇南北向构造带以东，黔中古陆和康滇地轴之间沉降带的发耳旋卷构造，由一系列放射状弧形褶曲和冲断层共同组成巨大的旋卷构造，中心地带为一旋涡：发耳构造盆地。$H_1$滑坡位于杨梅树向斜南东翼，构造平缓，岩层单斜，倾向 290°～330°，地层倾角 5°～26°，一般为 14°，局部有褶曲及波状起伏。在湾河河谷发现小正断层断面，其断距 321.5m，断层面倾角 67°，破碎带小于 0.3m。岩体发育 X 节理一组，倾角较陡，走向 50.167°，部分节理呈张开状，多为泥质及方解石脉填充。

滑坡区地质构造较复杂，小的断裂、褶皱较为发育。滑坡区受断裂、褶皱构造影响，其岩层破碎，风化强烈。断裂、褶皱构造不仅破坏了老的地层岩体，而且使得第四纪堆积体更加松散。

### 3.4.3 主要触发因素

（1）大气降雨

大气降雨是滑坡发生的主要触发因素。滑坡区雨水丰富，年降水量为800～1000mm，且相对集中，主要在夏秋季，冬春季降水较少。由于冬春季降雨少，坡体上梯田中裂缝密集，雨季到来，雨水便会顺着地表裂缝下渗进入坡体内部。一方面，增加滑动体的自重，增大孔隙水压力，使处于极限平衡的坡体产生滑动；另一方面，变成地下水渗透到滑动带（面）上，软化滑动面，降低土体和岩层的 $c$、$\varphi$ 值，导致滑坡发生。从地形上看，地表水从后山的圈椅状地形汇集于 $H_1$ 滑坡槽型凹地，部分渗入地下，加快了滑坡的形成。

（2）河流冲刷

湾河冲刷滑坡前缘坡脚也是此滑坡多次滑动，现今仍在缓慢滑动的重要触发因素。

## 3.5 $H_1$ 滑坡稳定性及发展趋势

### 3.5.1 $H_1$ 滑坡的稳定性分析及发展趋势

据调查，$H_1$ 滑坡在20世纪70年代初发生过一次较大规模滑动，滑坡后缘形成了高12m的陡坎。前缘滑到湾河河床之上，迫使湾河河道发生移位。滑坡前缘出现上翘现象，高出湾河河床6m。在勘察期间，滑坡体前缘仍可见小型的坍塌体。这说明，此滑坡经过70年代初的滑动后，至今仍未终止滑动，仍在缓慢滑动中，尤其每年雨季、发洪水时滑动更明显。由于本工程场地布置非常紧张，业主希望 $H_1$ 滑坡的部分地段作为施工用地。若要利用 $H_1$ 滑坡体作为施工场地、材料堆放或部分施工人员居住、生活用地，则等于在滑坡体上加载，加上施工用水和生活用水排放的影响，更会加剧 $H_1$ 滑坡的滑动。因此，若要利用 $H_1$ 滑坡，必须对 $H_1$ 滑坡进行治理，哪怕是施工期间，也必须治理，否则会引起 $H_1$ 滑坡复活，危害施工安全。

### 3.5.2 稳定性及推力计算

#### 3.5.2.1 计算方案

$H_1$ 滑坡的滑面呈折线形，故稳定计算采用折线形滑动面计算公式，剩余下滑力计算按传递系数法。

滑坡计算时参数的选取非常重要，应充分考虑到滑坡可能存在的最不利情况。经综合分析滑坡岩性组成和结构、滑面物理力学性质，选取富水状态下的物理力学参数进行滑坡的稳定性计算。

#### 3.5.2.2 计算参数的选取

（1）坡体重度

$H_1$ 滑坡的岩性组合为泥岩、砂岩夹煤线，根据室内试验以及泥岩、砂岩各类岩性的含量加权计算出滑体中物质的天然重度值为 $17kN/m^3$。

（2）条块面积

各条块的面积按剖面比例计算。

（3）水体对滑坡稳定的影响

考虑天然条件下和富水条件下，未考虑渗水应力。富水条件通常主要指在暴雨状态下，大量地表水渗入坡体，导致坡体含水量增加，使滑坡体富水。

（4）计算剖面选择

$H_1$滑坡稳定性计算剖面选取两种类型：一是沿主滑方向的滑坡纵断面为主计算剖面，代表整体滑动类型（第二级计算滑体）；二是从滑坡前部的一级平台后缘到河边为次级计算剖面，代表牵引式滑动类型（第一级计算滑体）。

（5）$c$、$\varphi$值选取

滑动带土体的抗剪强度参数（黏聚力 $c$ 和内摩擦角 $\varphi$）是滑坡计算中最重要的参数，对 $H_1$滑坡抗剪强度计算参数主要依据卢家寨岩土试验结果，结合野外对土体岩性、结构、状态及含水量的调查，参考《工程地质手册》类比确定滑面岩土的物理力学参数。最后利用 $H_1$滑坡稳定性反算成果，对滑面的岩土体物理力学参数进行修正，得出滑动面（软弱层面）的 $c$、$\varphi$值。根据滑动面及近几年的滑动特征，二级平台前缘至滑坡后缘取残剪值偏上限值，二级平台至河边因每年雨季都有缓慢地滑动现象，取残剪值下限值（表 3-2）。

**$H_1$滑坡滑带土体物理力学参数** **表 3-2**

| 项目 / 剖面 | 重度（kN/m³） | 黏聚力（kPa） | 内摩擦角（°） |
|---|---|---|---|
| 滑坡后缘至河边 | 17 | 8 | 6 |
| 二级平台至河边 | 17 | 8 | 5 |

### 3.5.2.3 计算说明

（1）针对整个滑坡和前部次级滑坡分别进行计算，滑动面都为折线形，属于整体滑动（第二级计算滑体）；次级滑体（第一级计算滑体）为 13 个计算条块。

（2）剩余下滑力作用方向平行于每段的滑面。

（3）卢家寨一带的地震烈度为Ⅵ度，地震作用较弱，计算中适当提高了安全系数取值（$K=1.25$），不单独考虑地震力的作用。

### 3.5.2.4 计算结果

经计算 $H_1$滑坡的稳定性系数见表 3-3。

**$H_1$滑坡稳定性系数计算结果** **表 3-3**

| 计算剖面 | $H_1$滑坡整体稳定性 | 二级平台至河边 |
|---|---|---|
| 稳定系数（$K$） | 1.10 | 1.02 |

据野外现场调查并综合稳定性计算结果分析，老滑坡目前处于相对稳定状态，次级滑体（二级平台至河边）稳定性较差，处于极缓慢地变形滑动状态。由于煤系地层属极易滑地层，如遇大的降雨或地表水渗入，都可能使滑坡的稳定性降低，发生滑动。

经计算，各计算剖面剩余下滑力计算结果见表 3-4。

**$H_1$滑坡剩余下滑力计算结果** **表 3-4**

| 计算剖面 | $H_1$滑坡整体 | 次级滑体（二级平台至河边） |
| --- | --- | --- |
| 滑坡剩余下滑力（kN/m） | 913.28 | 460 |

## 3.6 $H_1$滑坡防治方案

### 3.6.1 滑坡防治的原则

（1）因地制宜的原则。必须在充分了解卢家寨厂址地区自然、地质、水文、气象和滑坡灾害的形成、发生、发展等基本情况的基础上才能进行滑坡的防治。

（2）明确被保护对象的性质与重要性。本电厂是西电东送的项目之一，属大型火电厂类型，因此被保护对象的重要性和地位是非常高的。

（3）安全可行性原则。安全是防治的根本，可行性是据当地实情，选择相应的技术方案。

（4）经济合理原则。考虑 2 个防治方案进行技术经济比较，选择既经济又合理的滑坡防治技术方案。

（5）建设与生态恢复相结合的原则。在防治方案中应考虑利于生态恢复重建的措施。

### 3.6.2 $H_1$滑坡防治方案

#### 3.6.2.1 方案说明

（1）本滑坡区不是主厂址地区，仅作为施工期可能的临时用地（部分材料、机具堆放），因此防治工程设计的标准应比永久工程低一些。

（2）由于厂区施工过程中统一考虑了地表排水工程，故本方案设计不再考虑地表排水工程。

#### 3.6.2.2 方案描述

根据 $H_1$ 滑坡的剩余下滑力计算结果（表 3-4），最大剩余下滑力（整体滑移）为 913.28t，与主厂址区台阶整体设计相对应，采用分三级抗滑、支挡的办法。拟采用以下两种方案：

（1）$H_1$滑坡防治方案一

本方案拟采用预应力锚索抗滑桩加桩板墙，其平面布置见图 3-9。为使滑坡体上的平台形成，抗滑桩外侧均高出地面 8～10m 左右，成为悬臂桩，为降低抗滑桩的工程量，设置预应力锚索来抵抗弯矩。

①抗滑桩

在滑体前部、中部和上部各设置一排抗滑桩，单桩长 25m，方桩，断面为 1m×1.2m，桩间中心距为 6m，三排共设置 108 根桩，需钢筋混凝土方量为 3700$m^3$。

②预应力锚索

对每一根抗滑桩，在桩上部设置一组预应力锚索，长 25m，共需预应力锚索长度

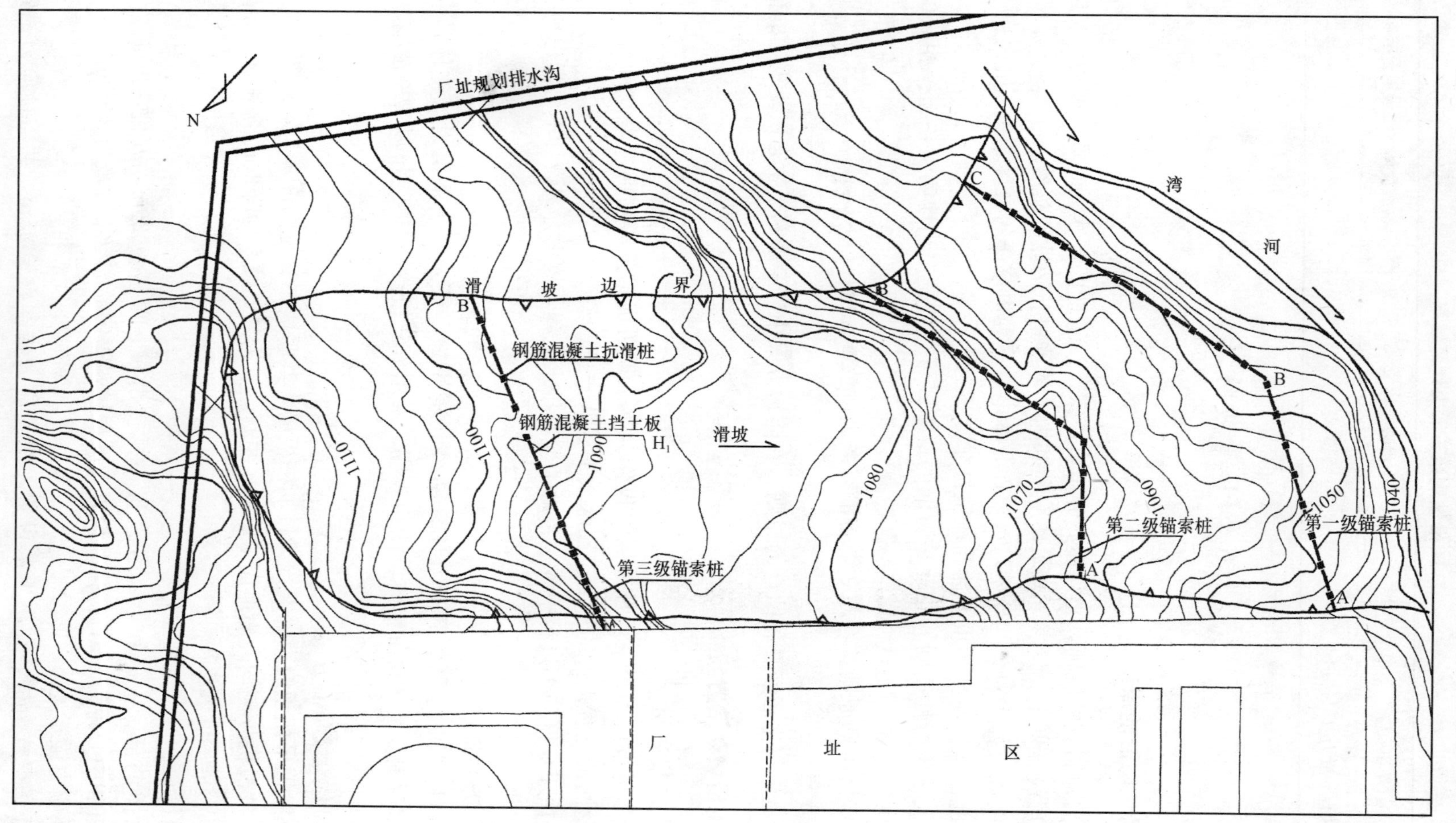


图 3-9 预应力锚索抗滑桩加桩板墙方案平面图

为 2700m。

③桩板墙

桩外侧高出地面 8～10m 左右，桩间需用挡土板挡土，挡土板结构为钢筋混凝土，高 8～10m，厚 20cm，需钢筋混凝土方量为 1080m³。

（2）$H_1$滑坡防治方案二

本方案拟采用抗滑挡墙加预应力锚索桩，其平面布置见图 3-10。本方案与方案一的差别是：将第一排抗滑桩改为抗滑挡土墙，置于滑坡前缘河岸边。本方案的 A 排桩、B 排桩与方案一的二排桩，三排桩相同。

①挡土墙

沿滑坡前缘布置，长 330m，高 15m，埋入河床下 3m。基础为毛石混凝土结构，方量为 3960m³；墙体为浆砌块石结构，方量为 12474m³。

②抗滑桩

桩长、断面、结构、桩心距与方案一相同。A＋B 排抗滑桩共 65 根，1625m 长，需钢筋混凝土方量为 1950m³。

③预应力锚索

共 65 孔（每根抗滑桩设置一组预应力锚索），平均孔深 25m，共需预应力锚索长度为 1690m。

④桩板墙

同方案一，抗滑桩间应设置桩板墙，需钢筋混凝土方量为 650m³。

**3.6.2.3 方案比选**

（1）方案的主要区别

两方案仅在滑坡前缘的工程处理上存在差别，方案一未考虑河流的冲刷，采取了避开的措施，将锚索抗滑桩向滑坡上移 20～30m。方案二抗滑挡土墙考虑了河流冲刷。

（2）工程量比较

两个防治方案的工程量统计见表 3-5，据工程量比较，方案一的工程量比方案二略低。

**卢家寨厂址 $H_1$滑坡防治方案主要工程量统计** 表 3-5

| 方案 | 项目 | 工程措施 | 工程量 |
|---|---|---|---|
| 方案一 | 抗滑桩 | 钢筋混凝土 | 3700（m³） |
| | 桩板墙 | 钢筋混凝土 | 1080（m³） |
| | 桩顶预应力锚索 | 锚固长度 | 2700（m） |
| | 排水沟 | 浆砌块石 | 1200（m³） |
| 方案二 | 抗滑桩加挡土墙 | 钢筋混凝土 | 2600（m³） |
| | 桩顶预应力锚索 | 锚固长度 | 1690（m） |
| | 抗滑挡土墙基础 | 毛石混凝土 | 3960（m³） |
| | 抗滑挡土墙 | 浆砌块石 | 12474（m³） |
| | 排水沟 | 浆砌块石 | 1200（m³） |

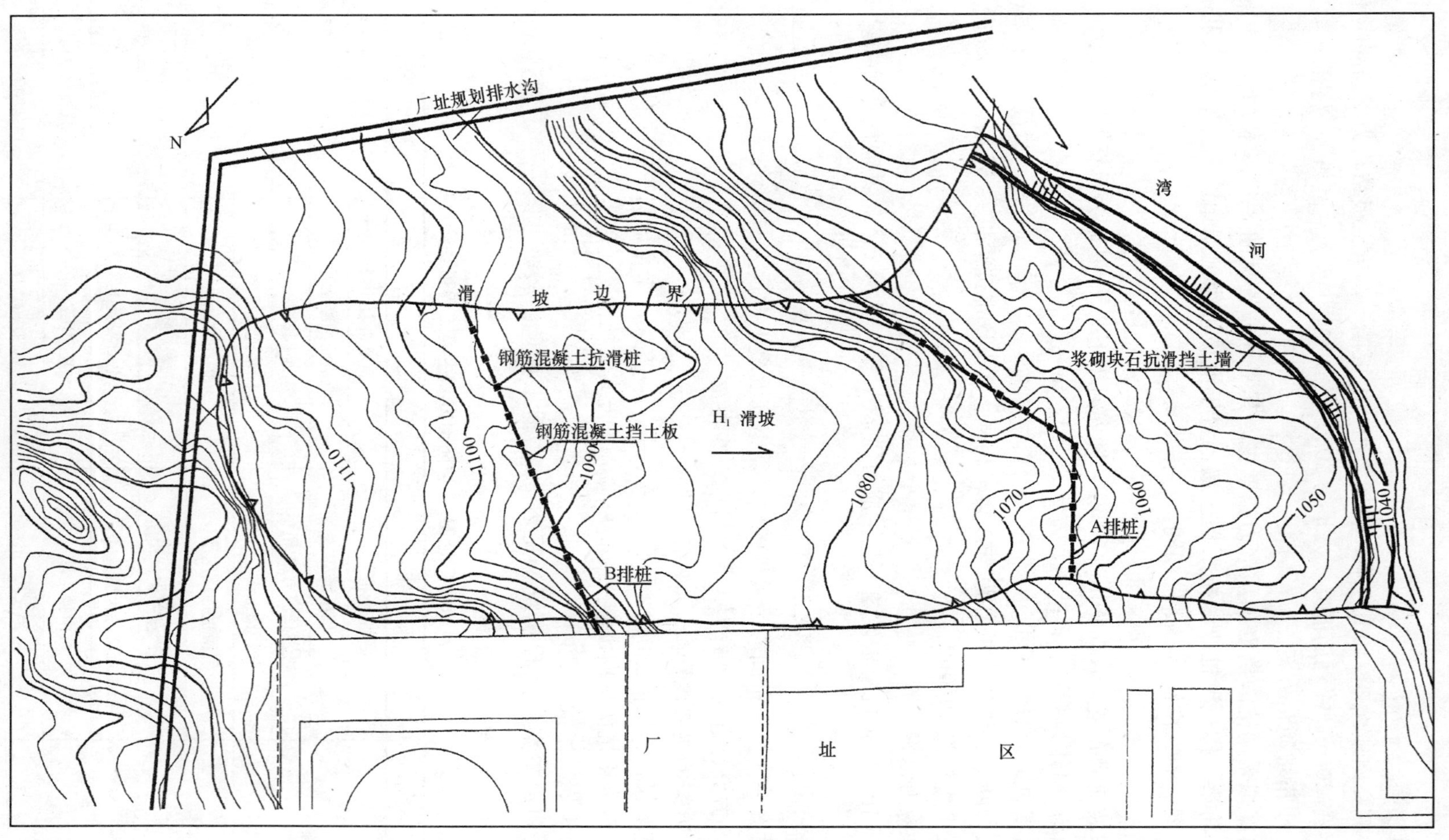


图 3-10 抗滑挡墙加预应力锚索桩方案平面图

(3) 推荐方案

综合分析，推荐方案一为 $H_1$ 滑坡防治方案，即采用预应力锚索抗滑桩加桩板墙。

## 3.7 总　　结

本文根据对贵州某 600MW 等级电厂周边滑坡体的现场勘察及分析，重点对可能对电厂产生较大影响的 $H_1$ 滑坡体进行了分析研究，并进行了治理方案的比选，提出了治理的推荐方案，总结如下：

(1) $H_1$ 滑坡属老滑坡，体积约 216 万立方米。近年来 $H_1$ 老滑坡的中前部仍有滑动迹象。因此，在老滑坡体上不能建设电厂的永久建（构）筑物。由于 $H_1$ 滑坡距电厂厂址较近，为防止 $H_1$ 滑坡发展对电厂产生不利的影响，应对 $H_1$ 滑坡进行治理。

(2) 推荐 $H_1$ 滑坡方案一“预应力锚索抗滑桩加桩板墙”作为 $H_1$ 滑坡防治方案。$H_1$ 滑坡在经过治理后，滑坡场地可以作为电厂施工过程中的临时用地，今后可作为厂区的绿化用地。

(3) 主要工程措施为：抗滑桩工程，预应力锚索，桩板墙工程。

辅助工程有：地表截排水工程。

(4) $H_1$ 滑坡防治方案工程量统计见表 3-6。

**$H_1$ 滑坡防治推荐方案工程量**　　　　**表 3-6**

| 方案 | 项　目 | 工程措施 | 工程量 |
|---|---|---|---|
| $H_1$ 滑坡防治方案 | 抗滑桩 | 钢筋混凝土 | 3700（$m^3$） |
| | 桩板墙 | 钢筋混凝土 | 1080（$m^3$） |
| | 桩顶预应力锚索 | 锚固长度 | 2700（m） |
| | 排水沟 | 浆砌块石 | 1200（$m^3$） |

# 4 山区电厂高架汽车卸煤平台设计实例

山区电厂地形复杂，厂区各个生产系统或辅助生产系统有时会依据起伏的地形呈高低布置，以减少场平和边坡工程量。本章介绍了某山区电厂汽车卸煤设施高位布置时，应用高架汽车卸煤平台来解决高位布置的汽车卸煤设施和煤场之间的连接，减少了原有填方边坡的处理工程量，带来了比较明显的经济效益。

## 4.1 概　　况

贵州某 4×600MW 新建电厂工程拟建厂址位于贵州省盘县响水镇南昆铁路威（舍）红（果）支线以西，响水河以东的狭窄地带。

厂区范围内自然地面标高 1375～1495m，高差 100 余米；厂区竖向布置因地制宜，竖向布置为多台阶式布置，台阶标高分别为 1400m、1411m、1422m、1429m、1454m。

500kV 屋外配电装置，220kV 升压站及水务区位于响水河岸边，台阶设计标高为 1400m 及 1411m。

全厂最大的核心区台阶为主厂房区布置冷却水塔及主要附属生产建筑等，该台阶设计标高为 1422m。

输煤系统的汽车卸煤装置台阶，设计标高为 1454m；干煤棚及露天煤场台阶，设计标高为 1429m。

本章对位于填（弃）土边坡上的汽车卸煤装置及边坡处理进行研究，以获得最佳设计方案。

## 4.2 输煤系统布置及地形地质

### 4.2.1 输煤系统布置

本电厂为典型的坑口电站，总平面布置经多方案优化提出了多台阶布置，在输煤系统形成两个台阶。总布置按照由煤矿直接进煤，在煤矿与电厂间设一个交接点转运站，用输煤栈桥向电厂直接输煤，同时采用汽车卸煤装置进煤。两个系统间设置共用的干煤棚和露天煤场。两个系统来煤均可直接送至主厂房和煤场，形成一个合理的紧密布置，结合地形形成设计标高 1429m 和 1454m 两个台阶。详见图 4-1。

### 4.2.2 地形地质

煤场及汽车卸煤平台位于低山及沟谷地带，自然地面标高为 1426.80～1475.40m，煤场设计标高为 1429m，汽车卸煤装置平面设计标高为 1454m，两个台阶实际高差为 25m。

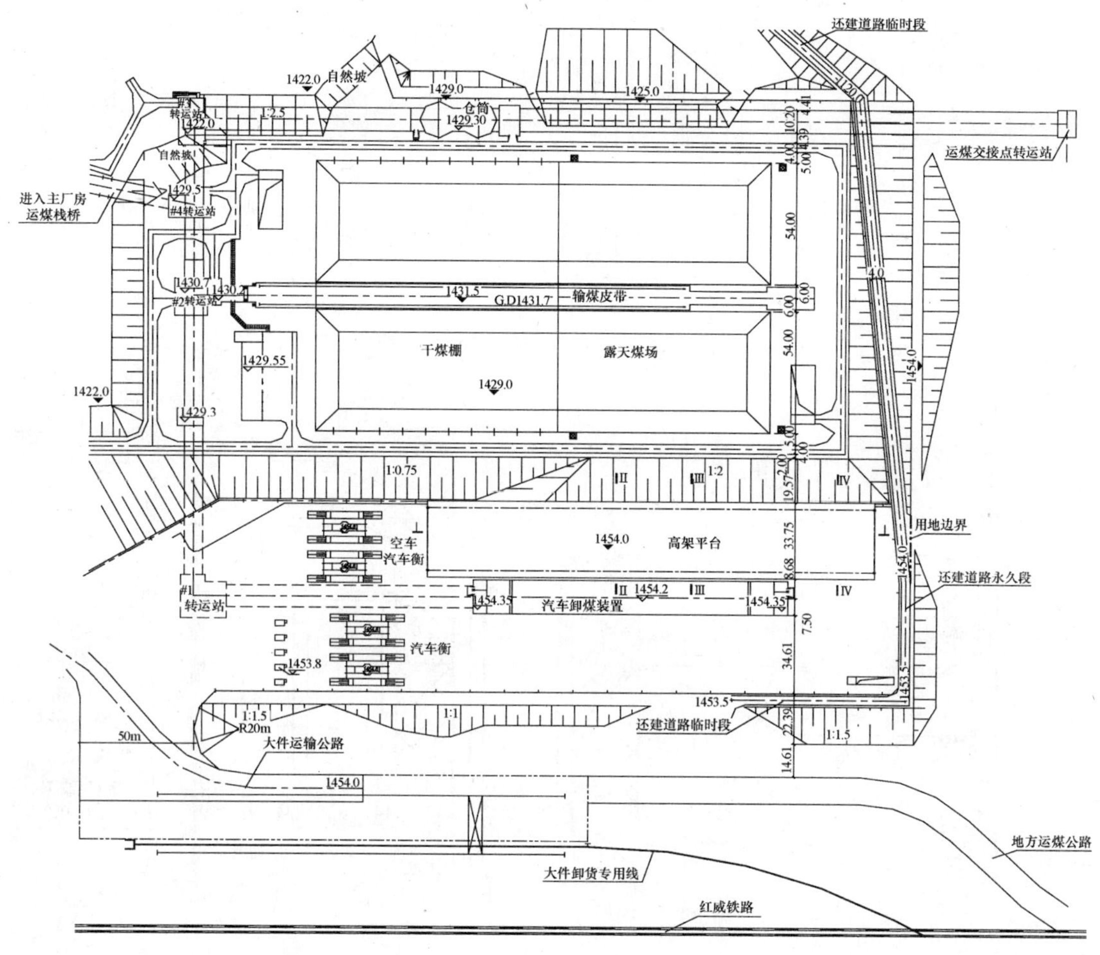


图 4-1 输煤系统平面布置图

从平面布置图可见，汽车卸煤装置系统位于国家铁路干线及本工程铁路大件卸货专用线和进厂大件运输公路及运煤公路边坡下方的斜坡上。

汽车卸煤装置系统建（构）筑物的地形条件非常复杂，见图 4-2。由地质勘测结果及剖面图可见，汽车卸煤位于填土边坡上。⓪层回填土为铁路建设中的弃土区，自然压实仅4年，堆积边坡约为 1∶1.56，由于回填土弃土的不均匀性，雨季或施工勘测期间在水流作用下有浅层自然塌滑现象。填土深度达 13.4～28.30m，最大深度甚至达 32.5m。从钻孔剖面看，部分钻孔下面有①$_1$土层，其为可塑状粉质黏土及黏土，稍湿-很湿，厚度为1.4～8.4m，孔隙比大、强度低、压缩性高。地质判定 ⓪层为松散填土；①$_1$为中高压缩性土。

由此可见，汽车卸煤装置系统的地基不经过处理，不能作为天然地基，不能在边坡上直接回填作为汽车行驶路面使用；同时，由于场地限制，也不具备自然放坡的条件。

要想实现厂区竖向的合理布置，弃土边坡的处理，是采用一般的支挡设计，还是采用其他手段综合处理，需进行分析研究。

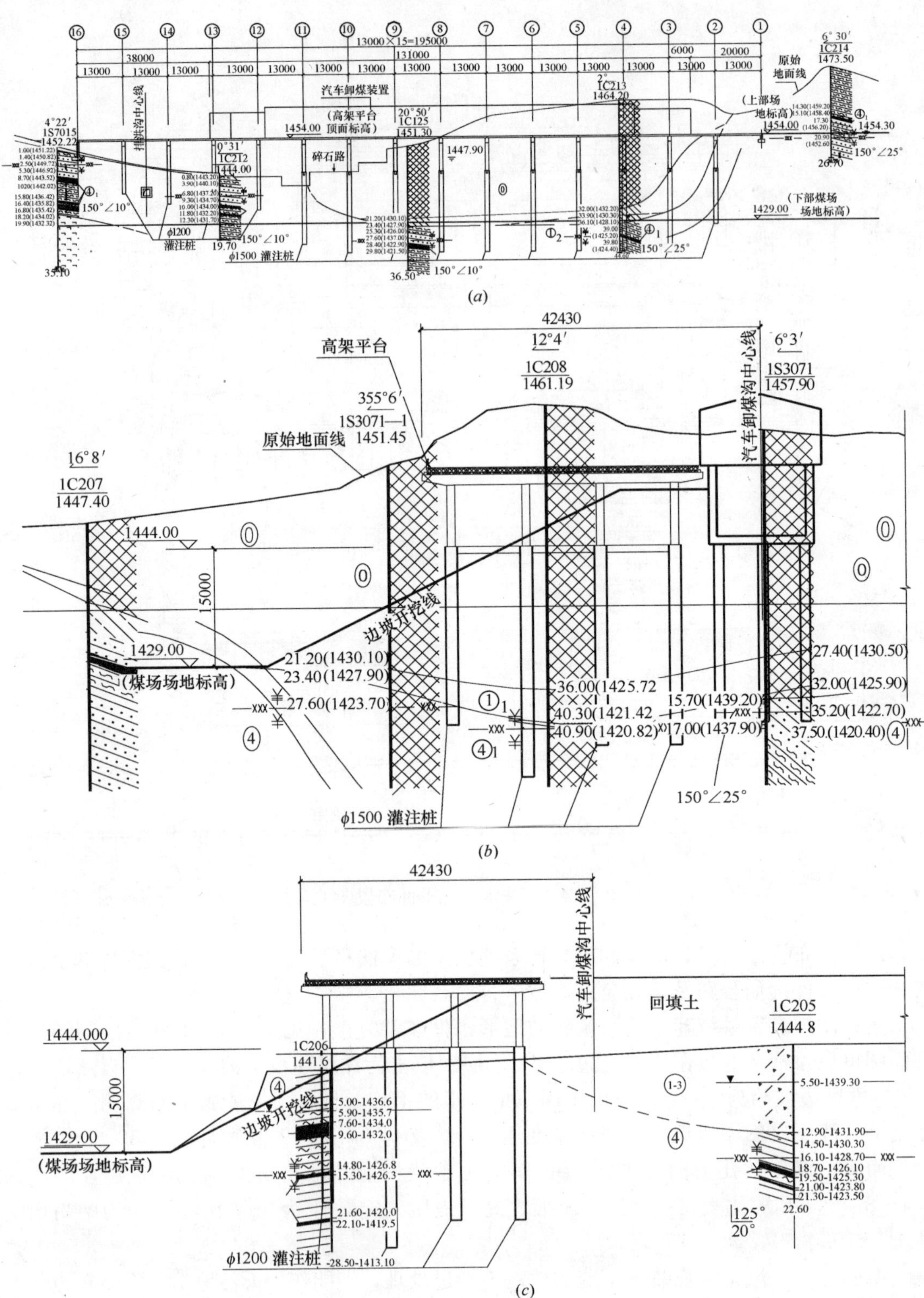

图 4-2　输煤系统场址地形剖面图

(a) Ⅰ-Ⅰ剖面；(b) Ⅱ-Ⅱ剖面；(c) Ⅳ-Ⅵ剖面

## 4.3 边坡处理及高架卸煤汽车平台设计

结合本工程汽车卸煤装置汽车卸煤的工艺流程，经过多方案比较，设计提出了在填土边坡上采用高架卸煤汽车平台的结构方案和对弃土边坡工程量最小、最经济的边坡处理方案，详细阐述如下。

### 4.3.1 高架卸煤汽车平台方案

高架卸煤汽车平台宽为 34.6m，长为 195m，下部为桩基础。采用一桩一柱，桩柱联合分析，上部设盖梁，将柱连接成横向框架，支承预制空心板桥面并作钢筋混凝土板现浇层桥面（见图 4-1～图 4-2），桥面考虑汽车纵向及横向移动，主要按卸煤后的空车行驶，并可满足汽—15 重车运行，以满足电厂编制载煤汽车空重车有序运转。避免重载汽车特别是现在大装载量汽车和超载现象普遍严重的煤车任意驶入而对桥面安全性能的影响，以及为安全而提高设计标准的不必要的经济投入。

### 4.3.2 路基、边坡处理和汽车卸煤装置基础方案

重车线：由于重车布置于挖方区，其上填土厚度有 10 多米，薄的地方也有几米。因此按设计标高挖去原有堆积土，原有土层可视为堆载预压荷载。在按设计挖方平整后再碾压夯实作为路基路面即可满足重载汽车运输要求。

卸煤装置建筑（卸煤沟及上部建筑）：由于回填土不能作为天然地基，这部分建（构）筑物采用挖孔灌注桩基础。

卸煤后的汽车空车线：本设计采用的高架汽车平台结构，对边坡仅需作削坡整理（低的部分仍需作分层夯填处理）。原有较陡边坡，削坡改缓为 1：2 边坡，仅需对面层作夯实处理，避免了对原有弃土大挖大填、重新分层夯实处理的巨大工作量。

高桥卸煤汽车的边坡处理见图 4-1 和图 4-2。

## 4.4 一般支挡结构方案设计

本工程除提出了高架卸煤汽车平台设计方案外，同时还按一般方案进行了对比设计。设计方案包括：桩板墙加 1：2 放坡方案；加筋土挡土墙加 1：2 放坡方案和钢筋混凝土大直径薄壳圆筒结构加 1：2 放坡方案等三种对比设计方案。

在上述三种方案中，挡墙后基岩面坡度约 14.0°，综合考虑挡墙和汽车卸煤沟的整体稳定性，应将挡墙后与汽车卸煤沟之间的 ⓪层人工填土清除，采用土夹石分层夯实回填。由于挡墙后基岩面坡度约 14.0°，经滑坡推力计算，回填土（土夹石）在挡墙处没有剩余下滑推力，因此挡墙后回填土体不会产生整体滑动，挡墙所受推力按回填土体产生的主动土压力计算。

### 4.4.1 桩板墙方案

抗滑桩采用钢筋混凝土挖孔桩，桩距 6.0m；桩与桩之间采用钢筋混凝土面板挡土。

根据地形情况，本方案抗滑桩悬臂段高度 22.0m，桩后按 1∶2 放坡。

桩后回填土采用砂夹石（破裂面以上部分）和土夹石分层夯实回填，取回填土平均综合内摩擦角：$\varphi=33°$，黏聚力：$c=0$。

根据地质剖面可见，原始地面坡度较小，土体与岩基面之间未见软弱夹层，在做好地表防排水工作后，桩后土体不会产生整体滑动，抗滑桩按挡土桩设计。所受推力按桩后土体产生的主动土压力计算。在满足桩身强度及抗裂要求和地基不破坏的前提下，容许桩体产生较大的位移，由于位移控制无规程规范参照执行，根据工程经验，抗滑桩桩顶位移按小于等于 $L/150$ 考虑，$L$ 为抗滑桩悬臂段长度。

根据总平面布置图及场地情况，桩板式抗滑挡土墙后压实填土边坡放坡段高度为 8.0m，按 1∶2 放坡后，经边坡稳定验算其滑动安全系数为 1.331（>1.3），无需进行工程加强处理，边坡坡面采用格构梁加植草护坡进行坡面保护。

桩板墙方案简图如图 4-3 所示。

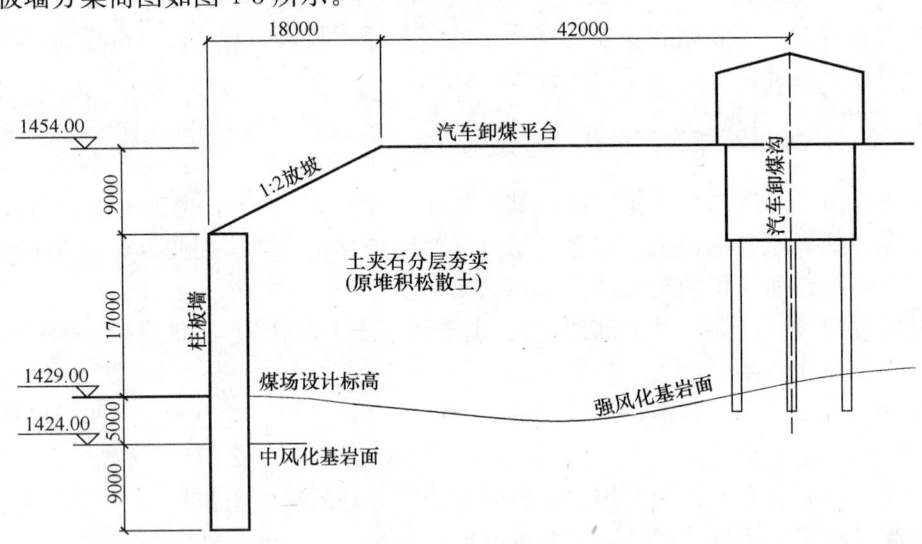


图 4-3　桩板墙方案简图

**4.4.2　加筋土挡土墙方案**

本方案采用 22.0m 高直墙加筋土挡土墙，挡土墙后边坡采用 1∶2 放坡，坡面采用格构梁加植草。加筋土挡土墙方案简图如图 4-4 所示。

设计参数取值和假设条件同桩板墙方案。

每米长加筋土挡墙筋带总长：$\Sigma L=19128$m；经计算，加筋体内部、外部稳定计算结果均满足要求。

**4.4.3　钢筋混凝土大直径薄壳圆筒支挡方案**

钢筋混凝土大直径薄壳圆筒结构现主要应用于港口工程，该类结构的主要特点：（1）就其外形而言为圆柱形无底结构；（2）就其受力状态而言为空间的薄壳结构。此外由于为无底结构，筒体内填料作为一种荷载作用于筒壁和地基上，同时又与筒体成为一个整体，共同承担筒体结构外的土压力和其他外部荷载作用，并将所受到的外部荷载直接传递给地基（基床）土体。因此筒体内填料自身的物理力学性质和地基（基床）土体的性质都将直接影响到圆筒结构的受力状态和稳定性。

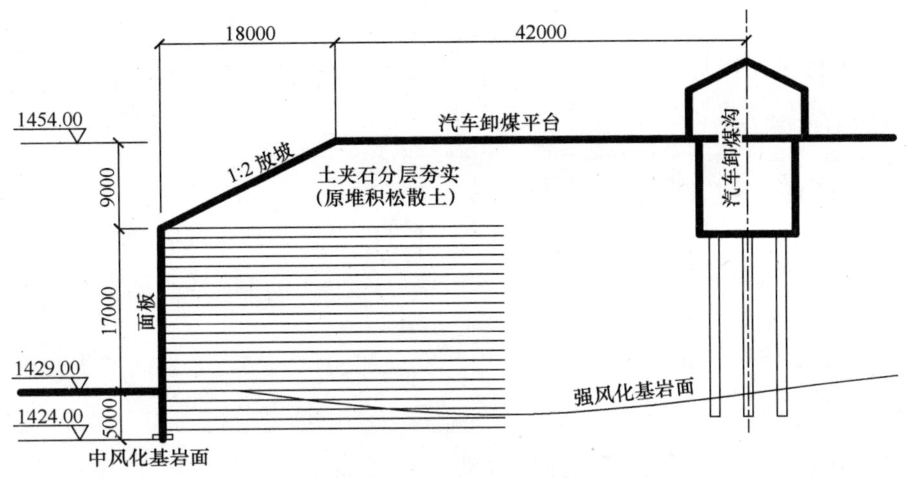


图 4-4　加筋土挡土墙方案简图

大直径薄壳圆筒结构的尺寸：整个结构置于中风化基岩上，高度为 17.0m，直径为 19.0m，筒壁厚度为 0.3m。筒体内部采用土夹石分层夯实，并严格控制其密实度（回填料越密实，参与薄壳圆筒结构共同作用的土体的比例越大，结构整体稳定性能越好）。

钢筋混凝土大直径薄壳圆筒支挡方案简图如图 4-5 所示。

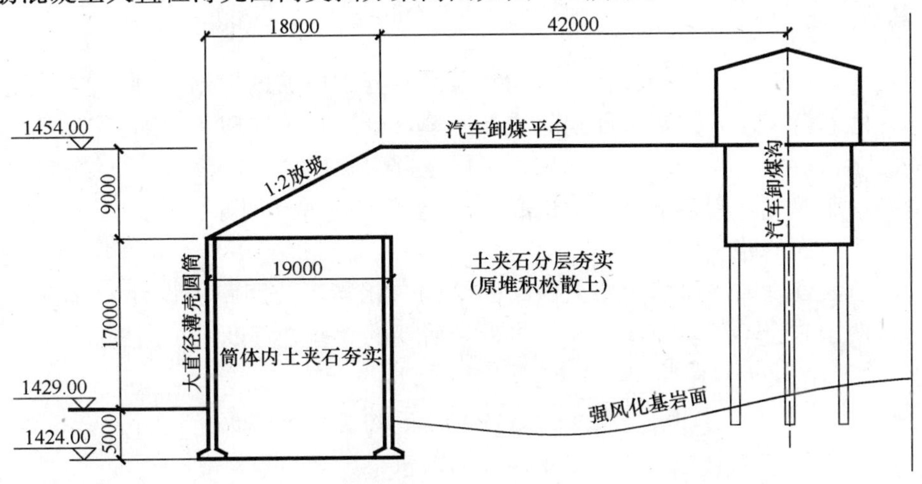


图 4-5　大直径钢筋混凝土圆筒支挡方案简图

## 4.5　一般支挡方案的技术性能分析

### 4.5.1　桩板墙支承方案

桩板墙支承是一个广泛采用的常规方案，但是本工程边坡高嵌固端岩石侧的承载力较低。本工程的基础为砂、泥岩互层，确定嵌固端岩石承载力（岩石侧向容许压应力）和地基的弹性抗力系数 $K$ 值的取值上存在一定困难，该值取值的大小又与设计的经济技术性能和安全性紧密相关。在设计方案比较中，桩嵌入中风化基岩深度 9.0m（强风化以下 14m），开挖工程量及桩基工程量均较大，经济性差。

### 4.5.2 加筋土挡墙方案

加筋土挡墙目前已广泛应用于公路边坡、市政建设、港口、码头等。用于本工程时，其面板基础置于中风化基岩上，其分层夯实加筋带的设置必须从基底开始。锚入在破裂面以外的安全锚固区内，且满足构造嵌固长度。原有的填（弃）土必须挖去重新回填，带来大量的二次搬运及临时堆场问题。

加筋土挡墙方案，在建成的一些工程中，发现加筋带因蠕变变形而产生面板变形的现象，甚至可能影响边坡上的建筑。

### 4.5.3 钢筋混凝土大直径薄壳圆筒支挡方案

此类结构受力条件好，其内力特别是弯曲应力（环向或纵向）均较小，结构内部无需设置内隔墙，因此结构简单，用钢量少，便于施工；且该结构由于其直径大，在地基土体及内部填料的共同作用下，其整体稳定性能好。

但是，该结构存在分析计算较为复杂、基础置于中风化基岩上、筒内及筒后填土需要将原弃土挖去再重新夯实回填、存在二次搬运及临时堆场等问题。

### 4.5.4 其他问题

采用对比设计的三个支挡设计方案均涉及原有弃土边坡的地基处理。⓪层松散填土不能直接作为地基持力层，需要全部挖除重新回填，分层夯填处理。否则支挡结构设计中土压力相关的参数取值就无法确定。如果不考虑全部清除回填土，仅对挡土结构破裂面以外的填土清除一定厚度，则余下的厚度也必须进行压实处理（例如：强夯处理），否则不能作为上部汽车路面的路基使用。

在未经压实处理的深厚填土层上做路面结构（相当于公路路堤设计），路面的沉降在今后的运行使用时会不可避免地出现，将带来后期的大量处理及维护问题。

## 4.6 几种设计方案的经济比较

架空平台方案及其他方案汽车路面均按长 195m、宽 34.5m 计算招标。各种方案对应的造价分别如表 4-1～表 4-4 所列。各单位方案工程造价对比如图 4-6 所示。可见，采用高架平台的单位方案工程造价最低，而采用加筋土挡墙的单位方案工程造价最高，故采用高架平台方案经济效益最高。图 4-7 所示为建成后的高架平台现场照片。

**桩板墙方案工程量及造价表** **表 4-1**

| 序号 | 项 目 名 称 | 桩板式抗滑挡土墙 | |
|---|---|---|---|
| | | 工程量 | 造价（元） |
| 1 | 桩孔护壁 | 21.33$m^3$ | 14547.0 |
| 2 | 桩身混凝土 | 403.0$m^3$ | 104619.0 |

续表

| 序号 | 项 目 名 称 | 桩板式抗滑挡土墙 | |
|---|---|---|---|
| | | 工程量 | 造价（元） |
| 3 | 桩身钢筋 | 32.24t | 117031.0 |
| 4 | 桩成孔 | 138.33m$^3$ | 21759.0 |
| 5 | 钢筋混凝土面板 | 38.72m$^3$ | 43571.0 |
| | 支挡结构本体工程造价（1～5项） | 5.03万元/m | |
| 6 | 桩后填土开挖 | 6189.0m$^3$ | 37988.0 |
| 7 | 桩后回填土夯实 | 6189.0m$^3$ | 87141.0 |
| 8 | 护坡 | 118.2m$^2$ | 13000.0 |
| | 支挡结构本体外的工程造价（6～8项） | 2.30万元/m | |
| 9 | 汽车行车路面结构 | 0.51万元/m | |
| 合计 | | 7.842万元/m | |

注：本表为6m长范围桩板墙方案工程量。

**每米长范围内加筋土挡墙工程量及造价表** **表4-2**

| 序号 | 项 目 名 称 | 加筋土挡墙 | |
|---|---|---|---|
| | | 工程量 | 造价（元） |
| 1 | 面板制作安装 | 5.5m$^3$ | 6389.0 |
| 2 | 筋带铺设 | 19128.0m | 41709.0 |
| 3 | 条形基础及压顶 | 0.84m$^3$ | 252.0 |
| | 支挡结构本体工程造价（1～3项） | 4.84万元/m | |
| 4 | 挡墙后填土开挖 | 1297.0m$^3$ | 7961.0 |
| 5 | 挡墙后回填土夯实 | 1297.0m$^3$ | 18262.0 |
| 6 | 护坡 | 19.7m$^2$ | 2170 |
| | 支挡结构本体外的工程造价（4～6项） | 2.65万元/m | |
| 7 | 汽车行车路面结构 | 0.513万元/m | |
| 合计 | | 8.00万元/m | |

**每米长范围内钢筋混凝土大直径薄壳圆筒结构方案工程量及造价表** **表4-3**

| 序号 | 项 目 名 称 | 钢筋混凝土大直径薄壳圆筒结构 | |
|---|---|---|---|
| | | 工程量 | 造价（元） |
| 1 | 大直径薄壳圆筒结构钢筋混凝土 | 44.74m$^3$ | 36684.0 |
| 2 | 圆筒结构内部回填料夯实 | 288.2m$^3$ | 3688.0 |
| | 支挡结构本体工程造价（1～2项） | 4.04万元/m | |
| 3 | 圆筒结构后填土开挖 | 1175.0m$^3$ | 7212.0 |
| 4 | 圆筒结构后回填土夯实 | 1175.0m$^3$ | 16541.0 |
| 5 | 护坡 | 19.7m$^2$ | 2170 |
| | 支挡结构本体外的工程造价（3～5项） | 2.59万元/m | |
| 6 | 汽车行车路面结构 | 0.51万元/m | |
| 合计 | | 7.14万元/m | |

**每延米高架平台方案工程量及造价表** **表 4-4**

| 序号 | 项 目 名 称 | 高架平台 | |
|---|---|---|---|
| | | 工程量 | 造价（元） |
| 1 | 人工挖孔桩土石方 | 2511.3m³ | 430247.0 |
| 2 | 人工挖孔桩护壁 | 688.9m³ | 427664.0 |
| 3 | 人工挖孔桩钢筋 | 92.08t | 284161.0 |
| 4 | 人工挖孔桩混凝土 | 1825.2m³ | 525244.0 |
| 5 | 桥台框架混凝土 | 1295.9m³ | 1183511.0 |
| 6 | 桥台框架钢筋 | 211.7t | 660445.0 |
| 7 | 桥面空心板混凝土预制 | 2021.4m³ | 1059270.0 |
| 8 | 桥面空心板钢筋 | 620.4t | 1910391.0 |
| 9 | 桥面空心板安装 | 2021.4m³ | 615389.0 |
| 10 | 现浇混凝土整体面层 | 6750.0m² | 87710.0 |
| 11 | 其他（含支座垫板伸缩缝结构、防碰护栏等） | 80000 元 | |
| 12 | 填方边坡回填夯实 | 900.0m³ | 13500 |
| 13 | 边坡植草护面等（仅下段边坡） | 约 7000m² | 70000 |
| 每延米造价 | | 4.45 万元/m | |

注：表中工程量为高桥平台的工程量。

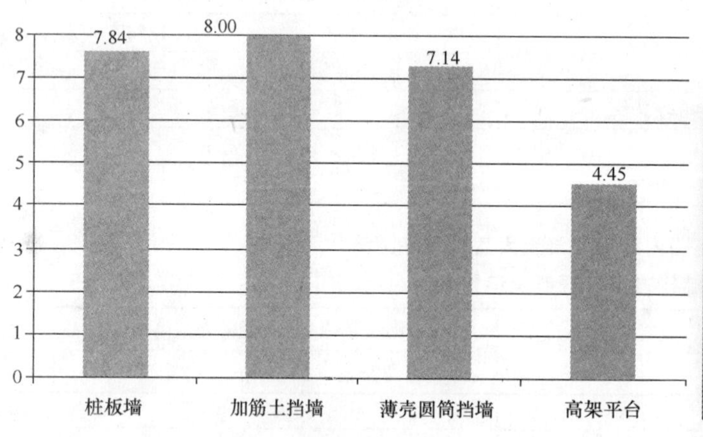


图 4-6 各单位方案工程造价对比（万元/m）

图 4-7 建成后的高架平台现场照片

## 4.7 总 结

贵州某 4×600MW 新建电厂工程的汽车卸煤装置的卸煤汽车通道采用一柱一桩的高架汽车平台方案，避开了对松散高边坡的大量挖填方处理，高支挡结构，特别是要在填土地基上修建公路，原松散填土层必须全部清除，重新按压实填土路基的要求回填，二次开挖回填工程量大，以及运输及临时堆场等问题。此外，厚填土路基不可避免产生沉降，还会影响路面行车安全及路面维修问题。采用高架平台方案抛开了传统的边坡处理手段，完全采用结构手段，简化了边坡处理，减少了大量的土石方开挖回填工作量，道路路面行驶更为安全，从设计的技术经济比较看，其技术可靠、经济效益显著。

# 5 山区电厂岩溶地基处理设计案例分析

山区电厂的建厂条件比较特殊，也比较复杂，时常遇到特殊的地形地貌。喀斯特地貌是一种比较特殊的地质地貌现象，在西南地区分布也较为广泛，在喀斯特地貌的场地上建造电厂的情况也比较多。本章介绍了贵州某电厂在处理发育程度较高的喀斯特地貌的地基所作的技术分析，针对不同的地貌特点采取了不同的处理措施，并结合现场的实施效果进行处理措施的对比分析。

## 5.1 工 程 概 述

岩溶现象最早被南斯拉夫喀斯特地区的学者所研究，故岩溶又称为“喀斯特”，其成分为碳酸盐类岩石，特点是一般不易风化，岩石强度也较高，是良好的建筑天然地基。但是这种基岩是属水溶性岩石，在地下水和地表水的作用下可生成溶于水的碳酸氢钙，其化学反应方程式为：

$$CaCO_3 + H_2O + CO_2 = Ca(HCO_3)_2$$

碳酸钙溶解后，形成各种形状的溶洞、暗沟、溶槽、溶隙、石芽、石林、漏斗等独特的地质现象，这种独特的地质地貌现象，广泛分布于我国云贵桂等西南地区，在这些地区从事工程建设，很难避开这种地基。

贵州某电厂厂址位于云贵高原黔西高原与黔中山原过渡带，厂址区域地貌形态为岩溶峰丛洼地。地形总体上开阔平缓，主要有一条近北东向的条形垄岗和一系列缓坡浅丘、溶蚀洼地组成。厂址西北侧为一斜坡，坡度在10°左右，斜坡坡底即为白布河。该斜坡由于受雨水冲刷，形成了多条冲沟，沟宽5～20m，呈“V”字形，延伸至厂区的有三条。

厂址区域在场平前，地形地面标高为1341.9～1421.6m，相对高差80m。

根据《中国地震动峰值加速度区划图》(GB 18306—2001图A1)，场地地震动峰值加速度值小于0.05$g$，场地地震基本烈度小于6度，区域地质稳定。岩土构成及分布如下：

(1) ①层第四系（$Q^{4el+dl}$）残坡积黏性土层：主要为含碎石、角砾红黏土，局部为碎石、角砾；一般为黄褐、棕红色，软-硬塑状，该层分布广泛，厚度变化较大。该层底部零星分布有鸡窝状褐铁矿。

(2) ②层二叠系下统茅口组灰岩（$P^{1m}$）：为厂址下伏基岩，灰、深灰色，矿物成分以方解石为主，隐晶-微晶结构，以钙质、硅质胶结为主，局部含燧石结核。岩性致密坚硬，完整性较好，岩溶现象较发育，绝大部分为中等风化-微风化。

场地内出露的地层均为碳酸盐相地层，岩溶地基稳定性是场地的主要工程地质问题。

## 5.2 岩溶发育情况

根据本工程勘测资料，场地西北侧的白布河为场地岩溶侵蚀基准面，河水面标高约1194.5m，场地高于该基准面约230m，侵蚀基准面以上的碳酸盐岩层厚度大，因而本场地岩溶发育程度总体为中等-强烈。

场地内浅表型埋藏岩溶较发育，基岩面起伏较大。表层岩溶表现为溶沟、溶槽、地下峰林及石芽相间分布，同时伴生小型溶蚀竖井。地下岩溶形态主要为溶洞、溶隙、溶蚀裂隙为主，其多被含碎石黏性土充填，少量无充填，充填物为可塑-软塑红黏土混碎石。

由于场地处于背斜轴部（往往背斜轴部张裂隙发育），所以所见溶洞多属裂隙状溶洞，溶洞（隙）的发育具有垂直厚度大，水平分布范围较小、分布无规律、连通性差的特点。

图 5-1 主厂房区域开挖后揭露出的隐伏溶蚀

可研阶段钻孔遇洞率为3.2%，线岩溶率为4.3%；初步设计阶段钻孔遇洞率为2.3%，线岩溶率为3.7%。因此，当时认为厂址范围内50m深度以内无大型、有联系性的厅堂式溶洞发育，属弱-中等岩溶发育区。施工图设计阶段钻孔遇洞率为25.0%，线岩溶率为5.90%，从钻孔遇洞率、基岩线岩溶率等指标综合判定，场地岩溶发育程度为强烈发育，表5-1为主厂房区域岩溶的线岩溶率，图5-1为主厂房区域开挖后揭露出的隐伏溶蚀。

**主厂房区域岩溶的线岩溶率** **表 5-1**

| 建筑物地段 | 钻孔遇洞（隙）率（%） | 基岩线岩溶率（%） |
|---|---|---|
| 1、2号主厂房及汽机地段 | 33.7 | 10.2 |
| 3号主厂房及汽机地段 | 29.3 | 6.2 |
| 3号锅炉地段 | 32.6 | 5.9 |
| 集控楼地段 | 25.0 | 2.2 |
| 2号烟囱地段 | 0 | 0 |
| 4号主厂房及汽机地段 | 25.4 | 5.9 |
| 4号锅炉地段 | 24.4 | 7.1 |
| 3、4号锅后地段 | 5.7 | 1.4 |

除主厂房区域有较集中的溶洞外，在输煤系统的干煤棚、斗轮机及其他辅助建筑的基础下，大多遇到大小不等的溶槽、溶沟和起伏不平的石芽地基，溶槽、溶沟和岩面上均填充着软塑-流塑状的红黏土，这些土层在上部荷载作用下，很可能发生变形、塌陷等，严重影响建筑物的安全和使用。

## 5.3 岩溶地基处理设计

该工程设计±0.000m相当于绝对标高1391.000m，主厂房区域位于挖方区，输煤系统等区域位于填方区，场平后，主厂房区域覆盖层所剩无几，部分输煤系统等区域则出现深厚填土。主厂房基础埋深−6.000m，基础持力层为基岩。

由于以上岩溶形态的存在，加之场地大，建（构）筑物类型多，不能以单一的方法处理岩溶地基，应根据岩溶的发育情况、分布形态并结合上部结构特点、施工条件、安全、经济相结合的原则，因地制宜采取不同的方法对地基进行处理。经过充分比较，本工程采用填充（换填）法、跨越法、桩基础等，下面分别介绍。

### 5.3.1 填充（换填）法

对于溶槽为上宽下窄的漏斗形、竖向很深并且起伏较大、上部覆土厚度不大时，既不需要也不可能全部清除溶槽内的填充物。此时宜清除部分填充物，对下部采用抛填块石，接近中上部位填碎石，使其形成自然的滤水层，上部尽量打凿成倒喇叭形的斜面，然后再填C10毛石混凝土，回填的厚度不小于上部宽度的一半，且不小于500mm厚，形成上大下小的楔形体嵌塞于溶槽中，使上部荷载通过楔形体传递到溶槽两侧的稳定岩石上，见图5-2（*a*）。

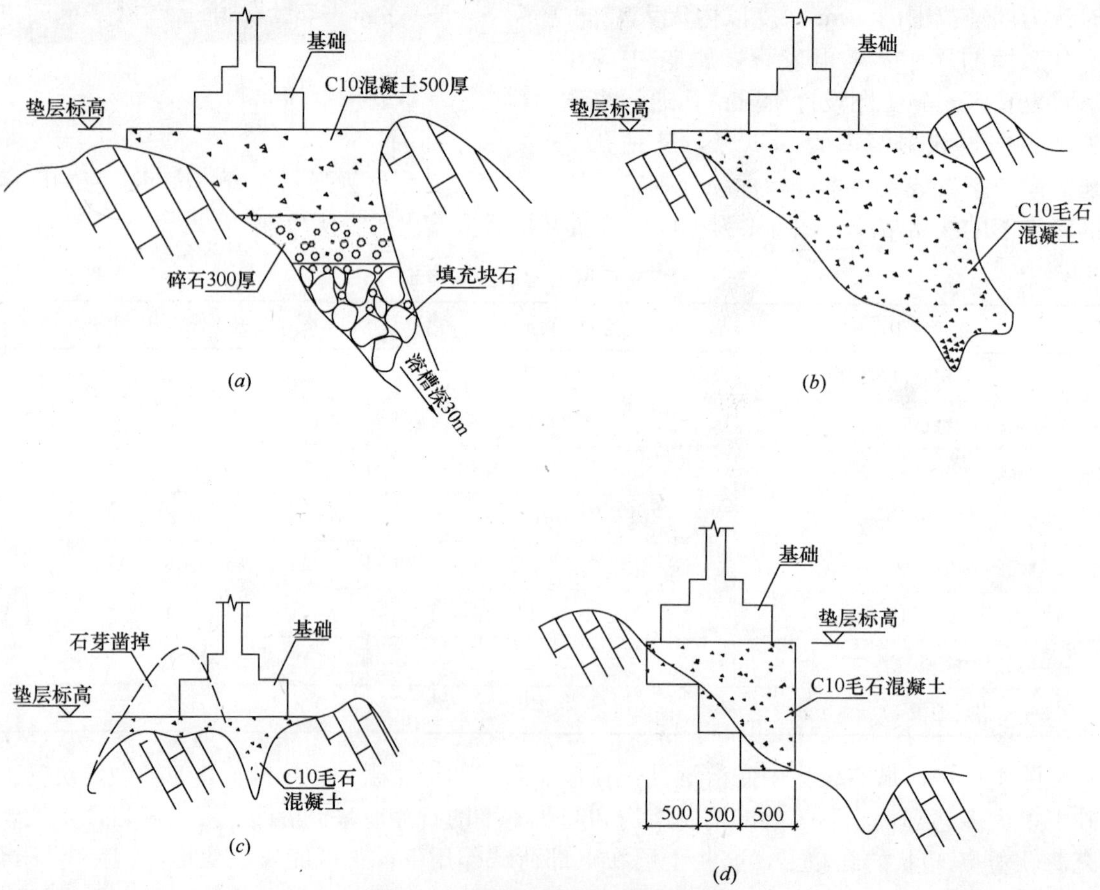


图5-2 岩溶地基填充法治理示意图

对于较浅、小的溶洞、溶槽、溶沟，最简单、最直接的办法就是直接清除填充物后，用C10毛石混凝土进行填充，见图5-2（*b*）。

对石芽等基岩，根据基础的埋深，采用尽量减少开挖和回填混凝土量的原则，分别采取截除突出部位，调整基底的应力分布，见图5-2（*c*）。

对于基础置于较陡的岩体时，以尽量减少开挖及回填量的原则，将部分岩体凿成台阶状，以确保基础的稳定，见图5-2（*d*）。

地基主要受力范围内的岩溶，其下部基岩起伏较大，上部覆盖层较厚，对于一些中小体量的建（构）筑物，基础埋深较浅，设计时主要考虑建（构）筑物可能产生的不均匀变形，通过调整各基础之间的沉降差，使它们控制在允许的范围内，对沉降要求较高的基础，采用支墩基础和地梁结合方案，满足不同的地基变形要求，这样可以减少土石方开挖量。

除上述情况外，对在压缩层范围内，基岩埋深较浅甚至部分出露，而大部分为土质地基，如全部采用混凝土换填，在经济上显然不合理，针对这类地基处理，可以采用褥垫。即：将石芽打掉，在基础与石芽间用500mm左右厚的粗砂褥垫，以此来改善岩、土结合部位的地基变形协调程度。褥垫层的具体厚度可根据地基变形计算确定，也可根据试验所得的变形与压力的关系曲线确定。

选择这些地基处理方案，主要是改善地基基础的受力状态和地基变形条件，充分利用材料的抗压性能，达到安全、经济的目的。

### 5.3.2 跨越法

跨越法应根据溶槽、溶沟等在水平及竖向的分布情况，区别对待。

对于一些溶槽，竖向及水平方向范围很大，槽体内充满各种软塑-可塑的红黏土，洞口比较大，如主厂房的C列柱基础下，分布着一条长达40余米，宽度约5～10m的水平溶槽，单个洞体的高度约4余米，并在水平向有不同的分支。除此之外，还有一些大小不等的多重水平溶洞，其洞间顶板厚度大致在1.30～2.50m之间。这些洞体内填充着各种软塑-流塑状的黏土，C列8～12轴线柱基础均落在洞内，考虑到洞体大而深不可能进行充填处理，由于其两侧岩石完整、稳定，是承受跨越结构的理想支座，宜采用跨越法，即将原设计的独立基础改为横向条形基础梁。为满足计算假定的要求，在施工时作了构造处理，将跨越的洞口两边修凿成倒喇叭形，上面浇填不小于800mm厚C10混凝土，目的是使条基底部有较均匀的接触面，如图5-3。

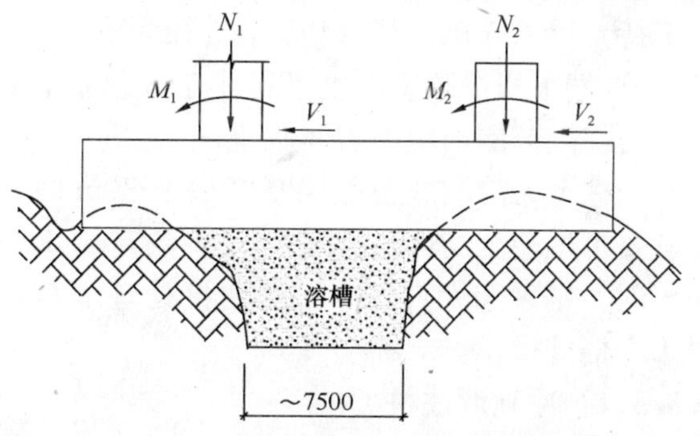


图5-3 岩溶地基跨越法治理示意图

计算时采用简化的倒梁计算法，设计时假定：(1) 基地反力均匀分布并且不产生拉应力；(2) 基础为刚性体。

锅炉钢柱基础部分坐落于宽约3m的溶槽上，当清淤至基底下2.5m处时，地质专业勘探发现溶槽底部深度达15m，若继续下挖显然不现实，并伴随有安全隐患，经研究采用厚板跨越对其进行处理，两端支承于稳定岩体上，见图 5-4。

又如翻车机地下为一箱形结构，下部岩溶水平分布复杂，竖向深度达数十米，清淤条件困难，现场评估周围岩体完整、稳定，考虑箱型结构刚度大的特点，岩溶未作处理，直接将地下室底板置于岩体之上，通过箱型结构本身的刚度进行跨越，见图 5-5。

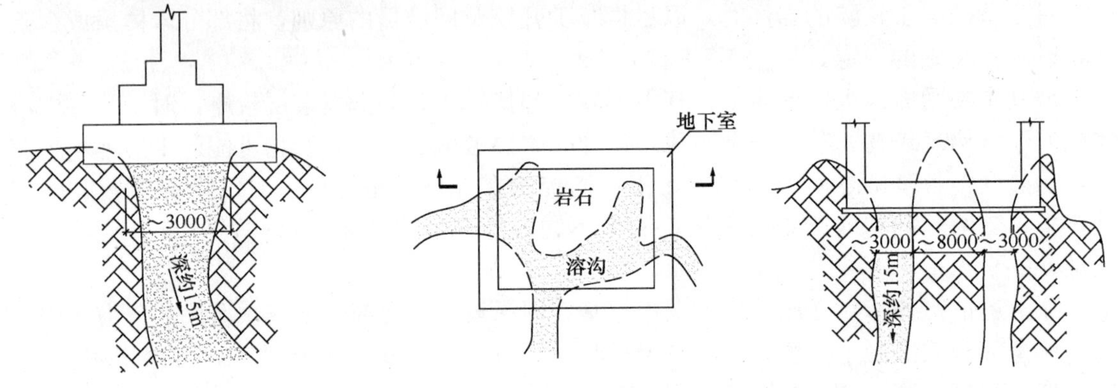


图 5-4 锅炉钢柱基础部分厚板跨越处理示意图

图 5-5 翻车机地下室处理示意图

## 5.3.3 桩基础

对于浅层发育的岩溶处理，可采用上述方法，当基础持力层范围内存在发育规模较大的危害性溶洞，受建筑物结构或其他因素制约，无法采用上述方法或岩溶上部分布有较厚的软弱土或松散的覆盖层，天然地基一般难以满足要求，为减少土石方工程量，桩基础是一种可供选择的方案。

在输煤地段的斗轮机和填方区输煤栈桥地段，由于填土较厚，同时回填土质量较差，考虑到上部荷载情况，设计采用一柱一桩的形式，要求桩端置于稳定完整的基岩上。为确保桩端能全断面置于稳定完整的基岩上，在每根桩成桩之前进行施工勘察，钻孔深度进入稳定持力层 4.5 倍桩径（1.5 倍桩径为嵌岩深度，同时确保桩底 3 倍桩径为稳定完整的基岩）。桩端下岩溶顶板厚度不得小于 3 倍桩径，必要时，应验算顶板的受冲切承载力，桩端应力扩散范围内应无岩体临空面。

当柱下无溶洞或覆盖层厚度小于 30m 时，可采用人工挖孔灌注桩处理地基，人工挖孔桩要求桩端全断面进入稳定完整的基岩 1.5 倍桩径；当柱下有溶洞或覆盖层厚度大于 30m 时，则采用大直径冲孔灌注桩处理地基，要求桩孔穿过溶洞，并进入稳定完整的基岩 1.5 倍桩径。

### 5.3.3.1 冲孔灌注桩

该方案主要难点是：如何在大块石深厚填土和具有多层溶洞的岩溶区成孔；如何堵住泥浆渗漏及混凝土流失；如何保证冲孔进尺及清除孔底沉渣。在成孔施工过程中，若桩孔泥浆渗漏较少，则这部分桩成孔就十分顺利。而当桩孔钻穿覆盖层，在基岩表面存在溶蚀裂隙或遇到多层溶洞时，可能出现孔内泥浆迅速流失，地面孔口塌陷，产生漏斗，如果这种情况发生，则不仅不能施工，而且可能危及钻孔及人身安全。

设计针对上述可能出现的泥浆迅速流失的情况，采用了相应的解决方案：向孔内回填大量黏土及水泥，目的是堵漏。小裂隙的漏浆，黏土可不必装袋，可直接倒入孔内，水泥需整袋抛入，使其沉底；当遇漏浆强烈时，在采用向孔内回填大量黏土及水泥后，在第二次成孔时，为了防止上部含大量大块石的回填土再次垮塌，还需用钢套筒护壁。如输煤栈桥的 7 号桩具有一定的代表性，桩径 1.2m，桩长 49.5m，上覆土层厚 48.2m，其中含大量大块石的回填土厚 17.6m，其基岩表面存在溶蚀裂隙，发生强漏浆 6 次，为堵漏造浆共用 320 袋水泥，下钢套筒米 48.5m，直接用于堵漏及护壁费用近两万元，且用时 45 天之多。从桩体受力情况看，由于桩长较大，大部分的约束力靠桩侧承担，往往对桩端承载力要求不高，从而降低了岩溶槽穴对桩基的风险度。

#### 5.3.3.2 人工挖孔灌注桩施工

对于人工挖孔灌注桩，其方法是最原始的，也是最简单的，对于本工程，有利的是地下水埋藏较深，在人工挖孔时不会受到地下水的影响，但由于含大量大块石的回填土厚度较大，回填土较为松散，桩孔孔壁稳定性差，为确保人工挖孔时的人身安全，孔壁护壁必须保证安全可靠和孔内通风。此方案主要用于干煤棚基础、输煤栈桥基础（桩长小于 30m）及斗轮机基础。该方法的优点是：能直接鉴定桩端岩溶发育情况、岩石完整性、坚硬程度、风化程度，并保证足够的嵌岩深度。事实证明，在保证孔壁护壁安全和孔内通风的前提下进行施工，就能顺利、安全地完成施工任务。

当桩端置于“陡坎”、“鹰嘴岩”上，为确保桩的稳定，同时考虑到桩的承载能力，应当加大桩端入岩深度，本工程按 3 倍桩径考虑，图 5-6 为桩基示意图。

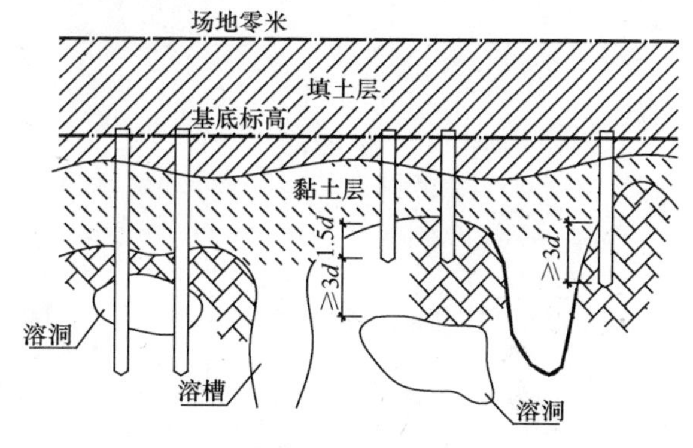

图 5-6 人工挖孔灌注桩示意图

对于桩体长度较小，桩侧土提供的摩阻力有限，甚至存在负摩阻力时，宜按嵌岩桩设计。一般而言，嵌岩桩的嵌岩深度为 3 倍桩径，因为嵌固力并非与嵌固深度呈线性关系，而是呈曲线关系。试验表明，当嵌岩深度超过 5 倍桩径后，其承载力增长十分有限，一味地增加嵌岩深度是不经济的。

## 5.4 总 结

一般来讲，对待岩溶问题应采取“敬而远之”的回避方法，厂址尽可能避开，但是，随着西部大开发的深入和我国更加严格的耕地保护政策的实施，客观上难以回避这个问题。通过该工程的实践，我们认识到要彻底摸清厂址地区的岩溶情况是很困难的，有些情况只有在开挖揭露时才会被发现，无疑对设计还是施工都会带来许多困难。必须结合施工勘察甚至开挖后，根据每个建（构）筑物下面岩溶发育、分布形态并结合上部建（构）筑物的结构形式、体量、工艺要求以及它对地基承载力及变形的要求，并考虑当地的施工条件等因素，经过综合分析，采用经济、安全、易于实施的处理方案。

（1）超挖换填处理埋藏型地表岩溶地基行之有效，有较大的可靠性及安全性，有条件时应尽可能采用。例如在对待有覆土的石芽地基处理上，根据建筑使用要求不同，分别采用褥垫方案和支墩与梁组合方案。

（2）在溶洞的处理上，需要根据具体的情况采用超挖换填处理或者跨越法处理。例如该工程主厂房柱基下的大溶洞，洞体很大，又有树根状的深槽，显然用混凝土进行换填处理的方案是不经济的，经勘察洞体两侧具有稳定的支承岩体，具备跨越处理的条件。而对于外形呈倒喇叭形，洞体沿纵向分布，上部开口较宽的岩溶，采用下部抛填石料，上部局部用混凝土填充，其经济效果则比采用跨越法好，施工也简单。

（3）采用桩基时，关键是要摸清桩尖基岩的分布情况和岩体的完整情况，要保证桩端置于稳定的岩石上。当桩尖位于陡峭的岩壁上时，应加大桩的嵌入深度，以确保桩的稳定。人工挖孔灌注桩，处理深厚填土地基简单易行且质量容易得到控制和保证，但成孔时，人员的安全是必须要确保的，故此方法一般适用于桩长小于 30m 的建（构）筑物。冲孔灌注桩处理复杂岩溶地基行之有效，有较大的可靠性，此方法适用于桩长大于 30m 的建（构）筑物。在冲孔灌注桩成孔时，采用袋装黏土及水泥堵漏，行之有效，且最为经济，同时保证成桩质量，避免大规模超灌混凝土。

该工程经过多年的运行看，各指标优良。事实证明，本工程的岩溶地基处理方案，无论是投资方面，还是安全、进度方面，都是成功的，为今后处理类似岩溶地基积累了一定的经验。

# 第二篇

# 滨 海 电 厂

# 6 印尼某燃煤电厂煤场地基处理方案选择分析

在高烈度地震区、软弱地基及液化场地土上建设大型煤场，合理的地基处理方案选择将直接影响处理效果和工程的顺利进展。本章介绍了印尼某拟建电厂煤场地基处理方案选择过程中所作的技术分析工作，确定该煤场地基处理采用堆载预压结合碎石桩围挡的处理方案，消除了高烈度地震区严重液化场地上大面积堆载对周边建（构）筑物的不利影响，经济合理地解决了实际工程难题。

## 6.1 工 程 概 况

印尼某燃煤电厂由 2 台 300MW 的机组组成。拟建场地地质条件复杂，地貌属于海滨沼泽，地形平坦，场地高差小于 5m；地基由砂土、粉质黏土等组成。地震设防烈度较高，场地地震动峰值加速度 0.30$g$，地震基本烈度为 8 度。

## 6.2 工程地质条件概述

根据印尼方提供的场地初勘资料，该场地土层可分为 4 层：

①层淤泥质粉质黏土：流塑-软塑状，土体软弱，其厚度 0～5m，标贯击数 $N<4$。局部分布。

②层粉砂：松散-稍密，其厚度 13～22m 不等。标贯击数一般 $N\leqslant 15$。全场分布，为场地的液化层。

③层砂与粉质黏土互层：砂土以细砂为主，部分为中砂，可达中密—密实；粉质黏土呈可塑-硬塑状。其厚度 20～45m 不等。标贯击数变化较大，一般大于 15 击，局部软弱土层为 4 击。该层土深部可以作为桩基的持力层。

④层黏质粉土：中密-密实状，以密实状为主。其厚度大于 10m。该层土可以作为重要结构物的桩基持力层。

场地地下水位较高，埋深 0.00～0.05m，属潜水类型，受海水影响。

该地区属 8 度地震区。根据粉砂层标贯击数判别地基的液化等级为中等～严重。

## 6.3 煤 场 概 况

本电站煤场为长 183m、宽 43m 的长条形，共 4 个，每两个煤场中间布置一条斗轮机轨道（图 6-1）。煤场场地现地面标高在－2.00m，场坪标高为±0.00m，回填土厚度超过 2.0m。堆煤高度 12.60m，煤的重度取为 10kN/m$^3$，堆煤最大荷载为 126kPa。由于煤场

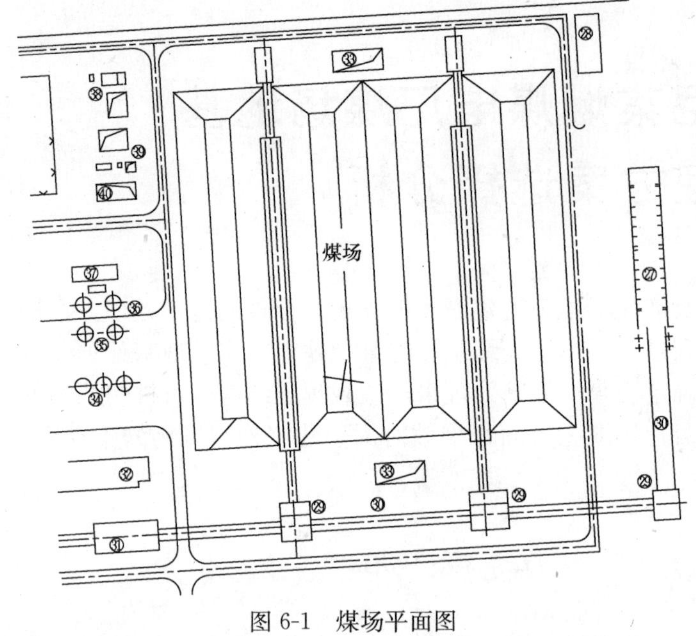

图 6-1　煤场平面图

区域地势和周边相比略低，普遍分布①层粉质黏土，最厚达到 4.5m。①层粉质黏土以下为②层粉砂、$③_1$～$③_4$ 砂与粉质黏土互层以及④粉土层。根据地质报告，整个地基土体比较软弱，特别是①层粉质黏土性质较差，压缩性高，而粉砂层地基液化等级为严重。

由于煤场面积大，堆煤高度高，加之地基软弱、压缩性高，预计煤场的沉降及侧向变形较大，容易对周边建筑物产生不利影响。煤场周围的环境相当复杂，布置有制氢站、输煤配电综合楼、点火油罐、除灰空压机房、输煤栈桥等重要及危险的建构筑物和地下管线等，如果发生意外，后果将不堪设想，因此煤场的地基处理显得相当重要。

## 6.4　煤场不处理时变形分析

本次沉降计算采用有限元法。有限元计算软件采用荷兰 Delft 技术大学研制开发的有限元软件 PLAXIS。该软件的计算模块丰富，尤其适宜于计算软土的变形和稳定问题，可以计算轴对称问题和平面应变问题。本文模型采用 6 节点平面应变三角形单元。

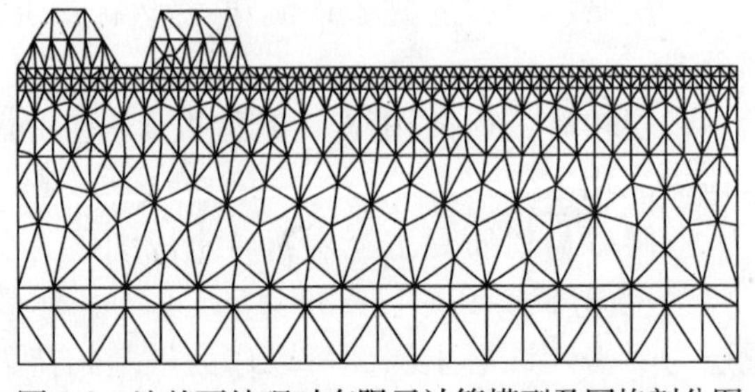
图 6-2　地基不处理时有限元计算模型及网格剖分图

采用有限元法计算时，取煤场的一半进行计算，有限元计算网格见图 6-2，其中底部网格节点固定，侧向网格节点容许竖向变形，但是没有水平变形。假定堆煤体为弹性体，地基为弹塑性体，服从摩尔-库仑屈服准则。堆煤荷载分三级等载施加，每级加载间隔时间为 1 个月。

沿煤场宽度方向的沉降见图 6-3。沉降的影响深度比较大，主要是①淤泥质粉质黏土、②粉砂和③砂和粉质黏土互层。最大沉降发生在煤场中心以下，达到了 150cm，煤场边缘的沉降达到了 60cm。典型的地基剖面侧向变形见图 6-4。从图 6-4 中可以看出，地基侧向变形最大发生在煤场边缘以下的深层土体中，其深度约在 20m 左右，最大变形为 26cm。两个煤场之间斗轮机位置地基的侧向变形为 6cm，煤场边缘侧向变形最大，达到 26cm。侧向变形随着离煤场距离的增加而减小，在距离煤场边缘 50m 处还有将近 9cm 的侧向变形。油罐等离煤场边缘约 20m，该位置地基土体的最大侧向变形约 19cm；栈桥离煤场的距离为 38m，该位置地基土体的最大侧向变形约 14cm。这些结构物基础都会受到煤场地基土体变形的影响，其对周边结构物的不利影响不可忽视。

通过对堆煤荷载作用下地基沉降和侧向变形的分析可以知道，在堆煤荷载作用下地基的侧向变形和沉降比较大，并且影响范围广、深度深。以上分析，还没有考虑到实际堆煤时，斗轮机两侧煤场不可能是完全对称堆煤，施加荷载不均匀的情况下，地基的侧向变形会更加大，其对周边结构物和斗轮机基础的影响是比较大的。因此，必须采取地基处理方法，减小及部分消除地基的沉降和侧向变形。

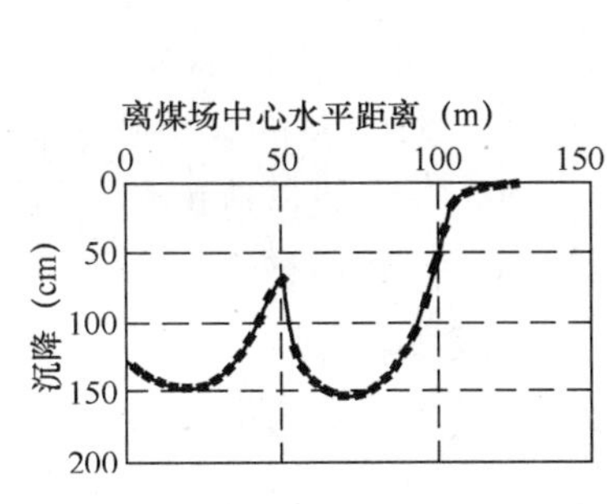


图 6-3　地基不处理时堆煤荷载作用下煤场宽度方向沉降剖面线

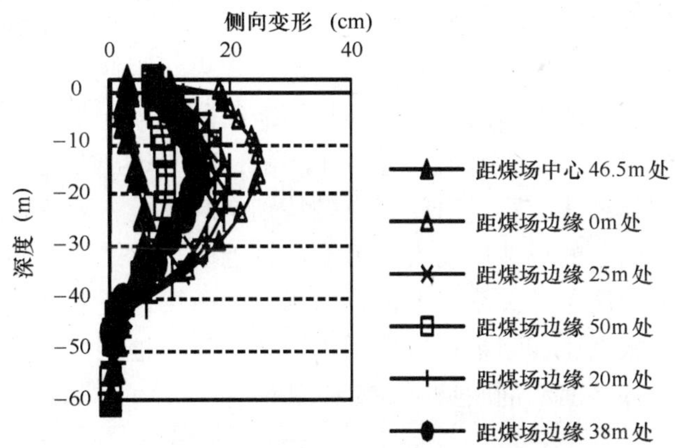


图 6-4　地基不处理时堆煤荷载作用下地基侧向变形

## 6.5　煤场地基处理方案比较分析

根据地质报告揭示的煤场地基土体性质以及煤场荷载的特点，可以采用的地基处理方案主要有预压结合碎石桩围挡法、碎石桩预压法和强夯法。以下对三个方案进行对比分析。

### 6.5.1　预压结合碎石桩围挡法

方案思路如下：(1) 在重要的结构物周围（斗轮机、栈桥、点火油罐等）设置带状碎石桩变形隔离带；(2) 利用回填土对煤场进行预压，预压时间约 6 个月，部分消除堆煤荷载产生的变形；(3) 预压完成后进行栈桥等周边结构物基础的施工。本方案的优点是造价比较低，充分利用本工程回填土方量大以及地基土体渗透性较高的特点，先行对煤场进行预压，预压完成后再施工周围栈桥等结构物，可以减小堆煤变形对其影响。但是本方案对施工控制要求严格，特别是需要严格控制预压的堆载速率，保证地基土体的稳定性，施工时间也相对较长。

### 6.5.2　碎石桩预压法

方案思路如下：(1) 煤场粉砂层采用碎石桩处理；(2) 利用回填土对煤场进行预压，预压时间约 6 个月；(3) 预压完成后进行栈桥等周边结构物的施工。碎石桩法适用于处理松散砂土、粉土、非饱和黏性土、素填土和杂填土等地基。依靠桩的挤压和振动作用使桩周围土的密实度增加，从而提高地基土的承载力，降低土的压缩性。本方案的优点是基本消除碎石桩加固层地基的沉降，提高加固层地基的密实度，减轻地基的液化等级，同时预压后减小煤场的工后沉降，对斗轮机和周边结构物的变形控制较为有利。但是本方案施工时间相对较长，造价也较高。

### 6.5.3 强夯和强夯置换法

强夯法适用于处理碎石土、砂土、低饱和度的粉土和黏性土等。而强夯置换法适用于高饱和度的粉土与软塑的黏性土等地基上对变形控制不严的工程。在软土地基上，强夯置换法需要通过试验确定适用性及处理效果。强夯置换法所能够加固的深度一般小于 7m，当加固深度较深时，较难达到加固效果，因此不建议采用强夯置换法。本场地采用强夯法需要较大的夯击能，以保证加固需要的深度。加固深度 10m 时，单击夯击能需要 6000～8000kN·m。假设夯锤重 40t，落距为 20m，由此可见强夯法施工对设备的要求比较高。采用强夯法方案，对施工设备特别是起重设备要求高，施工方便，速度快，造价低。但是施工引起的场地振动大，可能对较近的已建结构物会有不利影响。另外强夯法成功与否和场地地质条件关系很大，在本场地的适用性还有待进一步分析，或者通过试夯确定。

根据比较结果，拟采用预压结合碎石桩围挡法的方案进行本工程的煤场地基处理。地基处理平面和剖面见图 6-5 和图 6-6。

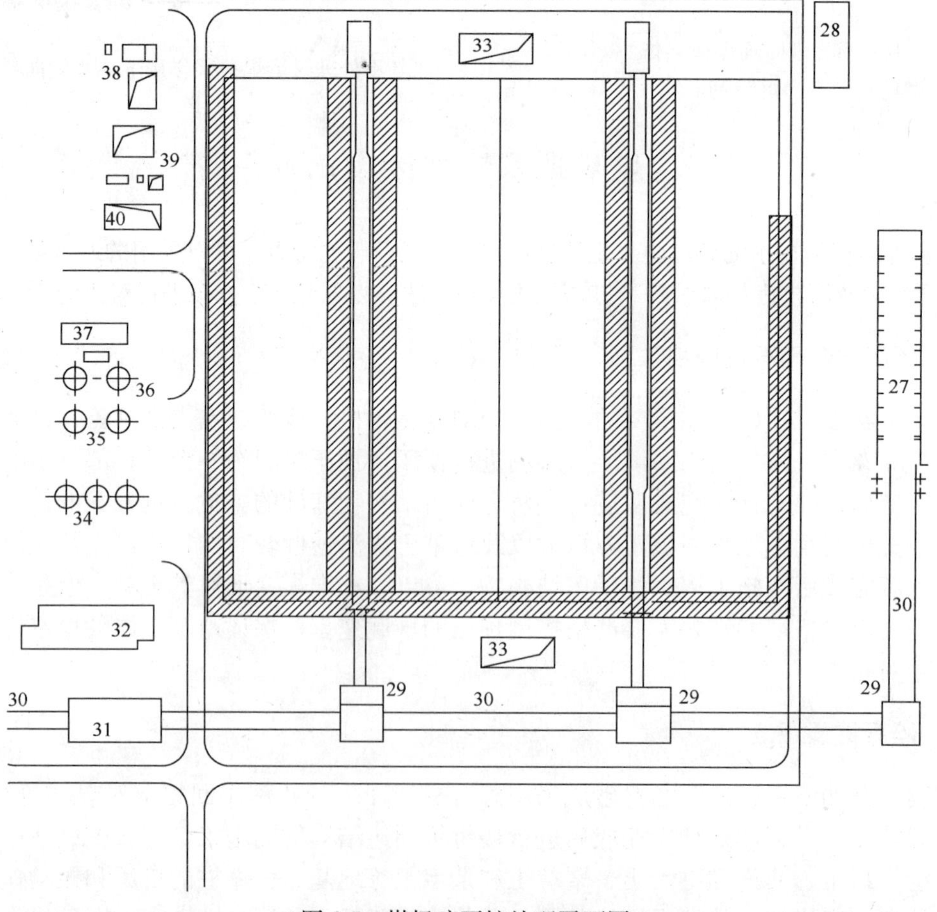


图 6-5 煤场碎石桩处理平面图

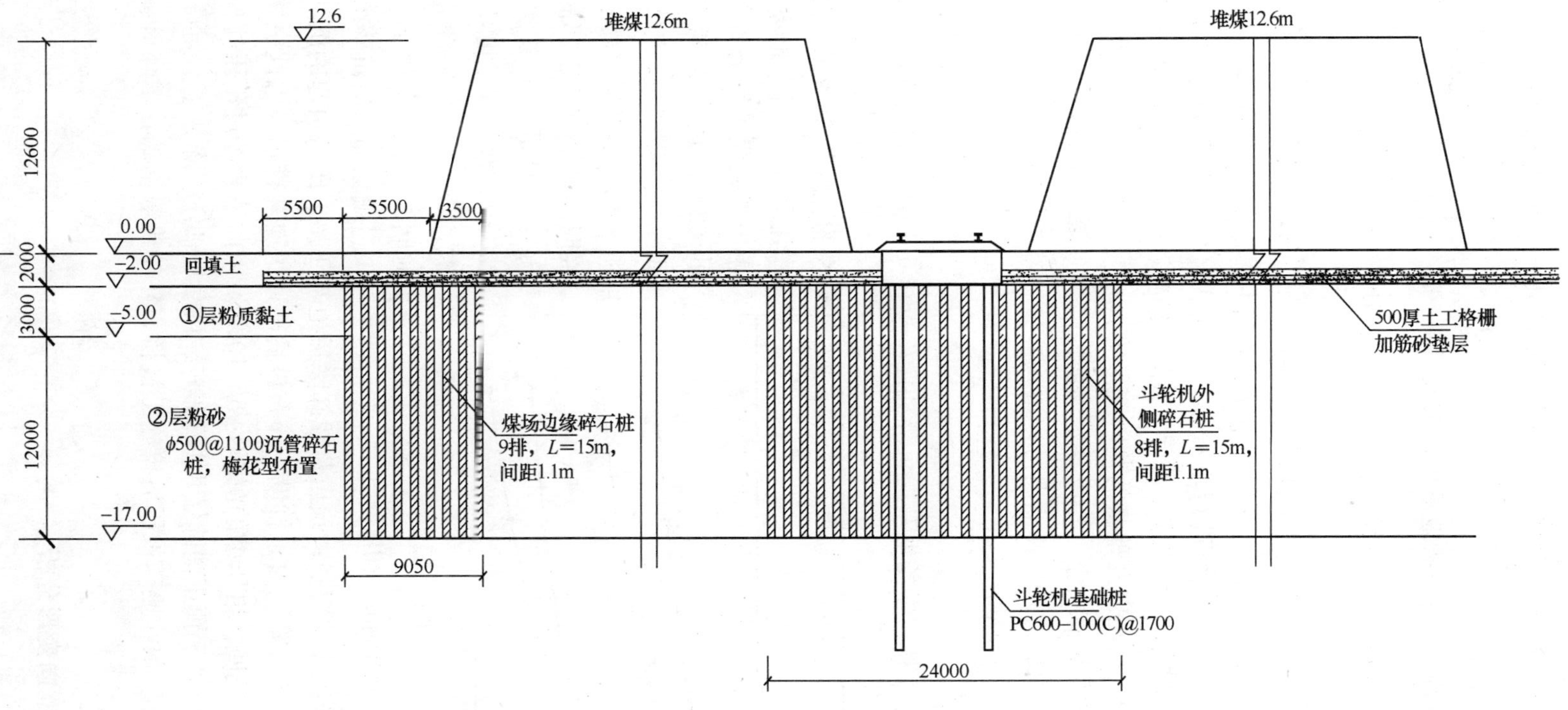

图 6-6　煤场地基处理剖面图

## 6.6 煤场预压处理后地基变形分析

### 6.6.1 预压结合碎石桩围挡法地基处理方案

(1) 清除①粉质黏土层表面的杂草等，分层回填约 1m 厚的土，施工斗轮机位置、煤场周边的碎石桩。

(2) 碎石桩施工完成后，夯实桩顶的松散层。整个煤场做 500mm 的加筋土工格栅垫层，铺设两层土工格栅，大面积分层回填土至场坪标高。

(3) 填土 2 个月后，分级进行堆载预压，堆载区域扩出煤场外 5.5m，预压总荷载 80kPa。第一级荷载 50kPa，预压 1 个月；第二级荷载 30kPa，预压 2 个月。预压过程中同时测试地基沉降、孔压以及地基的侧向变形等。

(4) 在地基沉降基本完成、孔压基本消散以后（估算 6 个月后），逐步卸除填土，施工斗轮机基础、栈桥基础以及其他周边建（构）筑物基础。

### 6.6.2 煤场沉降分析

根据上述方案计算的煤场地基的沉降如图 6-7 和 6-8 所示。由图知，煤场的最大沉降发生在中心以下，为 250cm，煤场边缘的沉降为 110cm。大面积填土荷载作用 2 个月后，地基沉降约 50cm，相当于完成了填土荷载作用下总沉降的 62%，填土荷载作用下还有约 30cm 的沉降没有完成。然后分别施加 50kPa 和 30kPa 的两级荷载，间隔时间 1 个月，全部荷载施加完再预压 5 个月后，地基沉降介于 150～230cm，地基固结度约 90%，沉降基本完成。全部沉降完成需要 2 年时间。

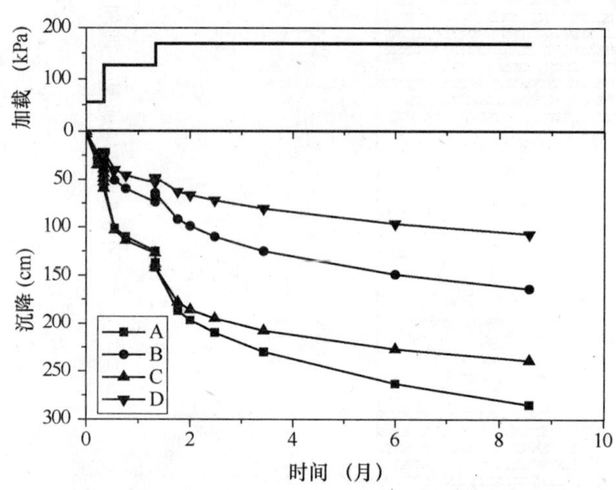


图 6-7 填土荷载和预压荷载作用沉降随时间的发展曲线

煤场的工后沉降由以下几种情况引起：填土荷载未完成的沉降；预压荷载卸除后地基回弹再压缩引起的沉降；由预压荷载产生残余孔压引起的沉降。由于打设了碎石桩后加速了地基排水，因此由填土荷载引起的沉降完成较快。地基回弹再压缩的沉降约 5～10cm。因此估算经过预压处理后地基的工后沉降约 10～20cm。由于预压消除了堆煤荷载产生的大部分沉降，工后沉降较小，影响范围也较小，因此可以预计地基预压后再施工栈桥、斗轮机等基础，堆煤荷载产生的变形对其基本没有影响。

### 6.6.3 煤场地基侧向变形分析

地基最大侧向变形发生在煤场边缘以下的深层土体中，其深度约在 20m 左右，最大

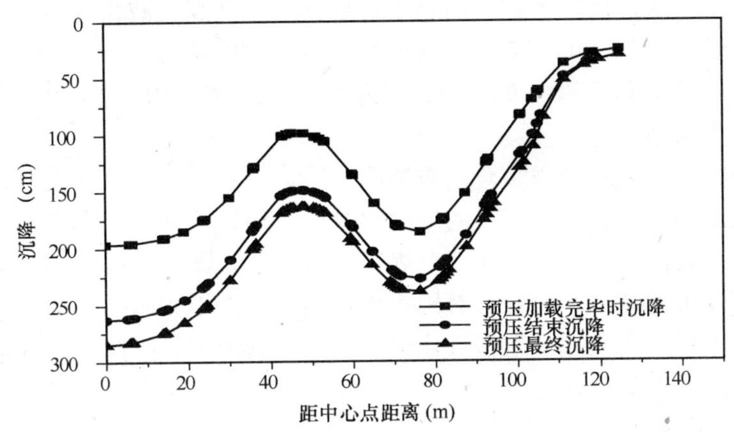


图 6-8　填土荷载和预压荷载作用下地基沉降剖面线

变形为 13cm。侧向变形随着离煤场距离的增加而减小，在煤场边缘 20m 处（油罐位置），最大侧向变形约 10cm，38m 处（南面栈桥位置）大约 5.5cm。地基的侧向变形见图 6-9。

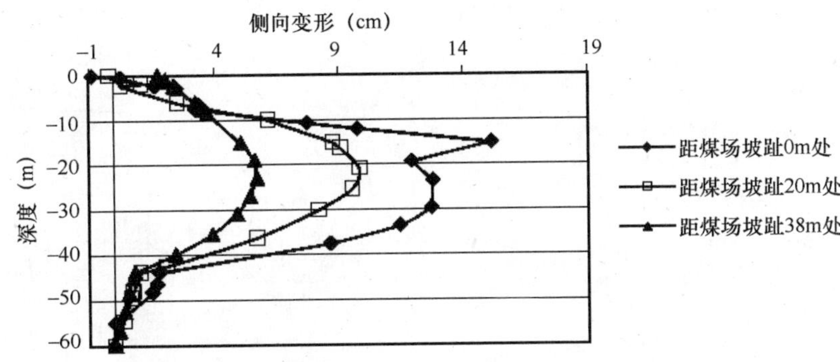


图 6-9　填土荷载和预压荷载共同作用下地基的侧向变形

### 6.6.4　地基处理后煤场的液化分析

根据地震报告，0.3*g* 的地震加速度下，结构物如果没有打桩时，地面以下需要有至少不小于 7m 的非液化层。煤场位置①粉质黏土层一般厚 2m，大面积填土厚 2.8m，预压荷载产生的沉降约 1.50～2.30m。因此地面以下不液化土层厚度为 6.3～7.1m。如果考虑煤体荷载对抗液化的有利影响，实际不液化土层厚度将超过 7m。因此认为深层地基液化对煤场的影响比较小。

斗轮机位置预制桩桩顶标高在地面以下约 2～2.5m，因此桩顶以下不液化土层的厚度约 4m。斗轮机位置采用碎石桩处理后可以提高地基的抗液化效果。打桩后，液化等级有所降低，液化指数大多在 3.0 以内，液化等级基本上是轻微或不液化。

## 6.7　结　　论

在高烈度地震区、软弱地基及液化场地上建设大型煤场，合理的地基处理方案选择将直接影响处理效果和工程的顺利进展。本电站位于 8 度地震区，煤场所在区域地势和周边相比略低，普遍分布性质较差的粉质黏土，地基压缩性高且液化等级为严重。针对煤场地基土体性质以及煤场荷载的特点，本工程需要解决的问题为：1. 煤场面积大，堆煤高度高，堆煤后煤场的沉降及侧向变形较大，容易对周边建筑物产生不利影响；2. 在地震荷载作用下会发生场地液化。

根据本工程特点可采用预压结合碎石桩围挡法、碎石桩预压法和强夯法三种方法进行地基处理。因预压结合碎石桩围挡法的造价比较低，而且充分利用本工程回填土方量大以及地基土体渗透性较高的特点，可先行对煤场进行预压，预压完成后再施工周围栈桥等结构物。该方法不仅可以减小堆煤变形对周边重要结构物的不利影响，而且通过预压形成的地基表层不液化土层，大大减小地基液化对煤场的不利影响。因此本工程最终选择用预压结合碎石桩围挡法对地基进行处理。

# 7 印尼某燃煤电厂重要建筑物基础桩型方案选择分析

发电厂的一些重要建筑物，如主厂房、锅炉房等，具有高度不大但柱下荷载相对较大、结构安全等级要求较高的特点。在高烈度地震区、软弱地基及液化场地土上建设大型电厂，由于地基土强度低、承载力小、在地震作用下有液化的可能，若不进行地基处理难以保证地基承载力和建筑物的沉降满足要求。这时通常会使用桩基础来解决该问题。桩的类型繁多，选择合理的桩型直接影响工程的综合效果。本章主要介绍了印尼某拟建电厂主厂房桩基方案选择过程中所作的技术分析工作，以期对类似工程有参考作用。

## 7.1 工 程 概 况

印尼某燃煤电厂项目由 2 台 300MW 的机组组成。拟建场地的地质条件复杂，地貌属于海滨沼泽，地形平坦，场地高差小于 5m；地基由砂土、粉质黏土等组成；地震设防烈度较高，场地地震动峰值加速度按 0.30g，地震基本烈度为 8 度。

## 7.2 工程地质条件概述

### 7.2.1 地质条件概述

根据印尼方提供的场地初勘资料，该场地土层可分为 4 层：

①层粉质黏土（部分地段为黏质粉土及少量粉砂）：灰色-深灰色，流塑-软塑状。其厚度 0～5m，总体分布上西薄东厚，该层与场地内的小河有较密切的关系。标贯击数 $N<4$。

②层粉砂（部分地段夹粉土及黏质粉土）：灰色-深灰色，粉砂。松散-稍密，偶见贝壳，其厚度 13～22m 不等。局部地段夹可塑状粉质黏土或松散-稍密黏质粉土透镜体。标贯击数一般 $N\leqslant15$，局部地段夹中砂。

③层砂与粉质黏土互层：浅灰-深灰色，一般情况砂层以细砂为主，部分为中砂，可达中密-密实，少量的为松散状；粉质黏土呈可塑-硬塑状，以可塑为主。其厚度 20～45m 不等。根据其土层类别及性状进一步分为：

$③_1$层粉质黏土：灰色-深灰色，局部为褐灰色，可塑状。标贯击数 $4\leqslant N\leqslant15$。

$③_2$层粉质黏土：灰色-深灰色，局部为褐灰色，硬塑状。标贯击数 $N>15$。

$③_3$层砂层：灰色-深灰色，以细砂为主，部分为中砂，松散-稍密，局部地段为粉土层。标贯击数 $N\leqslant15$。

$③_4$层砂层：灰色-深灰色，以细砂为主，部分为中砂，中密-密实，局部地段为粉土层。标贯击数 $N>15$。

④层黏质粉土：浅灰-深灰色，中密-密实状，以密实状为主。其厚度大于10m。根据其性状进一步分为：

$④_1$层黏质粉土：浅灰-灰色，中密。标贯击数 $15 \leqslant N \leqslant 30$。

$④_2$层黏质粉土：浅灰-灰色，密实-极密。标贯击数 $N>30$。

各层土的地基承载力和桩基设计参数见表7-1。

**各土层的设计参数建议值** **表7-1**

| 土层代号 | 岩土名称 | 地基承载力特征值 $f_{ak}$ (kPa) | 预制桩极限端阻力标准值 $q_{pa}$ (kPa) | 预制桩极限侧阻力标准值 $q_{sia}$ (kPa) |
|---|---|---|---|---|
| ①层 | 粉质黏土（软塑） | — | — | 11～17 |
| ②层 | 砂层（松散） | — | — | 15～28 |
| $③_1$层 | 粉质黏土（可塑） | 140～180 | — | 50～65 |
| $③_2$层 | 粉质黏土（硬塑） | 180～300 | 5000～6500 | 65～90 |
| $③_3$层 | 砂层（松散-密实） | 100～140 | — | 20～40 |
| $③_4$层 | 砂层（中密-密实） | 180～300 | 3000～4000 | 40～60 |
| $④_1$层 | 粉土（中密） | 180～250 | 2000～3000 | 40～60 |
| $④_2$层 | 粉土（密实） | 250～350 | 3000～4500 | 60～80 |

浙江大学岩土工程研究所通过对初勘室内外试验结果综合分析，及通过标贯击数估算的各层压缩模量如表7-2。

**各土层的压缩模量** **表7-2**

| 土层代号 | 岩土名称 | 室内试验压缩模量 $E_s$ (MPa) | 贯击数估算压缩模量 $E_s$ (MPa) |
|---|---|---|---|
| ①层 | 粉质黏土（软塑） | 0.3～1.5 | 0.3～1.5 |
| ②层 | 砂层（松散） | — | 10 |
| $③_1$层 | 粉质黏土（可塑） | 2～3 | 10 |
| $③_2$层 | 粉质黏土（硬塑） | 6～7 | 15.5 |
| $③_3$层 | 砂层（松散-密实） | — | 13 |
| $③_4$层 | 砂层（中密-密实） | — | 24 |
| $④_1$层 | 粉土（中密） | 6.2～8.9 | 20 |

厂区内地下水属潜水类型。砂层为主要含水层，其渗透系数0.6～5m/d。由于场地紧邻海边，因此地下水受海水补给为主。受地表水和大气降水的影响，水位变化不大。勘测期间测得地下水位埋深0.00～0.50m，相应标高为1.00～0.00m左右。

场地地震动峰值加速度按 $0.30g$，地震基本烈度为8度，设计地震分组按第一组计算，标准贯入锤击数基准值取 $N_0=13$，经计算不考虑粉砂层黏粒含量影响时，地基的液化等级为严重液化。按《建筑抗震设计规范》(GB 50011—2001) 4.4.3条土层液化折减系数地面下10m内为1/3，10～20m为2/3。

根据《建筑抗震设计规范》(GB 50011—2001)，对桩基的场地液化深度判断为20m，该规范4.3.3的规定，当粉土的黏粒含量百分率7度、8度和9度分别不小于10、13和16时，可判为不液化土。由于黏粒含量对液化判别影响很大，而目前土样深度都比较深，②细砂层20m以内试样个数较少，对②层细砂有必要做更多的黏粒含量分析。由于打桩的挤密作用，打桩区域的液化情况能够获得一定程度的改善，需在打桩后重新进行原位试验加以判别。

### 7.2.2 桩的试打情况

试桩施工采用了Delmag D46柴油锤。主厂房区域PC600的桩打入深度介于52.25～54.25m，进入④$_2$黏质粉土层，总的锤击数为2147～2165，最后的贯入度为20～24mm/10击；PC500的桩共二根，一根贯入深度为50.50m，相应持力层为③$_2$粉质黏土；另一根贯入深度为63.50m，相应持力层为④$_2$黏质粉土层，锤击数分别为1516和3711，最后的贯入度为19～20mm/10击。从该处附近的四个钻孔剖面看，在原地面以下51～57m深度的④$_2$黏质粉土层标贯击数增加较快，一般达到35击以上，该层桩的贯入度很小。

由于主厂房及锅炉房等主要结构物桩位布置密集，一般布桩系数在3%～6%之间，大面积打桩施工时挤土效应将十分突出。试桩施工时没有用送桩器，正式施工时需要送桩，送桩器对打桩能量损失较大，也将造成工程桩施工打桩困难。万隆理工大学分析了场地桩的可打性，表明PC600能够贯入的深度变化较大，深的可达56m，浅的只有32m，各个钻孔差异很大。一般PC桩的总锤击数控制在2000～2500，如果PC600布置密集时，打桩施工具有相当大的难度，锤击数偏高，极易将管桩打坏，甚至出现拒锤无法贯入。

## 7.3 桩基选择和沉降分析

### 7.3.1 桩基选择

本工程可供选择的桩型主要有预应力管桩和钢管桩。相对而言，预应力管桩存在如下缺点：

(1) 桩的水平承载力较低。

(2) 不易穿透较厚的硬夹层，可能会达不到持力层深度。

(3) 桩顶与承台的连接部位相对薄弱，在地震荷载作用下容易发生破坏。

根据PC PILES的介绍，可供选择的混凝土管桩桩径有600mm、500mm、450mm、400mm、350mm和300mm6种。由于主厂房区荷载较大，如果采用较小直径的桩会导致桩距过密，考虑采用PC600-100作分析比较。

而钢管桩的贯入能力、打桩挤土效应、抗弯曲刚度、质量控制方面都有明显的优势，在地震烈度较大的地区和预应力管桩相比具有更高的水平承载力。

### 7.3.2 单桩承载力计算及布桩分析

根据《建筑桩基技术规范》(JGJ 94—94)规定，钢管桩的单桩竖向极限承载力可以按下式计算：

$$Q_{uk}=Q_{sk}+Q_{pk}=\lambda_s U\Sigma q_{sik}l_i+\lambda_p q_{pk}A_p$$

当 $h_b/d_s<5$ 时，$\lambda_p=0.16\dfrac{h_b}{d_s}\lambda_s$

当 $h_b/d_s\geqslant 5$ 时，$\lambda_p=0.8\lambda_s$

式中，$q_{sik}$——桩侧第 $i$ 层土的极限侧阻力标准值；

$q_{pk}$——桩的极限端阻力标准值；

$\lambda_p$——桩端闭塞效应系数；

$h_b$——桩端进入持力层深度；

$d_s$——钢管桩外直径；

$\lambda_s$——侧阻挤土效应系数。

在桩长和持力层的选择上，一方面考虑到上覆土层土性较差，桩应尽可能进入硬质土层；另一方面考虑到桩的可打性问题。根据地质资料，持力层定为③$_2$ 粉质黏土、③$_4$ 砂层或④黏质粉土。在考虑液化的条件下，主厂区（包括主厂房及锅炉房）的单桩承载力见表 7-3，表中单桩承载力分项系数取 1.65。

**主厂区单桩承载力** **表 7-3**

| 桩　型 | 持力层（m） | 桩端深度（m） | 按照地质报告计算 | | 桩身强度控制的单桩承载力设计值（kN） | 单桩承载力设计值（kN） |
|---|---|---|---|---|---|---|
| | | | 单桩极限承载力（kN） | 单桩承载力设计值（kN） | | |
| PC600-100 | ③$_2$、③$_4$ | 46～53.5 | 4853～5925（5468） | 2942 | 2748 | 2748 |
| SP650-14 | ③$_2$、③$_4$ | 46～53.5 | 5242～6322（5713） | 3177 | 3300 | 3177 |
| PC600-100 | ④$_1$、④$_2$ | 54～58 | 5196～6252（6030） | 3149 | 2748 | 2748 |
| SP650-14 | ④$_1$、④$_2$ | 54～58 | 5551～6750（6490） | 3364 | 3300 | 3300 |

在考虑液化的条件下，主厂房区域及锅炉房区域的 PC600-100（C）桩的水平向设计承载力为 81.8kN；SP650-14 钢管桩的水平向设计承载力为 121.8kN。

按照 PC600 和 SP650 两种桩型布桩，非地震荷载作用下，按竖向荷载计算主厂房和锅炉房所需要的桩数以及相应的布桩系数见表 7-4、表 7-5。

**非抗震时竖向荷载作用下主厂房区域布桩计算分析** **表 7-4**

| 桩　型 | PC600 | | SP650 | |
|---|---|---|---|---|
| 持力层 | ③$_2$、③$_4$ | ④$_1$、④$_2$ | ③$_2$、③$_4$ | ④$_1$、④$_2$ |
| 单桩竖向承载力设计值（kN） | 2748 | 2748 | 3177 | 3300 |
| 竖向总荷载（kN） | 2503155 | 2503155 | 2503155 | 2503155 |
| 总桩数 | 911 | 911 | 788 | 759 |
| 布桩系数（%） | 2.94 | 2.94 | 3.01 | 2.90 |
| 平均桩间距 | 5.4$d$ | 5.4$d$ | 5.1$d$ | 5.2$d$ |

**非抗震时竖向荷载作用下锅炉区域布桩计算分析　　表 7-5**

| 桩　　型 | PC600 | | SP650 | |
|---|---|---|---|---|
| 持力层 | ③$_2$ | ④$_1$、④$_2$ | ③$_4$ | ④$_1$、④$_2$ |
| 单桩竖向设计承载力（kN） | 2518 | 2748 | 2718 | 3300 |
| 竖向总荷载（kN） | 678326 | 678326 | 678326 | 678326 |
| 总桩数 | 270 | 247 | 250 | 206 |
| 布桩系数（%） | 4.32 | 3.96 | 4.71 | 3.88 |
| 平均桩间距 | 4.3$d$ | 4.45$d$ | 4.1$d$ | 4.5$d$ |

按照单桩水平承载力设计值估算抗震时主厂房及锅炉房需要的桩数以及相应的布桩系数见表 7-6、表 7-7。

**主厂房区域布桩计算分析　　表 7-6**

| 桩型 | 计算情况 | 单桩水平承载力设计值（kN） | 单桩水平向抗震承载力（kN） | 桩数 | 布桩系数（%） | 平均桩间距（$S_a/d$） |
|---|---|---|---|---|---|---|
| PC 600 | 不考虑地震液化 | 106.0 | 132.5 | 1136 | 3.65 | 4.64 |
| | 考虑地震液化 | 81.8 | 102.3 | 1473 | 4.73 | 4.07 |
| SP 650 | 不考虑地震液化 | 158.6 | 198.3 | 760 | 2.86 | 5.24 |
| | 考虑地震液化 | 121.8 | 152.3 | 989 | 3.73 | 4.59 |

**抗震时水平荷载下锅炉区域布桩计算分析　　表 7-7**

| 桩型 | 计算情况 | 单桩水平承载力设计值（kN） | 单桩水平向抗震承载力（kN） | 桩数 | 布桩系数（%） | 平均桩间距（$S_a/d$） |
|---|---|---|---|---|---|---|
| PC 600 | 不考虑地震液化 | 106.0 | 132.5 | 368 | 5.9 | 3.65 |
| | 考虑地震液化 | 81.8 | 102.3 | 476 | 7.63 | 3.21 |
| SP 650 | 不考虑地震液化 | 158.6 | 198.3 | 246 | 4.63 | 4.1 |
| | 考虑地震液化 | 121.8 | 152.3 | 320 | 5.13 | 3.61 |

经分析计算，群桩效应综合系数为：$\eta_h=\eta_i\eta_r=0.5\times2.05=1.025$

由此可知，群桩水平承载力满足要求。

### 7.3.3　沉降分析

采用规范的方法，选用两个有代表性的钻孔（BH11 和 BH6）地层剖面，分别计算了主厂房及锅炉房的沉降，见表 7-8、表 7-9。其中土层按照最深的钻孔，取为 68m。从表中看出，两种方法计算的沉降量差异较大，采用室内试验获得的压缩模量较小，计算沉降量较大，而按照标贯估算的压缩模量较大，计算的沉降量较小。

主厂房沉降计算结果　　表 7-8

| 桩端深度（m） | 持力层 | 钻孔号 | 压缩模量确定方法 | 总沉降（cm） |
| --- | --- | --- | --- | --- |
| 46～53.5 | ③$_2$ | BH11 | 压缩试验计算 | 26.7 |
| | | | 标贯击数估算 | 10.1 |
| | ③$_2$ | BH6 | 压缩试验计算 | 28.1 |
| | | | 标贯击数估算 | 10.7 |
| 54～58 | ④$_2$ | BH11 | 压缩试验计算 | 11.4 |
| | | | 标贯击数估算 | 4.3 |
| | ④$_1$ | BH6 | 压缩试验计算 | 11.4 |
| | | | 标贯击数估算 | 4.3 |

锅炉房沉降计算结果　　表 7-9

| 桩端深度（m） | 持力层 | 钻孔号 | 压缩模量确定方法 | 总沉降（cm） |
| --- | --- | --- | --- | --- |
| 46 | ③$_2$ | BH11 | 压缩试验计算 | 24.3 |
| | | | 标贯击数估算 | 9.3 |
| 58 | ④ | BH11 | 压缩试验计算 | 6.2 |
| | | | 标贯击数估算 | 3.7 |

## 7.4　主厂房桩基设计评价分析

通过上述分析表明：

（1）主厂房的桩数由地震作用时水平荷载控制。PC600 的水平和竖向承载力均低于 SP650。考虑地震对水平承载力的影响后，PC600 需要布桩 1473 根，布桩系数 4.73%，平均桩间距 4.07$d$；SP650 需要布桩 989 根，布桩系数 3.73%，平均桩间距 4.59$d$。

（2）锅炉房的桩数由地震作用时水平荷载控制。考虑地震对水平承载力的影响后，PC600 需要布桩 476 根，布桩系数 7.63%，平均桩间距 3.21$d$；SP650 需要布桩 320 根，布桩系数 5.13%，平均桩间距 3.61$d$。锅炉区域采用 PC600 的布桩系数都较大，但是采用 SP650 的布桩系数相对 PC600 要小一些。

（3）主厂房区域可供选择的持力层为③$_2$、③$_4$以及④，不同的持力层，桩基的竖向承载力都能够满足要求，并且对水平承载力影响很小。但不同的持力层沉降差异较大，主厂房位置 BH11 孔土体较软弱，对基础的不均匀沉降影响较大，持力层的确定需要综合考虑基础的沉降以及不均匀沉降。

（4）锅炉区域可供选择的持力层为③$_2$、③$_4$以及④，不同的持力层，桩基的竖向承载力都能够满足要求，并且对水平承载力影响很小，但沉降差异较大。如果以③$_2$、③$_4$作为持力层，BH13、BH14 位置有软弱的下卧层，对基础的不均匀沉降影响较大。

（5）实测研究表明，当桩的数量较多，尤其是满堂布桩时，虽然设计满足了最小中心距的要求，但是土的隆起和水平位移仍较大，因此要保证成桩质量，尚应控制平面布桩系数 $m$。根据沿海等地的工程实践，针对不同的桩型得出了合理的布桩系数，按照《浙江省地基基础设计规范》(DB33/1001—2003)规定，预应力管桩的布桩系数不宜大于6.0%，当穿越深厚软土时不宜大于4.0%。因此主厂房区域采用PC600的布桩系数偏大，而采用SP650的布桩系数较为合理。

(6)根据汽机房位置PC600和PC500试打桩记录，进入④黏质粉土层，总锤击数偏高，超过了PC桩的合理锤击数范围。打桩过程中，工程桩容易出现打桩应力偏大、锤击数偏高，导致桩顶应力超过桩身抗压强度发生破坏以及疲劳破坏。由于主厂房及锅炉房桩基密度高，工程桩施工具有较大难度，因此桩型选择时必须考虑桩的可打性，PC桩和SP桩相比，SP桩的可打性优于PC桩。建议工程桩施工时选用更大的桩锤，通过试桩，采取必要的技术措施，保证桩基的顺利施工。

综上所述，主厂房及锅炉房采用桩筏基础，推荐采用SP650钢管桩，以④黏质粉土或$③_4$砂层为持力层。

## 7.5 总　　结

在软土地基上建造电厂，由于地基土强度低、承载力小，若不进行地基处理难以保证地基承载力和建筑物的沉降满足要求。通常会使用桩基础来解决该问题。桩的类型繁多，选择合理的桩型直接影响工程的综合效果。一般来讲，PC桩由于耐久性好、节约钢材、造价较低，是首先可以考虑的桩型。但在一些特定情况下，如场地位于高烈度地震区，或场地桩的可打性较差时，因钢管桩能承受较大的水平荷载，具有贯入能力、打桩挤土效应方面的优势，建议使用。

本章介绍的电厂场地地质条件复杂，地基由砂土、粉质黏土等组成，地震设防烈度较高。初步试桩发现PC600能够贯入的深度变化较大，深的可达56m，浅的只有32m，各个钻孔差异很大。如果PC600布置密集时，打桩施工具有相当大的难度，锤击数偏高，极易将管桩打坏，甚至出现拒锤无法贯入。选择合适的桩型和合适的持力层是本工程的难题。

针对本工程因地震设防烈度高，最终由地震作用时水平荷载控制桩数及进入④黏质粉土层时，PC桩总锤击数偏高的特殊性，最终选择了SP650钢管桩。利用钢管桩水平承载力较大、打桩挤土效应较小、可打性好的特点，减少了用桩量，防止施工时土的隆起和水平位移，防止打桩时桩体的破坏。

针对本工程场地地质条件复杂的特点，推荐主厂房以④层黏质粉土为持力层，锅炉房以$③_4$层砂层为持力层，并提出了注意某些钻孔下的有软弱的下卧层的建议。

本章所介绍的桩基方案选择分析过程具有一定的普遍适用性，期望对高烈度区地质情况复杂的工程有参考作用。

# 8 印尼某燃煤电厂斗轮机基础方案选择及抗液化处理分析

在高烈度地震区、软弱地基及液化场地土上建设大型电厂，斗轮机基础方案的合理选择将直接影响斗轮机的正常运行及调节变形的能力。本章介绍了印尼某拟建电厂斗轮机基础方案选择过程中所作的技术分析，经过多方案比选，最终确定采用桩—条形基础—道砟结合碎石桩的处理方案，有效地解决了斗轮机基础的沉降和侧向变形以及地基液化问题。

## 8.1 工 程 概 况

印尼某燃煤电厂由 2×300MW 的机组组成。拟建场地的地质条件复杂，地貌属于海滨沼泽，地形平坦，场地高差小于 5m；地基由砂土、粉质黏土等组成；地震设防烈度较高，场地地震动峰值加速度按 0.30g，地震基本烈度为 8 度。

## 8.2 工程地质条件概述

根据印尼方提供的场地初勘资料，该场地土层可分为 4 层：

①层粉质黏土（部分地段为黏质粉土及少量粉砂）：灰色-深灰色，流塑-软塑状。其厚度 0～5m，总体分布上西薄东厚，该层与场地内的小河有较密切的关系。标贯击数 $N<4$。

②层粉砂（部分地段夹粉土及黏质粉土）：灰色-深灰色，粉砂。松散-稍密，偶见贝壳，其厚度 13～22m 不等。局部地段夹可塑状粉质黏土或松散-稍密黏质粉土透镜体。标贯击数一般 $N\leqslant15$，局部地段夹中砂。

③层砂与粉质黏土互层：浅灰-深灰色，一般情况砂层以细砂为主，部分为中砂，可达中密-密实，少量的为松散状；粉质黏土呈可塑-硬塑状，以可塑为主。其厚度 20～45m 不等。根据其土层类别及性状进一步分为：

③$_1$ 层粉质黏土：灰色-深灰色，局部为褐灰色，可塑状。标贯击数 $4\leqslant N\leqslant15$。

③$_2$ 层粉质黏土：灰色-深灰色，局部为褐灰色，硬塑状。标贯击数 $N>15$。

③$_3$ 层砂层：灰色-深灰色，以细砂为主，部分为中砂，松散-稍密，局部地段为粉土层。标贯击数 $N\leqslant15$。

③$_4$ 层砂层：灰色-深灰色，以细砂为主，部分为中砂，中密-密实，局部地段为粉土层。标贯击数 $N>15$。

④层黏质粉土：浅灰-深灰色，中密-密实状，以密实状为主。其厚度大于 10m。根据其性状进一步分为：

④$_1$ 层黏质粉土：浅灰-灰色，中密。标贯击数 $15\leqslant N\leqslant30$。

④$_2$ 层黏质粉土：浅灰-灰色，密实-极密。标贯击数 $N>30$。

各层土的设计参数见表 8-1。

**各土层的设计参数建议值** **表 8-1**

| 岩土名称及编号 | 重度 $r$ (kN/m³) | 黏聚力标准值 $c$ (kPa) | 内摩角标准值 $\varphi$ (°) | 压缩模量 $E_{s_{1-2}}$ (MPa) | 压缩模量 $E_{s_{2-3}}$ (MPa) | 压缩指数 $C_c$ | 地基承载力特征值 $f_{ak}$ (kPa) |
|---|---|---|---|---|---|---|---|
| ①层粉质黏土（软塑-流塑） | 16.6 | 5 | 2 | 1～2 | — | 0.629 | 30～50 |
| ②层粉砂（松散） | 17.5 | 0 | 25 | 2～4 | — | 1.48 | 80～120 |
| ③$_1$层粉质黏土（可塑） | 16.2 | 25 | 5 | — | 2～4 | 0.702 | 100～150 |
| ③$_2$层粉质黏土（硬塑） | 16.9 | 40 | 10 | — | 5～8 | 0.83 | 180～250 |
| ③$_3$层砂层（松散） | 17.5 | 0 | 25 | — | 3～5 | — | 140～170 |
| ③$_4$层砂层（中密-密实） | 17.8 | 0 | 30 | — | 8～12 | 0.429 | 200～300 |
| ④$_1$层粉土（中密） | 17.5 | 25 | 30 | — | 6～9 | — | 180～250 |
| ④$_2$层粉土（密实） | 18.0 | 30 | 30 | — | 14～18 | 0.42 | 250～350 |

场地地震动峰值加速度按 0.30$g$，地震基本烈度为 8 度，场地类别为Ⅲ类。根据《建筑抗震设计规范》（GB 50011—2001）判别该场地液化等级为严重液化。煤场的液化具体计算结果表 8-2。

**场地土液化计算结果表** **表 8-2**

| 勘探点编号 | 建筑地段 | 液化指数 | 液化等级 | 备注 |
|---|---|---|---|---|
| B21 | 煤场 | 79.17 | 严重 | 设计地震分组为第一组 |
| B22 | 煤场 | 54.44 | 严重 | 设计地震分组为第一组 |
| B23 | 煤场 | 63.58 | 严重 | 设计地震分组为第一组 |
| B24 | 煤场 | 77.75 | 严重 | 设计地震分组为第一组 |
| B25 | 煤场 | 47.63 | 严重 | 设计地震分组为第一组 |
| B26 | 煤场 | 74.76 | 严重 | 设计地震分组为第一组 |
| B27 | 煤场 | 69.80 | 严重 | 设计地震分组为第一组 |
| B28 | 煤场 | 77.24 | 严重 | 设计地震分组为第一组 |
| B29 | 煤场 | 44.52 | 严重 | 设计地震分组为第一组 |

## 8.3 斗轮机基础概况

斗轮机基础是煤场最主要的结构物，是保证斗轮机正常工作的关键。斗轮机运行时对轨道的不均匀沉降、倾斜等要求较高，过大的不均匀沉降和倾斜会影响其正常工作，甚至危及到斗轮机安全运行。斗轮机两侧堆煤荷载较大，会使斗轮机基础产生沉降、侧向变形，如果采用桩基础，还会产生负摩擦力。因此设计时必须严格控制基础的沉降。

## 8.4 基础方案比较分析

根据本场地的工程地质条件，同时结合以往类似工程的经验，斗轮机基础拟考虑以下几种方案：碎石桩-条形基础方案，桩-承台基础方案，桩-条形基础-道砟方案。以下分别加以叙述。

### 8.4.1 碎石桩-条形基础方案

如图 8-1 所示，采用碎石桩-条形基础方案，条形基础下打设密排碎石桩。碎石桩直径 500mm，间距 1000mm，梅花形布置，桩长 20m。

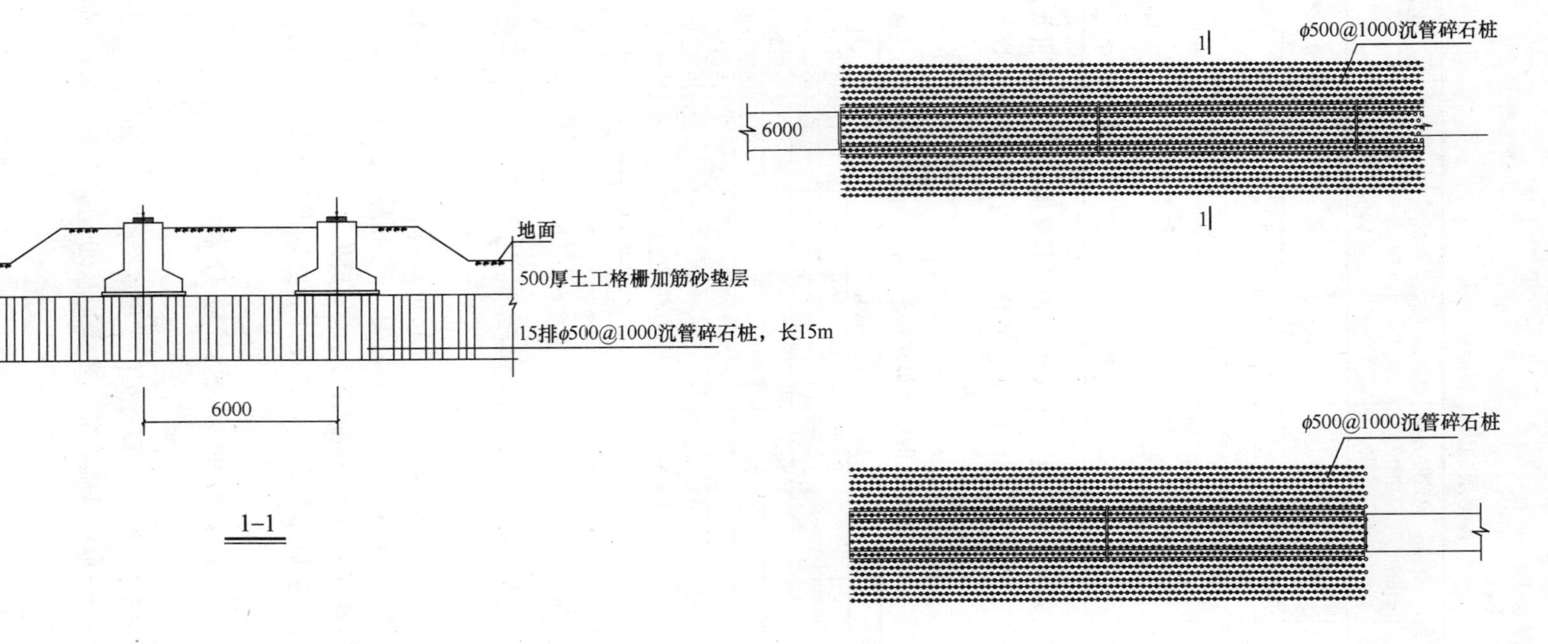


图 8-1 斗轮机基础碎石桩地基处理方案示意图

经计算，预压处理后，堆煤荷载作用下，斗轮机基础沉降为 18.5cm，该位置地基的侧向变形为 5.5cm。

该方案的特点是：基础总的沉降和侧向变形较大，特别是运行初期，需要随时对轨道进行调整。另外，煤场和斗轮机深层土体会发生液化，其对斗轮机基础的影响较大。

### 8.4.2 桩-承台基础方案

如图 8-2 所示，基础采用桩-承台式，承台之间通过连系梁连接，轨道布设于连系梁上。承台间距 9m，尺寸 3000mm×3000mm，每承台下布 4 根 PC600-100 管桩，连系梁尺寸 700mm（宽）×2100mm。

经过计算，预压处理后，采用桩-承台式基础方案，基础的沉降约 3～4cm，侧向变形约 2～3cm。

该方案的特点是：轨道直接埋设于基础之上，基础总的沉降和侧向变形较小，但是一旦变形超过斗轮机运行的要求时，轨道调整难度比较大，特别是水平向的变形很难调整。另外，采用桩基后，煤场深层土体液化产生的土体滑流等，以及斗轮机位置下深层土体的液化对基础的影响较小。

### 8.4.3 桩-条形基础-道砟方案

PC 桩-条形基础-道砟方案如图 8-3 所示。条形基础之间通过板梁连接，以加强基础抵抗侧向变形的能力。在条形基础之上铺设厚度 1000mm 的道砟、枕木和轨道等。条形基础尺寸为 1200mm × 1000mm（高），其下布置 PC600-100 管桩，间距 1700mm。条形基础之间的板厚 500mm，每隔 6534mm 设置 1000mm（高）×800（宽）mm 的加强梁。

采用 Plaxis 对斗轮机的沉降和侧向变形进行分析。假定大面积预压完成卸载后 6 个月开始堆煤（此 6 个月可以进行斗轮机基础等的施工），堆煤 6 个月后达到设计高度(12.6m)，其中堆煤分三次等量加载，加载间隔时间为 2 个月。条形布置的桩基按照等刚度的原则简化为宽度为 33cm 的板带。

计算的斗轮机基础最终沉降为 3.2cm，两排桩的侧向变形十分接近，约 2.0cm，其中靠近煤场中心的桩（内排桩）侧向变形沿深度衰减较慢，而其余一排桩（外排桩）的侧向变形沿深度衰减较快。计算的桩基侧向变形见图 8-4。

每延米桩身弯矩分布见图 8-5，内排桩每延米弯矩最大为 122kN·m/m，外排桩为 152kN·m/m，对应的内排桩桩身弯矩为 207kN·m/m，外排桩为 258kN·m/m。PC600-100（c）开裂弯矩为 290kN·m。桩身内力满足要求。

该方案的特点是：轨道铺设在道砟上面，基础总的沉降和侧向变形比较小，并且当轨道的变形超过斗轮机运行要求时，可以随时对轨道的沉降和水平向变形进行调整。同样，采用桩基后，煤场深层土体液化产生的土体滑流等，以及斗轮机位置下深层土体的液化对基础的影响较小。

综上所述，鉴于斗轮机对基础的沉降非常敏感，桩-条形基础-道砟方案除基础总的沉降和侧向变形比较小外，当轨道的变形超过斗轮机运行要求时，还可以随时对轨道的沉降和水平向变形进行调整，故推荐采用桩-条形基础-道砟方案。

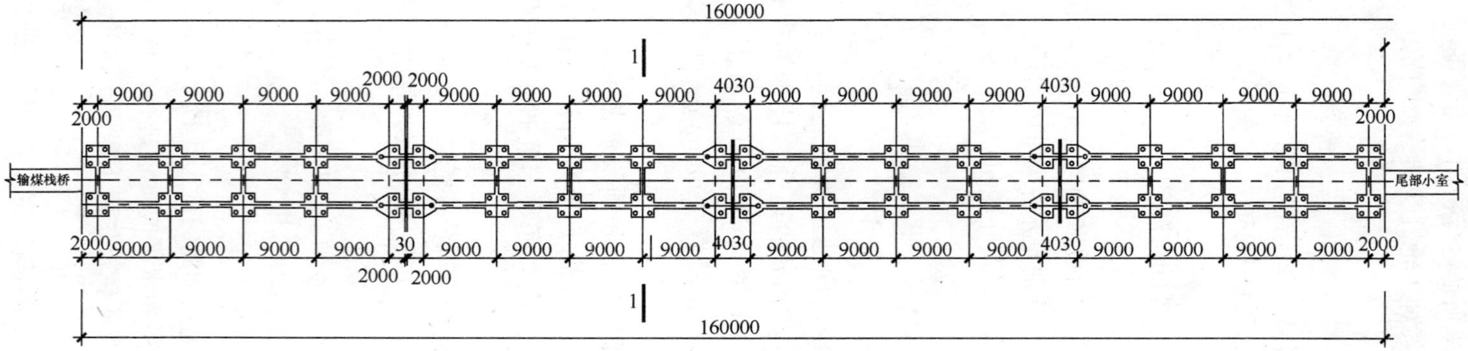

斗轮机基础布置图

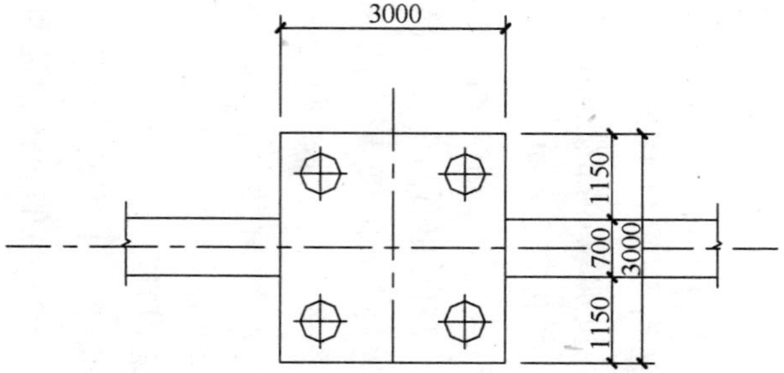

桩承台平面布置图

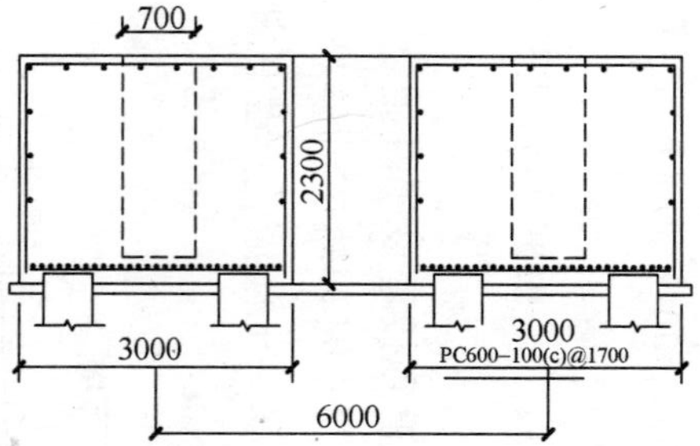

1-1

图 8-2　斗轮机基础桩-承台方案示意图

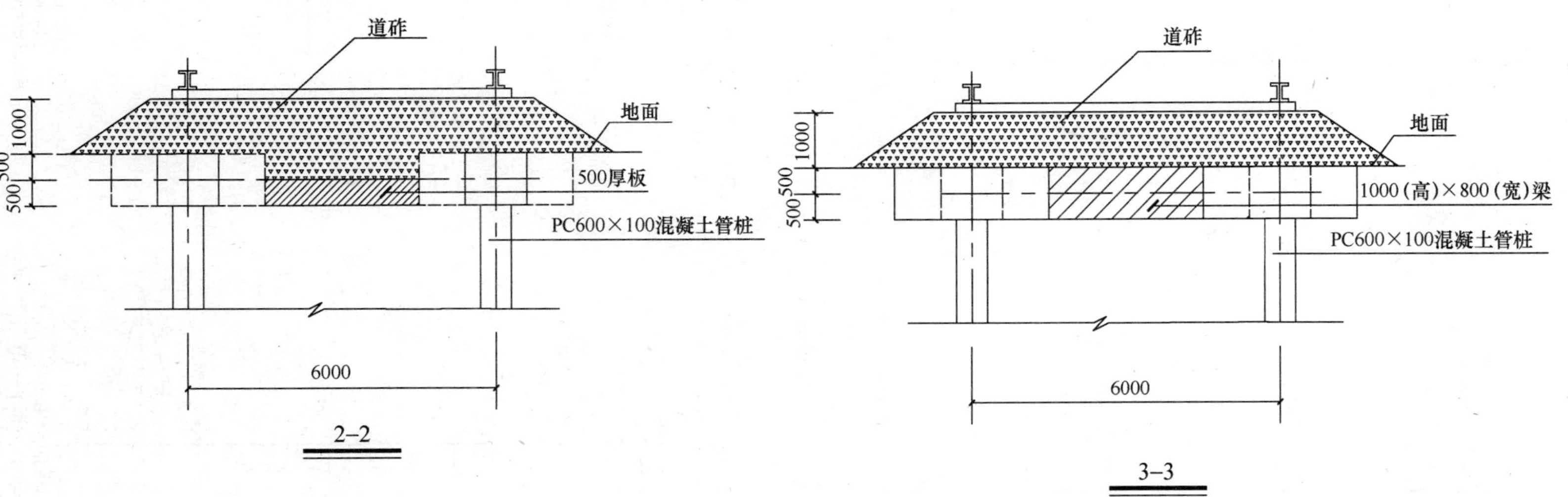


图 8-3　斗轮机基础桩-条形基础-道砟方案示意图

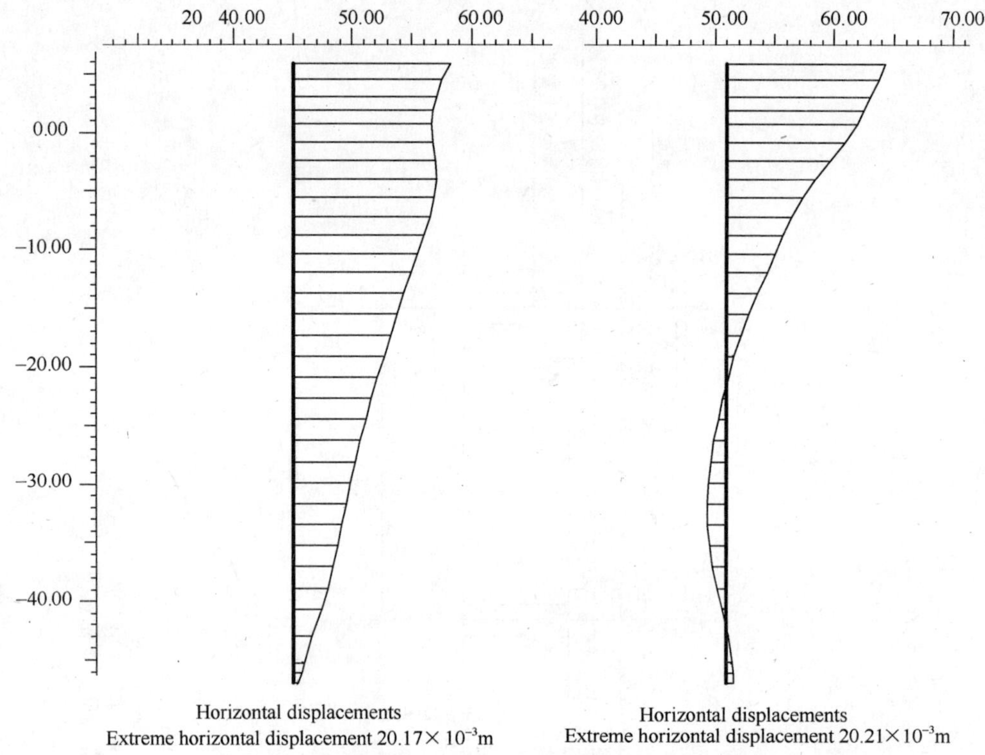


图 8-4 堆煤荷载作用下斗轮机基础桩的侧向变形

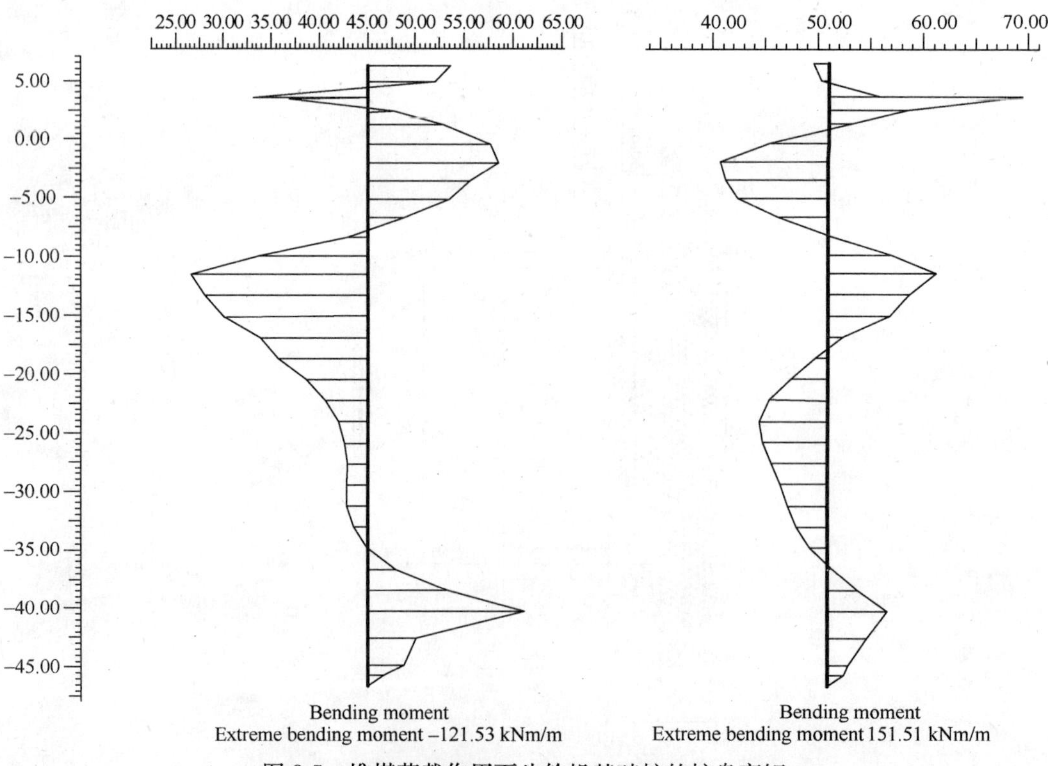


图 8-5 堆煤荷载作用下斗轮机基础桩的桩身弯矩

## 8.5 斗轮机基础抗液化处理

基于桩-条形基础-道砟方案，斗轮机位置预制桩桩顶标高在地面以下约 2～2.5m，因此桩顶以下不液化土层的厚度约 4m。斗轮机位置采用碎石桩处理后可以提高地基的抗液化效果。碎石桩的布置见图 8-6（注：碎石桩的布置结合了煤场的处理）。

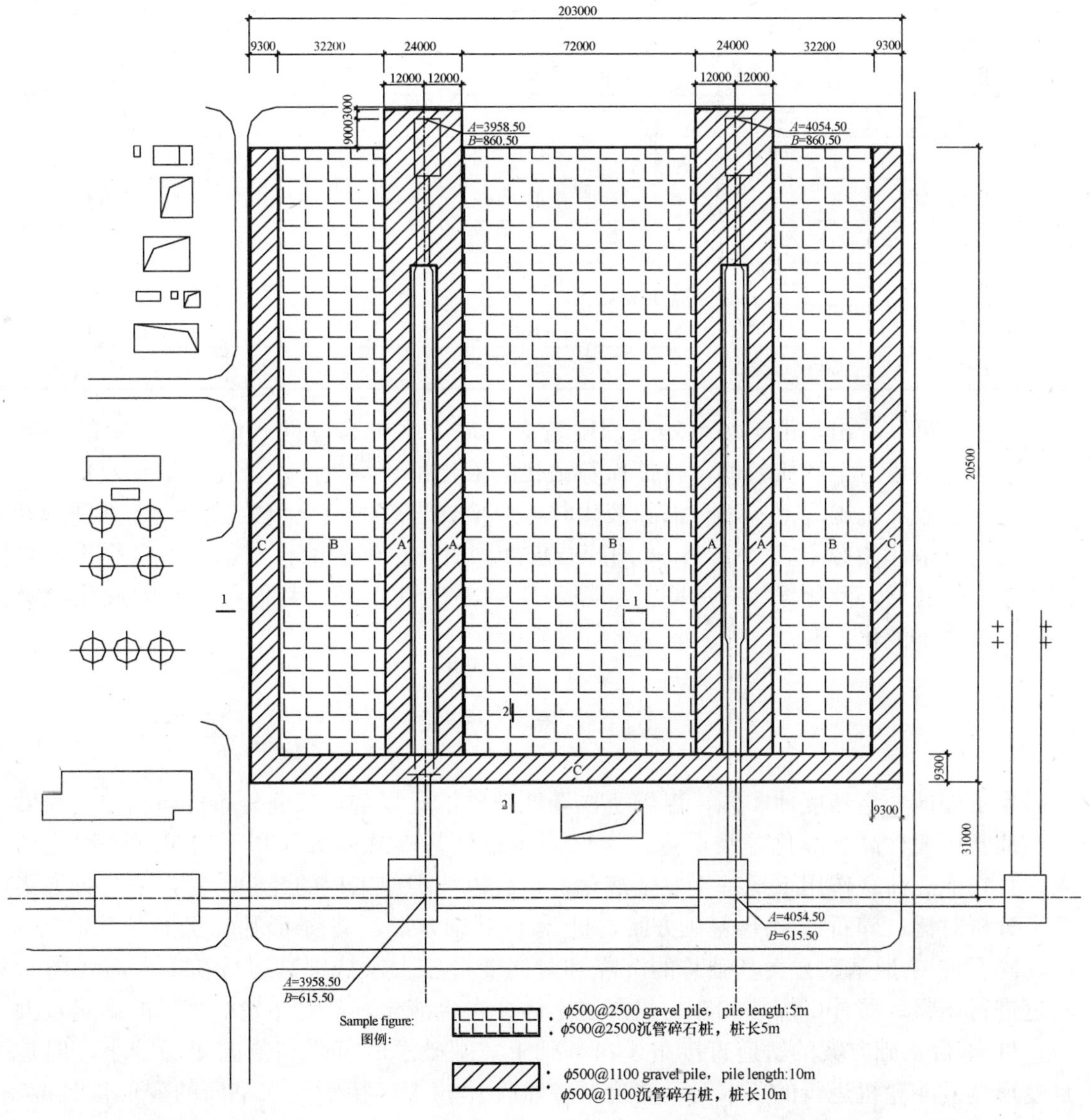


图 8-6　碎石桩布置图

根据《建筑抗震设计规范》（GB 50011—2001），利用如下公式计算沉管碎石桩处理后地基的标贯击数，并对场地饱和砂土及粉土分别进行了液化判别。

$$N_1 = N_p + 100\rho(1 - e^{-0.3N_p})$$

$$N_{cr} = N_0[0.9 + 0.1(d_s - d_w)]\sqrt{3/\rho_c} \quad (d_s \leqslant 15\text{m})$$

$$I_{lE} = \sum_{i=1}^{n} \left(1 - \frac{N_i}{N_{cri}}\right) d_i d_w$$

计算结果见表 8-3。

打桩后场地土液化计算结果表　　表 8-3

| 钻孔号 | 打桩前液化指数 | 打桩前液化等级 | 打桩后液化指数 | 打桩后液化等级 |
|---|---|---|---|---|
| B21 | 79.17 | 严重 | 8.8 | 中等 |
| B22 | 54.44 | 严重 | 3.3 | 轻微 |
| B23 | 63.58 | 严重 | 2.5 | 轻微 |
| B24 | 77.75 | 严重 | 6.6 | 中等 |
| B25 | 47.63 | 严重 | 0 | 不液化 |
| B26 | 74.76 | 严重 | 0 | 不液化 |
| B27 | 69.80 | 严重 | 2.6 | 轻微 |
| B28 | 77.24 | 严重 | 2.0 | 轻微 |
| B29 | 44.52 | 严重 | 2.3 | 轻微 |

从表中可以看出，由于场地地震烈度较高，地下水位高，且液化土层②层的厚度较大，该层的物理力学性质较差，打桩前各钻孔的液化指数均为严重液化，场地液化等级为严重液化。按照抗震规范，部分消除液化时，应使处理后的液化指数减少，当判别深度为15m时，其液化指数不宜大于4；采用碎石桩加固后，桩间土的标贯击数不宜小于临界标贯击数。打桩后，液化等级有所降低，除B21和B24孔以外，其他各个孔的液化等级都是轻微或者不液化。

## 8.6　结　　论

本工程地处高烈度地震区，煤场所在场地地质情况复杂，普遍分布性质较差的粉质黏土，地基压缩性高且液化等级严重。为保证斗轮机基础总体沉降和不均匀沉降均达到要求，且在地震荷载作用下地基不发生液化，结合以往类似工程的经验，对以下几种方案进行了分析对比：碎石桩-条形基础方案，桩-承台基础方案，桩-条形基础-道砟方案。

碎石桩-条形基础方案基础总的沉降和侧向变形较大，特别是运行初期，需要随时对轨道进行调整。另外，煤场和斗轮机深层土体会发生液化，其对斗轮机基础的影响较大。

桩-承台基础方案的轨道直接布设在基础上，基础总的沉降和侧向变形较小，但是一旦变形超过斗轮机运行的要求时，轨道调整难度比较大，特别是水平向的变形很难调整。另外，采用桩基后，煤场深层土体液化产生的土体滑流等，以及斗轮机位置下深层土体的液化对基础的影响较小。

桩-条形基础-道砟方案的轨道铺设在道砟上面，基础总的沉降和侧向变形比较小，并且当轨道的变形超过斗轮机运行要求时，可以随时对轨道的沉降和水平向变形进行调整。同样，采用桩基后，煤场深层土体液化产生的土体滑流等，以及斗轮机位置下深层土体的液化对基础的影响较小。

综上所述，鉴于斗轮机对基础的沉降非常敏感，桩-条形基础-道砟方案除基础总的沉降和侧向变形比较小外，当轨道的变形超过斗轮机运行要求时，还可以随时对轨道的沉降和水平向变形进行调整，因此采用桩-条形基础-道砟方案。

在工程类似的高烈度地震区、软弱地基及液化场地土上建设大型电厂，为保证斗轮机正常运行，斗轮机基础的设计需兼顾沉降控制、抗液化和易于调整轨道三方面的需求。单独使用一种地基处理方法可能难以同时解决三个问题，结合当地地质情况，合理地选择使用多种基础相配合的方案是设计的思路。

# 9 控制沉降疏桩基础在软弱地基电厂设计中的应用

发电厂的一些重要建筑物，如主厂房、锅炉房等，具有高度不大但柱下荷载相对较大、结构安全等级要求较高的特点。为保证电厂投入使用后机组运转正常、重要建筑物间管线连接良好，对建筑物的总沉降和不均匀沉降都需要严格控制。在软土地基上建造电厂，由于地基土强度低、承载力小，若不进行地基处理难以保证建筑物总沉降和不均匀沉降均满足要求，通常会使用桩基础来解决该问题。有时即使表层天然地基承载力满足要求，因深层土压缩性高，地基总变形过大，或因土层分布不均，地基不均匀沉降过大，仍需使用桩基础。

传统的桩基础设计以强度控制为主，即假设上部荷载完全由桩来承担，不考虑桩间土对筏板或承台的作用，在一些表层天然地基土承载力较高的地方，这样设计势必会造成布桩过多，增大了地基基础上的投资。针对这个问题寻求一个既可以充分利用天然地基的承载能力，又同时满足变形控制要求的经济安全的桩基础设计方法显得非常重要。本章介绍了控制沉降疏桩基础在印尼某电厂的设计过程和实测对比，以期对类似工程有参考作用。

## 9.1 工 程 概 况

印尼 L 电厂装机容量 2×300MW，位于印度尼西亚爪哇岛西部滨海地区。拟建场地的地质条件复杂，主要由松散的粉砂土和软弱的黏土组成。拟建场地的地震设防烈度较高，根据 PT. SOILENS 提供的资料，场地基岩面地震加速度为 0.25～0.3$g$，按印尼规范，场地基岩面地震加速度属于 0.25$g$ 区。按我国规范，本场地处于 8 度区，存在液化土。

## 9.2 工 程 地 质 条 件

### 9.2.1 地层岩性

根据 PT. SOILENS 提供的 GEOTECHNICAL INVESTIGATION BORING LOG（FIELDDATA）的岩性描述，该场地土层可分为 4 大层。其中，岩性的分层是根据野外的描述记录，以及力学性质指标为主，考虑了成因及粒径分析。

①层粉质黏土（部分地段为黏土、少量粉土及粉砂）：灰色-深灰色，流塑-软塑状；粉土及粉砂为松散状。其厚度 0～5m，平均厚度约为 1m 左右，局部含有机质。表层 0.5m 为耕植土。该层标贯击数 $N<4$，一般为 1 击；静力触探锥头阻力一般为 0.1MPa，侧壁摩擦阻力一般为 10kPa。

②层粉土、粉砂、细砂（局部地段夹粉质黏土、黏土）：灰色-深灰色，偶见贝壳，其厚度10～20m不等，平均厚度约为15～16m左右，局部含有机质。局部地段夹可塑状粉质黏土透镜体。

根据其土层类别及性状进一步分为：

②$_1$层粉砂、细砂及粉土层：松散-稍密，标贯击数$N\leqslant 15$，一般为5～10击，局部地段夹中砂，静力触探锥头阻力一般为3MPa，侧壁摩擦阻力一般为50kPa。

②$_2$层粉砂、细砂及粉土层：中密，标贯击数$15<N\leqslant 30$，一般为20击，局部地段夹中砂或含砾中粗砂。

②$_3$层粉砂、细砂及粉土层：密实，标贯击数$N>30$，一般为30～40击。局部地段为中砂或含砾中粗砂。

②$_4$层胶结粉砂、细砂及粉土层：很密，标贯击数$N>30$，一般为30～40击。该层呈透镜状分布于局部地段。

③层黏土、粉质黏土：浅灰-深灰色，一般情况呈可塑-硬塑状，以可塑为主；局部地段夹少量砂层，砂层可达中密。该层埋深一般为15～30m，其厚度10～20m不等，局部含有机质。根据其土层性状进一步分为：

③$_1$层黏土、粉质黏土：灰色-深灰色，局部为褐灰色，可塑状，局部含有机质。标贯击数$4\leqslant N\leqslant 17$，一般为10击。该层整个场地均有分布，但厚度变化较大。

③$_2$层黏土、粉质黏土：灰色-深灰色，局部为褐灰色，硬塑状，局部含有机质。标贯击数$N>17$，一般为20击。

③$_3$胶结黏土、粉质黏土层：灰色-深灰色，标贯击数$N>20$。该层以透镜体形式分布局部地段。

④层粉砂、粉土与黏土、粉质黏土互层：浅灰-深灰色，黏土、粉质黏土为可塑-硬塑状，以硬塑状为主，粉砂、粉土为中密-密实状，以密实状为主。该层未揭穿。根据其性状进一步分为：

④$_1$层粉土、粉砂层：浅灰-灰色，中密-密实状，以密实状为主，局部含有机质。标贯击数$N>20$，一般为30～40击。该层分布广泛。

④$_2$层黏土、粉质黏土层：浅灰-深灰色，可塑-硬塑状，以硬塑状为主，局部含有机质。标贯击数$N>15$，一般为20～30击。整个场地均有该层分布，其厚度变化较大。

④$_3$层，胶结粉土、粉砂或胶结黏土、粉质黏土层：浅灰-灰色。标贯击数$N>30$，一般为40击。该层呈透镜状分布。

### 9.2.2 地下水

区内地下水属潜水类型，砂层为主要含水层。由于场地紧邻海边，地下水受地表水和大气降水及海水补给的影响，因此，水位变化不大。

勘测期间测得地下水位埋深0.00～1m，相应标高为2.50～1.50m左右。

### 9.2.3 各土层工程特征指标

场地各土层桩基工程特征指标估计值及土层压缩模量见表9-1。主厂区钻孔布置及土层剖面图见本工程岩土工程勘测报告。

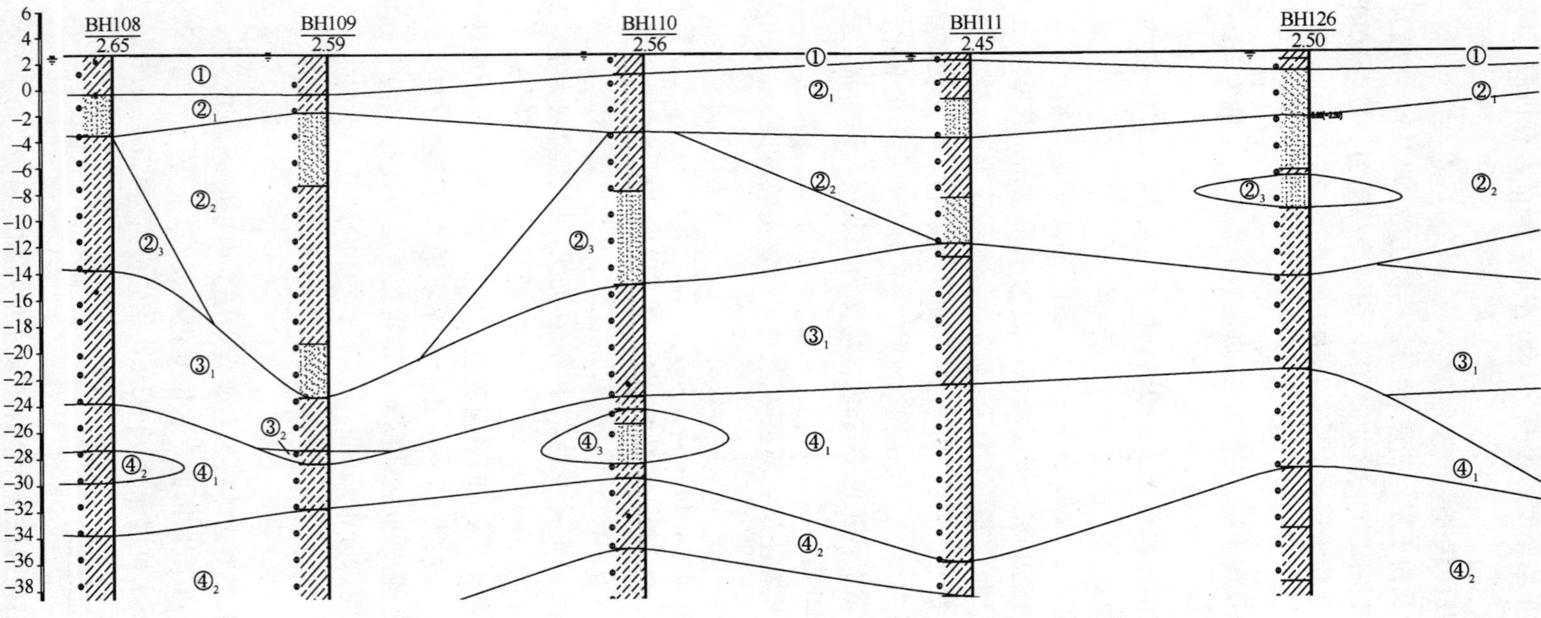


图 9-1 主厂房区域地质剖面图

**各岩土层桩基参数值及压缩模量** **表 9-1**

| 岩土名称及编号 | 混凝土预制桩极限端阻力标准值 $q_{pa}$（kPa） | 混凝土预制桩极限侧阻力标准值 $q_{sia}$（kPa） | 压缩模量 $E_s$（MPa） |
|---|---|---|---|
| ①层粉质黏土（软塑-流塑） | — | 20 | 3.5 |
| ②$_1$层粉砂、粉土（松散-稍密） | — | 30 | 8 |
| ②$_2$层粉砂、粉土（中密） | — | 55 | 15 |
| ②$_3$层粉砂、粉土（密实） | 2800 | 75 | 22 |
| ②$_4$层胶结粉砂、粉土 | 4500 | 130 | 28 |
| ③$_1$层黏土、粉质黏土（可塑） | 2000 | 55 | 11 |
| ③$_2$层黏土、粉质黏土（硬塑） | 3000 | 80 | 12 |
| ④$_1$层粉砂、粉土（中密-密实） | 3000 | 120 | 20 |
| ④$_2$层黏土、粉质黏土（可塑-硬塑） | 2500 | 80 | 15 |
| ④$_3$层胶结粉砂、粉土 | 5000 | 140 | 30 |
| ④$_3$层胶结黏土、粉质黏土 | 4000 | 150 | 20 |

## 9.3 初步设计阶段分析

### 9.3.1 荷载及地质情况

根据地质情况和上部荷载分布情况初步决定主厂房采用筏形基础，筏板厚度 3m，尺寸 160.5m×54m。基础底面埋深为绝对标高－3.00m，地面设计零米标高为绝对标高 3.50m，原地面标高取为绝对标高 2.00m，回填土厚度 1.5m，地下水位标高取为绝对标高±0.00m。根据主厂房的柱脚荷载资料计算长期效应组合和最不利工况组合的总荷载情况见表 9-2。

基础及回填土自重计算时，地下水位以上回填土的重度取为 18kN/m$^3$，基础重度取为 24kN/m$^3$；地下水位以下回填土的浮重度取为 8kN/m$^3$，基础浮容重取为 14kN/m$^3$。基础板厚 3.0m，回填土厚度 1.5m。长期效应组合下，基础自重和填土荷载分项系数取 1.0。

**主厂房的面积以及荷载情况** **表 9-2**

| 主 厂 房 | 柱脚荷载（kN） | 基础自重和检修荷载（kN） | 总荷载（kN） | 面积（m$^2$） | 基底平均压力（kPa） |
|---|---|---|---|---|---|
| 最不利组合 | 1057683 | 1180445 | 2238128 | 8661 | 258.4 |
| 长期效应（工况 45） | 597456 | 832032 | 1429488 | 8661 | 165 |

**集控楼和锅炉房荷载情况** **表 9-3**

| 结构物 | 长期效应柱脚荷载（kN） | 基础自重荷载（kN） | 总荷载（kN） |
|---|---|---|---|
| 集控楼（板厚 2m） | 96719 | 26.6×54.12×（18×2+8×1+14×2）＝129563 | 226283 |
| 锅炉房（板厚 3m） | 241400 | 41×45.2×（18×3+14×3）＝177907 | 419307 |

### 9.3.2 筏形基础设计方案分析

根据基础的埋深，筏板底面局部座落在②$_1$ 层和②$_2$ 层。②$_1$ 层为粉砂、粉土层，松散，局部稍密，孔隙比高，具强度低、压缩性高的特征。由于该层具有严重液化特性，不宜直接作电厂建（构）筑物的地基持力层，需进行抗液化地基处理。如果以②$_2$ 层作为持力层，根据《建筑地基基础设计规范》（GB 50007—2002）验算地基承载力：

$$f_a = f_{ak} + \eta_b \gamma (b-3) + \eta_d \gamma_m (d-0.5)$$

式中，$f_a$——修正后地基承载力特征值；

$f_{ak}$——②$_2$ 层未修正的地基承载力特征值，$f_{ak}=150 \sim 200\text{kPa}$；

$\eta_b$、$\eta_d$——基础宽度和埋深的地基承载力修正系数，根据勘测资料取 $\eta_d=1.5$。

不考虑宽度方面的修正，仅考虑深度修正，则修正后②$_2$ 层的地基承载力特征值 $f_a$ 为：

$$f_a = 150 + 1.5 \times 13.4 \times (6.5-0.5) = 270.5\text{kPa} > 258.4/1.25 = 206.7\text{kPa}$$

②$_2$ 层地基承载力满足要求。

因此只需对②$_1$ 层进行地基处理，使得处理后地基承载力特征值满足要求。为了满足地基承载力以及消除地基液化的要求，可以采用换填法、碎石桩法对②$_1$ 层进行处理。

根据结构对沉降和不均匀沉降的要求，可供采用的基础方案如下：

#### 9.3.2.1 地基处理方案

为了满足地基承载力以及消除地基液化的要求，可以采用换填法对②$_1$层进行处理，以提高土层的地基承载力和压缩模量，使得处理后地基承载力特征值满足要求，压缩模量提高到 20MPa 以上。通过浙江大学 POGAP 软件计算，如对②$_1$层换填则主厂房最大沉降为 217mm，最小沉降为 77mm，不均匀沉降 1.74‰。基础最大沉降超出规范要求的 20cm。显然该种方法不满足要求。

#### 9.3.2.2 常规桩基础方案

如采用预制桩，根据厂区的地质状况，预制桩应穿过压缩性较大且承载力不高的③层，将压缩性较小的④层作为持力层。根据土层物理力学指标计算，以④层作为持力层时，桩的竖向承载力设计值约为 4000～4500kN，初步估算需要布桩 800～900 根，需要桩的数量多，造价较高。且该方法需要预制桩桩长在 30m 以上，通过试桩来看，当桩进入到地质较好的④层时，预制桩被打碎或者打断的情况比较突出，施工质量难以保证，也不宜采用。

#### 9.3.2.3 控制沉降疏桩基础方案

该场地的地质条件符合控制沉降疏桩基础的适用条件，浅层土②$_2$承载力满足要求，深层土含有压缩性较高的③$_1$层，如果桩的持力层选在③$_1$层，可以使桩受荷后产生刺入破坏，既分担部分荷载，又充分发挥承台底地基土的作用，能够实现减小总沉降和不均匀沉降的目的。因此可以考虑采用疏桩基础。

1. 表层土处理

首先对②$_1$ 层采用碎石桩（桩径 500mm）等方法进行处理，消除该层土的液化，并提高地基承载力，然后采用大间距的预制短桩（桩径 600mm）处理主要压缩层，减少地基沉降。该方法充分利用天然地基承载力较高的特点，通过设置疏桩控制沉降。但是碎石桩处理效果需要通过现场试验确定。

2. 选择持力层并计算桩的承载力

根据地质报告提供的各个土层预制桩桩侧和桩端承载力设计参数（见表 9-1），计算钻孔 BH12、BH20、BH27、BH29 的单桩极限承载力，见表 9-4。

**单桩竖向极限承载力标准值** **表 9-4**

| 孔　号 | BH12 | | BH20 | | BH27 | | BH29 | |
|---|---|---|---|---|---|---|---|---|
| 持力层 | ②$_3$ | ③$_2$ | ②$_3$ | ③$_1$ | ②$_4$ | ③$_1$ | ②$_3$ | ③$_1$ |
| 桩长（m） | 10 | 24 | 10 | 18 | 8 | 21 | 11 | 22 |
| 单桩极限承载力标准值（kN） | 1416 | 3045 | 2170 | 3003 | 2507 | 3438 | 1545 | 2900 |

根据以上计算，桩长约 18～24m 时，以③层土作为持力层，单桩极限承载力约 3000kN；桩长约 8～11m 时，以②$_3$、②$_4$ 层作为持力层，单桩极限承载力约 1400～2500kN。

3. 布桩方案比选

设置减沉桩，考虑两种桩长情况下多种布置方式的方案，根据不同桩长的单桩竖向极限承载力和桩土承担不同比例的荷载计算出相应的桩数。

其中两种桩长分别为：1）桩长约 18～24m，以③层土作为持力层；2）桩长约 8～11m，以②$_3$、②$_4$ 层作为持力层。具体布桩方案可以分为：

①减沉桩承担约 40%荷载，桩长约 18～24m，桩数 301，基本均匀布置，布桩情况见图 9-2；

②减沉桩承担约 30%荷载，桩长约 18～24m，桩数 228，基本均匀布置，布桩情况见图 9-3；

③减沉桩承担约 40%荷载，桩长 18～24m，桩数 300，不均匀布置，布桩情况见图 9-4；

④减沉桩承担约 30%荷载，桩长 18～24m，桩数 229，不均匀布置，布桩情况见图 9-5；

⑤减沉桩承担约 20%荷载，桩长 8～11m，桩数 301，基本均匀布置，布桩情况见图 9-2；

⑥减沉桩承担约 15%荷载，桩长 8～11m，桩数 228，基本均匀布置，布桩情况见图 9-3；

⑦减沉桩承担约 20%荷载，桩长 8～11m，桩数 300，不均匀布置，布桩情况见图 9-4；

⑧减沉桩承担约 15%荷载，桩长 8～11m，桩数 229，不均匀布置，布桩情况见图 9-5；

⑨减沉桩承担约 30%荷载，桩长 8～11m，桩数 448，不均匀布置，布桩情况见图 9-6。

通过浙大 POGAP 软件计算各种方案，计算结果（筏板沉降及相应的内力）见表 9-5。从中可以发现，与地基处理方案相比减沉桩方案可以有效减小基础沉降。桩长为 18～24m 时，所计算的四种布桩方式（①、②、③、④）最大沉降介于 105.4～143.6mm，最大不均匀沉降介于 67～119mm，最大倾斜率介于 1.06‰～1.50‰。桩长为 8～11m 时，所计

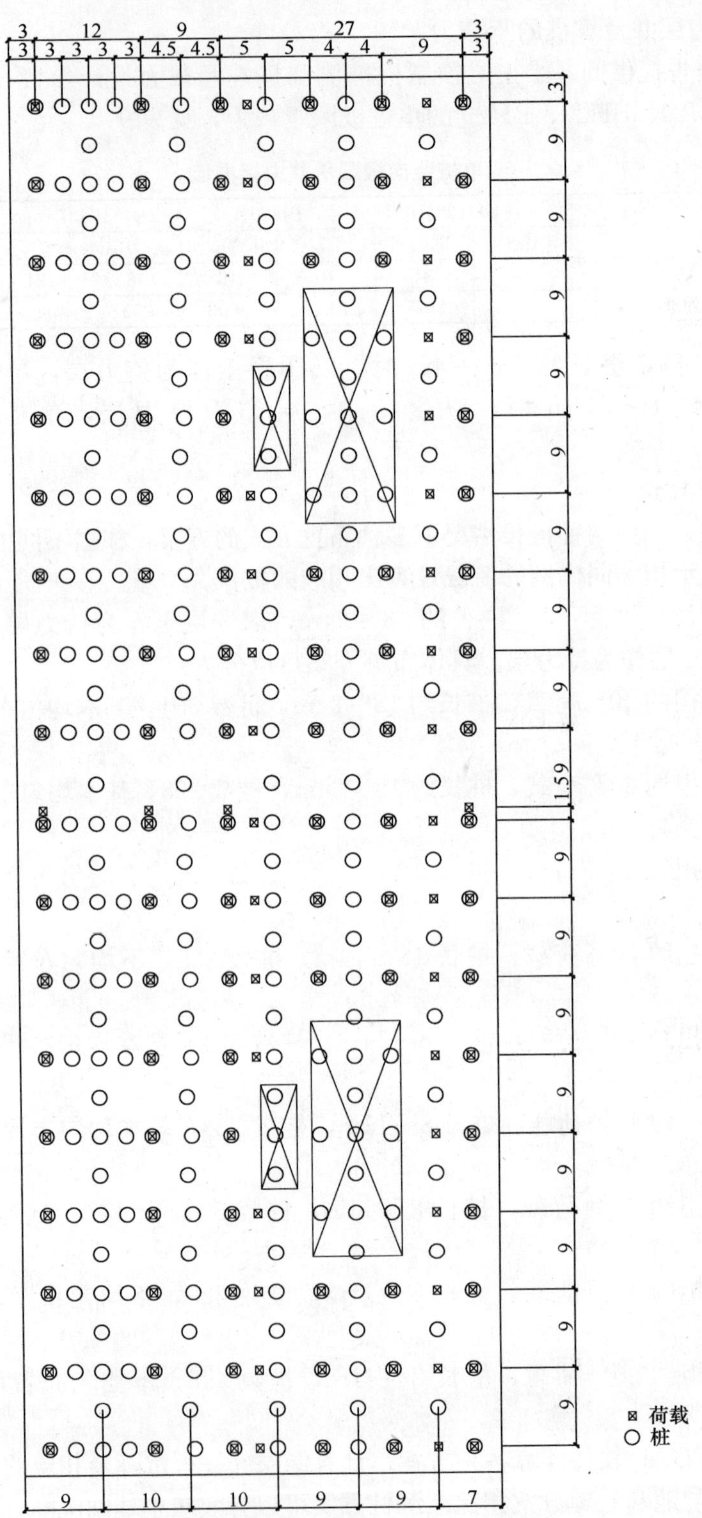


图 9-2　方案①（桩长 20m，301 根）和⑤（桩长 10m，301 根）布桩图

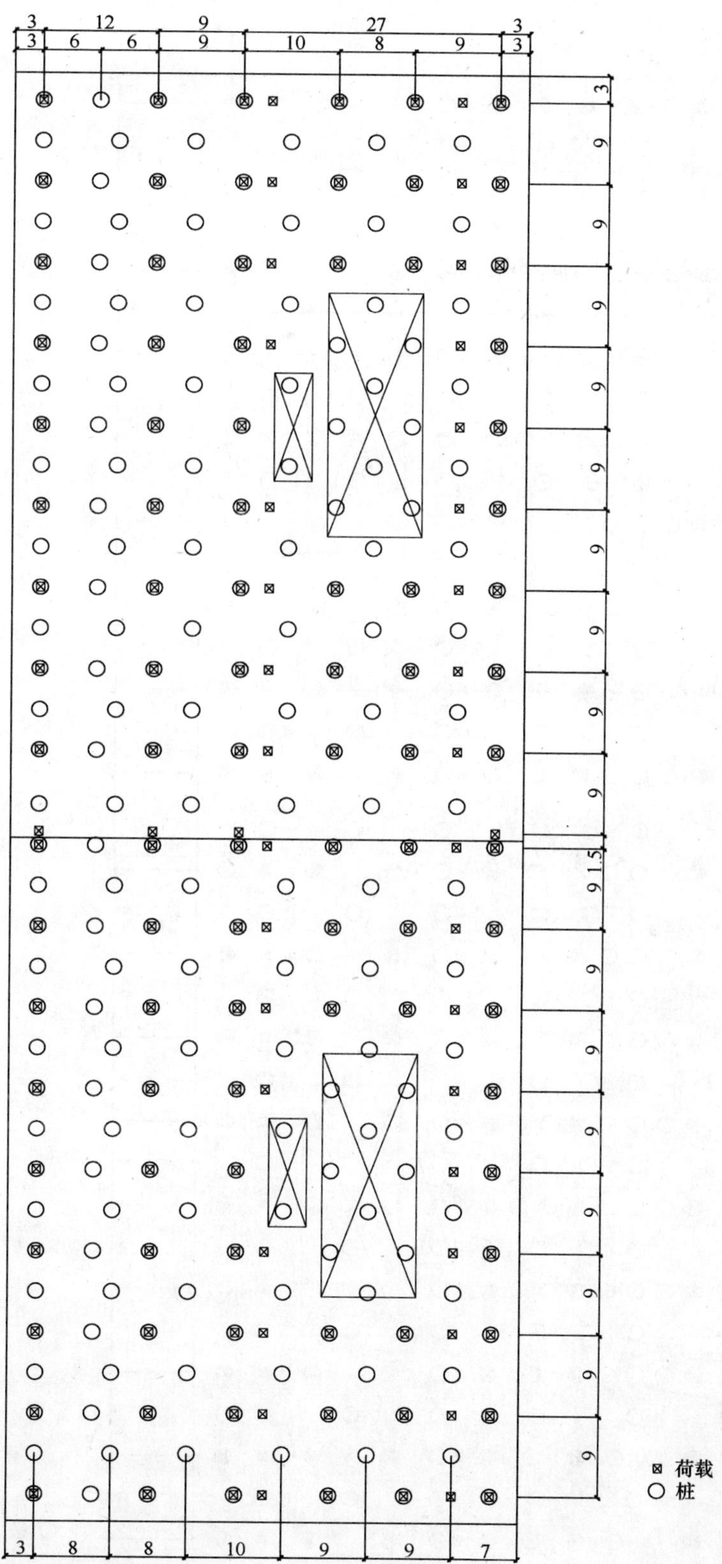


图 9-3 方案②（桩长 20m，228 根）和⑥布桩图（桩长 10m，228 根）

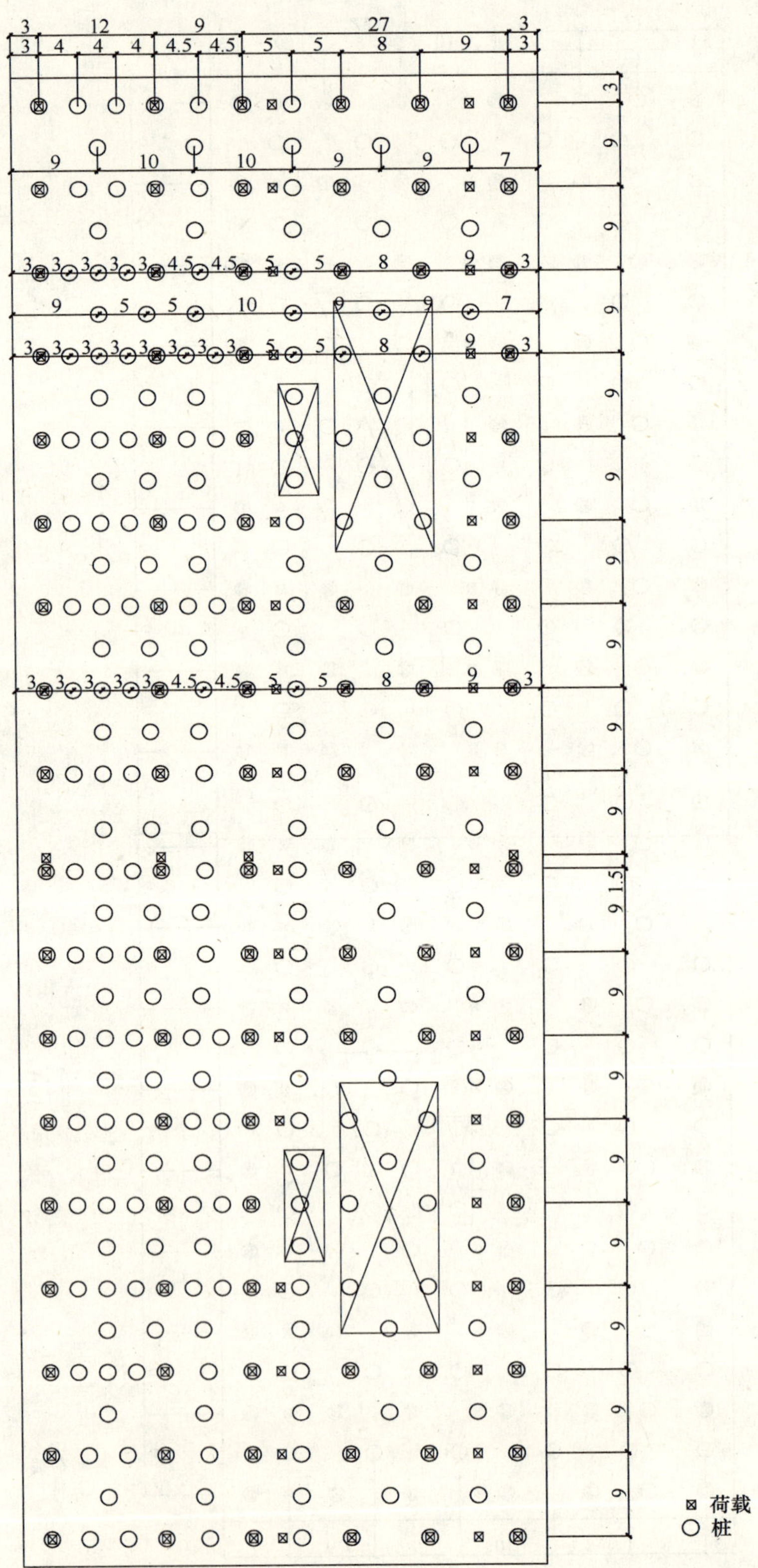

图 9-4　方案③（桩长 20m，300 根）和⑦布桩图（桩长 10m，300 根）

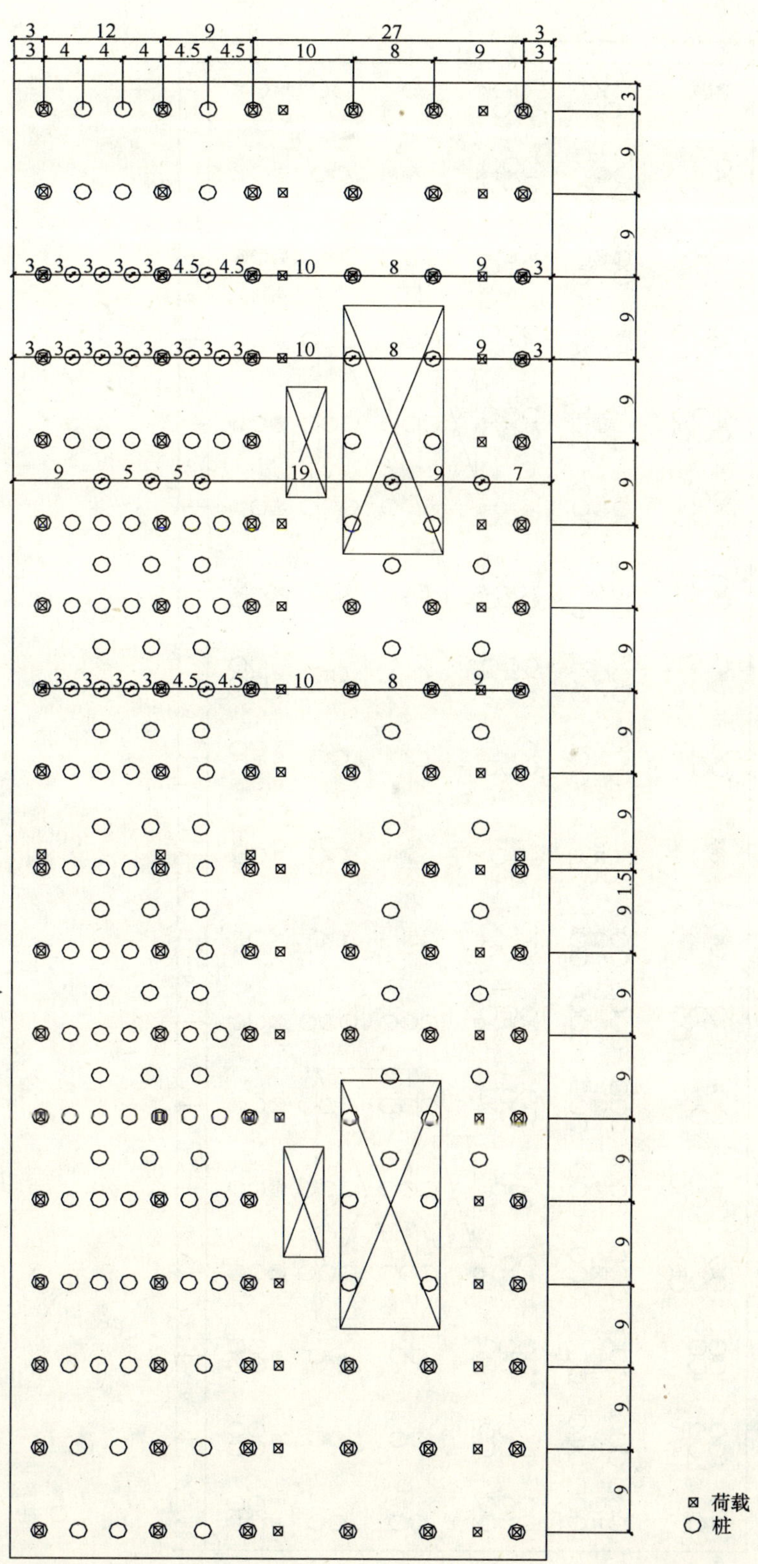


图 9-5　方案④（桩长 20m，229 根）和⑧（桩长 10m，229 根）布桩图

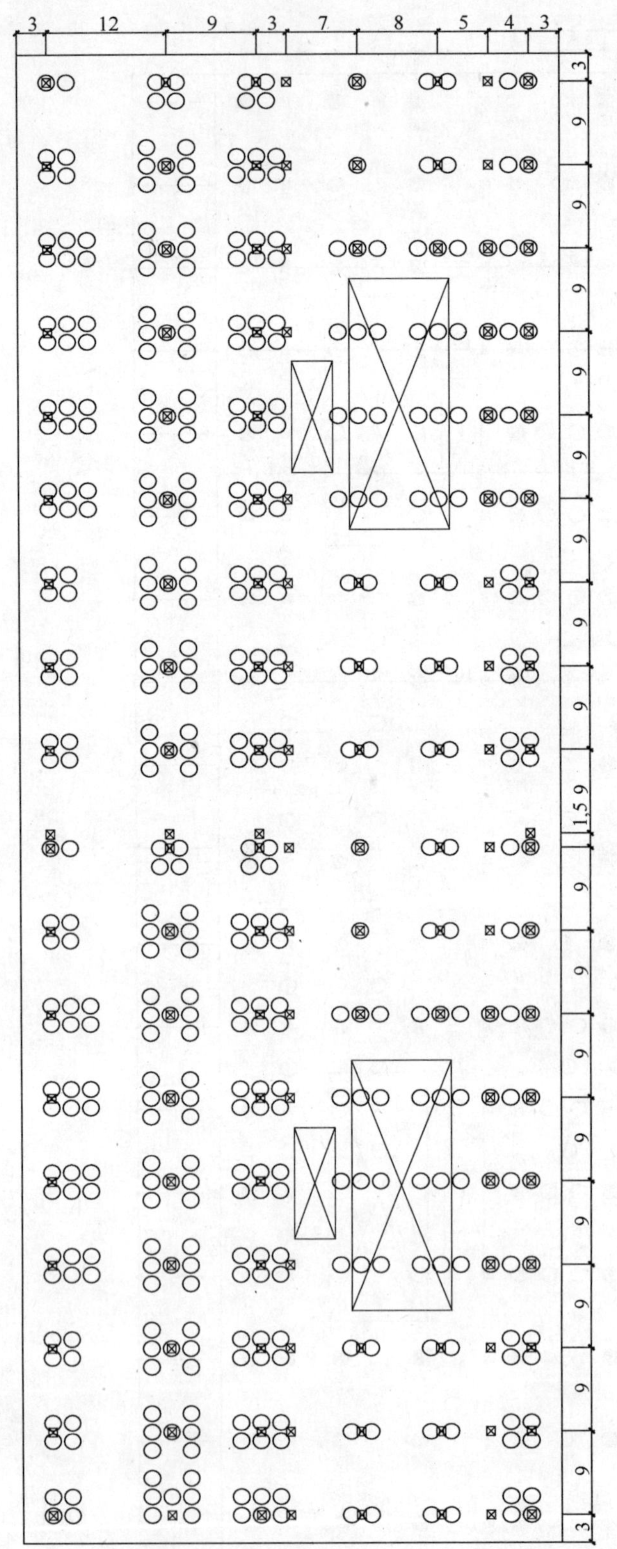




图 9-6　方案⑨（桩长 10m，448 根）布桩图

算的五种布桩方式（⑤、⑥、⑦、⑧、⑨）最大沉降介于 135.4～185mm，最大不均匀沉降介于 96.5～127.8mm，最大倾斜率介于 1.02‰～1.58‰。通过比较可见增加桩长对减小沉降的作用明显。考虑到③$_1$ 层的压缩性较高，因此建议减小沉降桩桩长应取为 18～24m。几种方案比较后，建议选用总沉降和差异沉降都较小的③方案为初步设计方案。

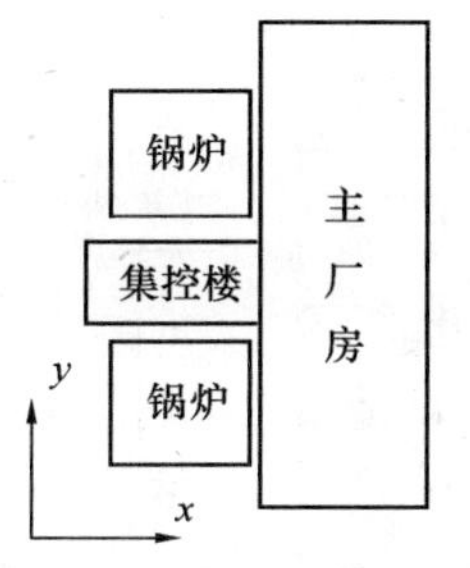


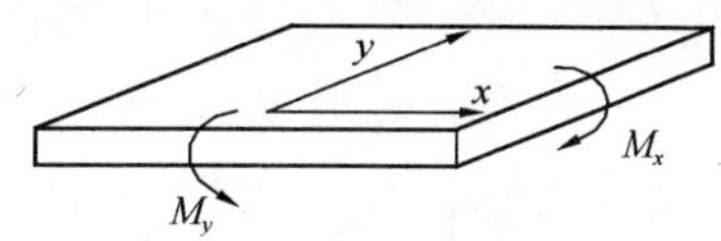


图 9-7　坐标系及弯矩正方向示意图

**减沉桩方案分析结果汇总表**　　**表 9-5**

| 方案编号 | 沉降最大值（mm） | 沉降最小值（mm） | 最大不均匀沉降（‰） | $M_x$ | | $M_y$ | |
|---|---|---|---|---|---|---|---|
| | | | | 最大值（kN·m/m） | 最小值（kN·m/m） | 最大值（kN·m/m） | 最小值（kN·m/m） |
| ① | 126.1 | 6.9 | 1.48 | 3805 | −382.9 | 2777 | −5669 |
| ② | 143.6 | 35.9 | 1.50 | 981 | −2501 | 2804 | −6209 |
| ③ | 105.4 | 12.6 | 1.47 | 3754 | −1204 | 2265 | −5045 |
| ④ | 124.1 | 57.1 | 1.06 | 2414 | −3689 | 3426 | −7200 |
| ⑤ | 176.4 | 52.7 | 1.02 | 1791 | −1604 | 3291 | −6710 |
| ⑥ | 185 | 57.2 | 1.58 | 817.5 | −2762 | 3254 | −6879 |
| ⑦ | 167.1 | 58.4 | 1.2 | 1583 | −2044 | 3057 | −6403 |
| ⑧ | 173.7 | 68.6 | 1.52 | 1002 | −3305 | 3573 | −7352 |
| ⑨ | 135.4 | 38.9 | 1.07 | 1878 | −2362 | 1917 | −5879 |

## 9.4　优　化　方　案

在初选方案的基础上根据进一步地质勘测资料，按照《建筑桩基技术规范》（JGJ 94—94），对主厂房下钻孔进行单桩竖向极限承载力标准值估算。

**单桩竖向极限承载力标准值**　　**表 9-6**

| 孔　号 | 桩长（m） | 持力层 | 桩端标高（m） | 单桩竖向极限承载力标准值（kN） |
|---|---|---|---|---|
| BH13 | 18 | ③$_1$ 层 | −22 | 2826 |
| BH21 | 18 | ③$_1$ 层 | −22 | 3199 |
| BH123 | 16 | ③$_2$ 层 | −20 | 3179 |
| BH108 | 19 | ③$_1$ 层 | −23 | 2904 |
| BH110 | 19.5 | ③$_1$ 层 | −23.5 | 2996 |
| BH131 | 17 | ③$_2$ 层 | −21 | 3076 |
| BH113 | 18 | ③$_2$ 层 | −22 | 3060 |
| BH127 | 21.5 | ③$_1$ 层 | −25.5 | 2984 |
| BH129 | 15 | ③$_1$ 层 | −19 | 3220 |

根据计算，设计桩长取 18m 时，持力层均位于压缩性较高的③层，单桩竖向极限承载力标准值约 3000kN。因此最终确定桩长为 18 米，根据③方案进一步优化布桩。最终选择设置减沉桩 323 根，布桩图见图 9-8，计算结果见图 9-9。从图中可以看出，主厂房最大沉降为 9.5cm，最小沉降为 2.1cm，最大沉降差为 7.4cm，最大不均匀沉降为 1.3‰，均满足要求。且两机组处的沉降变化较小，有利于设备的长期安全运转。

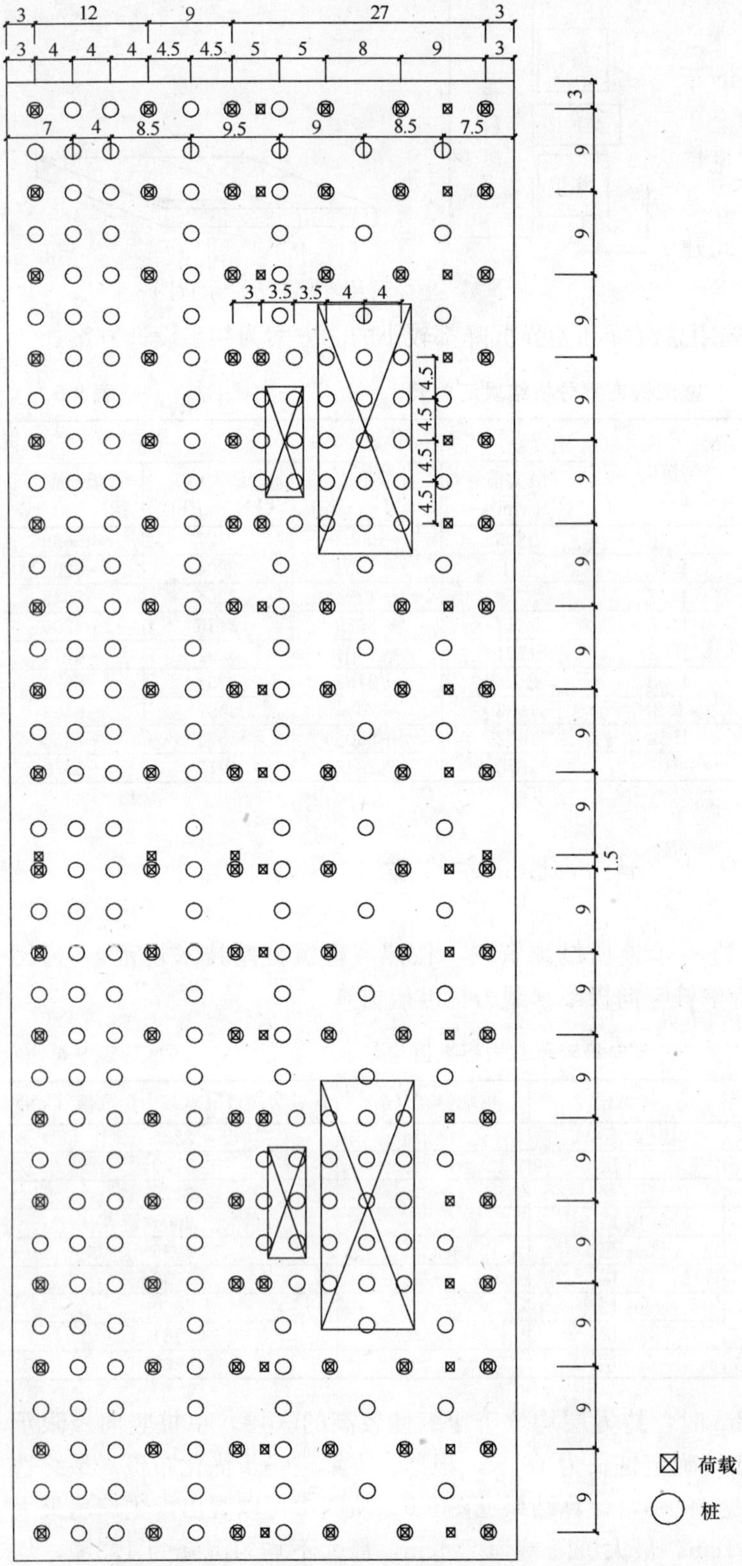

荷载

桩

图 9-8　优化后主厂房桩位布置设计图（单位：m）

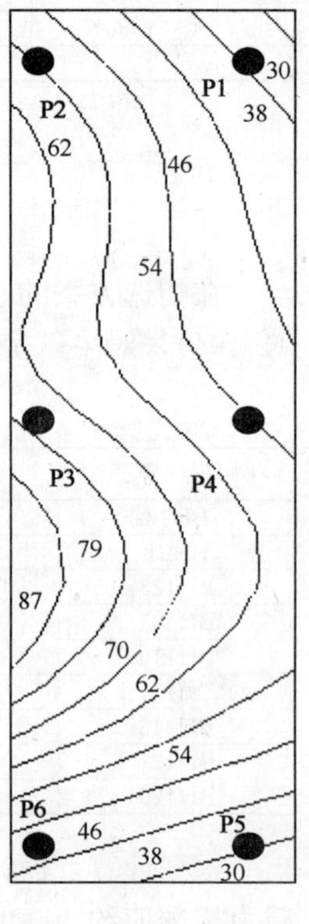


图 9-9　优化后主厂房沉降图（单位：mm）

在非地震荷载作用下，主厂房筏板最大正弯矩：$x$ 方向为 2659kN·m/m，$y$ 方向为 5170kN·m/m；最大负弯矩：$x$ 方向为−1793kN·m/m，$y$ 方向为−7406kN·m/m。在地震荷载作用下，主厂房筏板最大正弯矩：$x$ 方向为 4276kN·m/m，$y$ 方向为 8211kN·m/m；最大负弯矩：$x$ 方向为−2895kN·m/m，$y$ 方向为−10490kN·m/m。

## 9.5 电厂主厂房基础现场实施反馈复核

根据现场提供的 PDA 测试结果（图 9-10），被测桩的单桩极限承载力普遍高于根据地质资料估算的结果（3000kN），但也存在一些低于估算结果的情况。为了防止因基础沉降和筏板内力在这种情况下与设计阶段出现较大差异，造成设计不满足要求，根据 PDA 测试结果的分布状况对部分桩的单桩极限承载力进行调整，分析了基础沉降和筏板内力。

**SUMMARY PROGRESS PDA TEST**

| NO | DATE | KODE PILE | Pile Capacity(Ton) | | | | Pile Condition at the time of Testing | LOCATION |
|---|---|---|---|---|---|---|---|---|
| | | | PDA | CAPWAP | | | | |
| | | | | Total | Shaft Friction | End Bearing | | |
| 1 | August 8,2007 | C12−5a | 563 | 559.90 | 335.80 | 224.10 | Pile OK | Main House 1 |
| 2 | August 8,2007 | C13−3a | 493 | 489.80 | 350.10 | 139.70 | Pile OK | Main House 1 |
| 3 | August 23,2007 | C12−9a | 442 | 435.90 | 285.90 | 150.00 | Pile OK | Main House 1 |
| 4 | August 23,2007 | A5−8a | 497 | 497.90 | 304.30 | 193.60 | Pile OK | Main House 1 |
| 5 | August 23,2007 | A6−4a1 | 656 | 648.90 | 523.40 | 125.50 | Pile OK | Main House 1 |
| 6 | August 23,2007 | B10−3b1 | 470 | 459.90 | 266.80 | 193.10 | Pile OK | Main House 1 |
| 7 | August 23,2007 | C11−3a1 | 693 | 692.60 | 592.40 | 100.20 | Pile OK | Main House 1 |
| 8 | August 28,2007 | A2−14b | 304 | 304.70 | 241.60 | 63.10 | Pile OK | Main House 2 |
| 9 | August 28,2007 | G1.1/K2.6 | 500 | 497.70 | 286.10 | 211.60 | Pile OK | Boiler 1 |
| 10 | August 28,2007 | G1.2/K2.4 | 332 | 329.70 | 241.80 | 87.90 | Pile OK | Boiler 1 |
| 11 | August 28,2007 | G1.1/K5.16 | 184 | 180.90 | 103.10 | 77.80 | Pile OK | Boiler 1 |
| 12 | August 28,2007 | G1.2/K2.6 | 197 | 192.70 | 151.80 | 40.90 | Pile OK | Boiler 1 |
| 13 | September 11,2007 | A2−11b | 398 | 397.80 | 66.60 | 331.20 | Pile OK | Main House 2 |
| 14 | September 11,2007 | A5−13a | 444 | 444.60 | 359.30 | 85.30 | Pile OK | Main House 2 |
| 15 | September 11,2007 | A1−14a | 389 | 387.90 | 143.60 | 244.30 | Pile damaged at 14m from top pile | Main House 2 |
| 16 | September 11,2007 | A2−13b | 423 | 421.80 | 276.90 | 144.90 | Pile OK | Main House 2 |
| 17 | September 11,2007 | A7−12a | 249 | 248.80 | 34.80 | 214.00 | Pile damaged at 15m from top pile | Main House 2 |
| 18 | September 11,2007 | G1.1/K5.16R | 249 | 189.70 | 136.70 | 53.00 | Pile OK | Main House 2 |
| 19 | September 21,2007 | C13−13a | 166 | 163.10 | 147.50 | 15.60 | Pile OK | Main House 2 |
| 20 | September 21,2007 | C12−10a−a1 | 608 | 605.80 | 503.20 | 102.60 | Pile OK | Main House 2 |
| 21 | September 21,2007 | G4.6/K2.6 | 290 | 297.80 | 261.00 | 36.80 | Pile OK | Boiler 1 |
| 22 | September 21,2007 | G4.6/K5.17 | 161 | 162.90 | 121.60 | 41.30 | Pile OK | Boiler 1 |
| 23 | September 21,2007 | G4.6/K6.18 | 161 | 165.30 | 163.70 | 1.60 | Pile OK | Boiler 1 |
| 24 | September 25,2007 | G4.6/K5.12 | | | | | Pile OK | Boiler 2 |
| 25 | September 25,2007 | G3.3/K2.3 | | | | | Pile OK | Boiler 2 |
| 26 | September 25,2007 | G4.7/K1.2 | | | | | Pile OK | Boiler 2 |
| 27 | September 25,2007 | G3.4/K3.8 | | | | | Pile OK | Boiler 2 |
| 28 | | | | | | | | |
| 29 | | | | | | | | |
| 30 | | | | | | | | |

图 9-10 PDA 测试结果表

基础沉降计算参数选用与设计阶段相同。沉降计算结果较设计阶段计算结果相比偏小。差异沉降和总沉降均满足规范要求。

筏板内力计算结果较施工图设计阶段计算结果相比偏小较多，按施工图阶段计算结果配筋可以满足安全要求。

# 9.6 印尼L电厂主厂房基础现场实测分析比较

## 9.6.1 现场实测结果

1号机主厂房现场实测沉降值见表9-7，不同观测点处的沉降观测值曲线见图9-11～图9-14（其中测点P1、P2、P3、P4位置见图9-9）。

1号机主厂房现场实测沉降值　　　　表9-7

| | P1 | P2 | P3 | P4 |
|---|---|---|---|---|
| 2007-12-22 | 4.339 | 4.387 | — | — |
| 2008-2-12 | 4.328 | 4.369 | — | — |
| 2008-2-25 | 4.327 | 4.367 | — | — |
| 2008-3-25 | 4.325 | 4.365 | — | — |
| 2008-4-25 | 4.324 | 4.362 | 4.382 | 4.339 |
| 2008-5-26 | 4.318 | 4.354 | 4.365 | 4.326 |
| 2008-6-29 | 4.312 | 4.351 | 4.352 | 4.315 |
| 2008-7-25 | 4.308 | 4.347 | 4.352 | 4.315 |
| 2008-8-29 | 4.304 | 4.341 | 4.343 | 4.312 |
| 2008-9-25 | 4.31 | 4.347 | 4.348 | 4.315 |
| 2008-10-31 | 4.302 | 4.34 | 4.339 | 4.305 |
| 2008-11-29 | 4.302 | 4.34 | 4.337 | 4.306 |
| 2008-12-27 | 4.31 | 4.34 | 4.335 | 4.312 |
| 2009-1-31 | 4.3 | 4.338 | 4.336 | 4.302 |
| 2009-2-28 | 4.3 | 4.337 | 4.336 | 4.302 |
| 无记录 | | | | |
| 2009-4-25 | 4.305 | 4.339 | 4.332 | 4.299 |

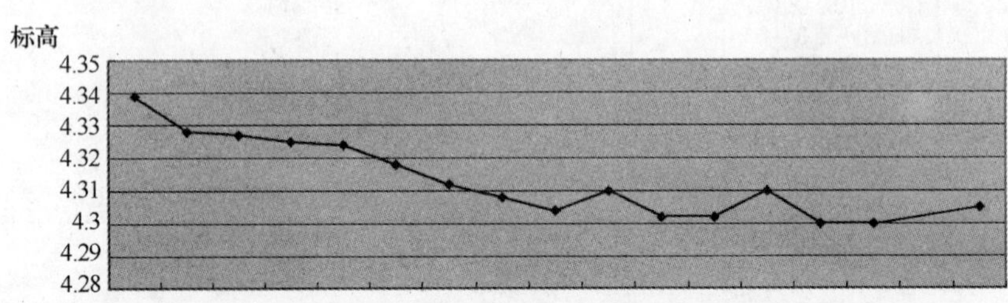


图9-11　观测点A/1轴线处的沉降观测曲线

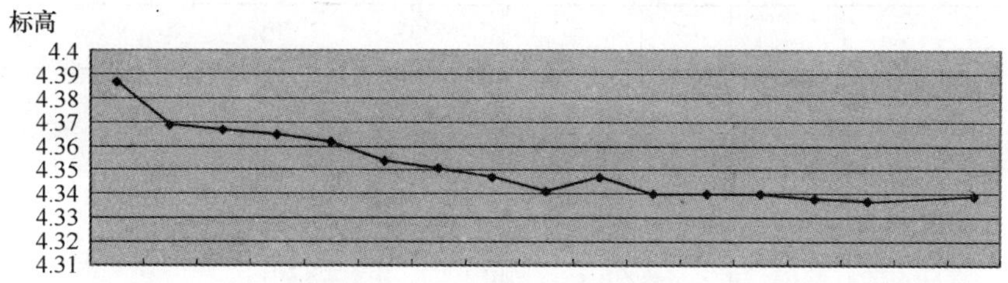


图 9-12　观测点 D/1 轴线处的沉降观测曲线

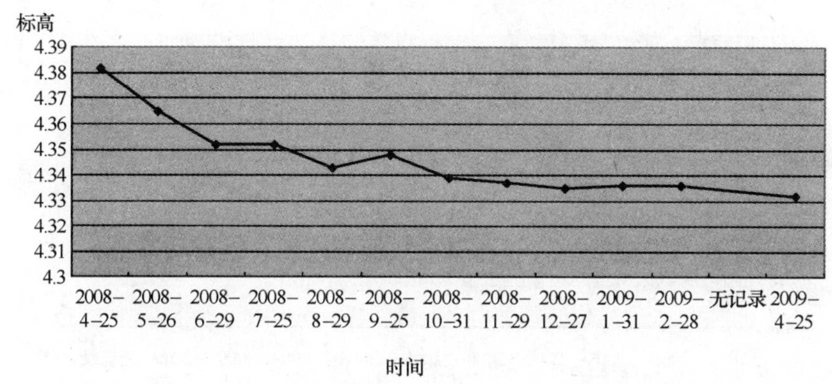


图 9-13　观测点 D/10 轴线处的沉降观测曲线

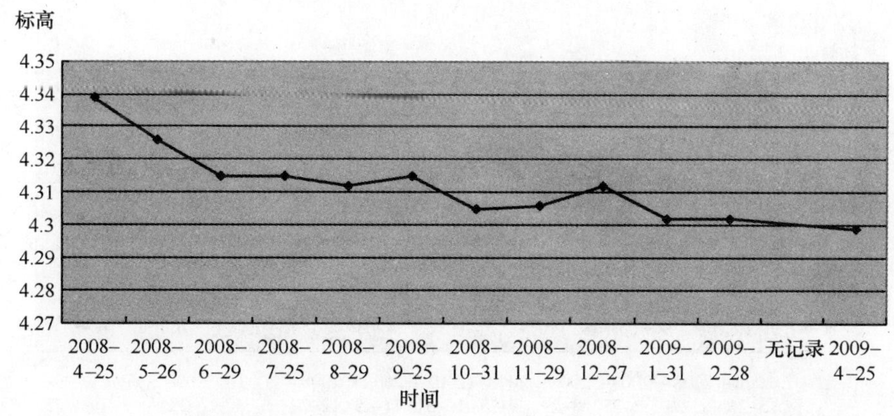


图 9-14　观测点 A/10 轴线处的沉降观测曲线

2 号机主厂房现场实测沉降值见表 9-8，不同观测点处的沉降观测值曲线见图 9-15～图 9-16（其中测点 P5、P6 位置见图 9-9）。

2 号机主厂房现场实测沉降值　　表 9-8

| | P5 | P6 | | P5 | P6 |
|---|---|---|---|---|---|
| 2008-5-26 | 4.33 | 4.365 | 2008-11-29 | 4.31 | 4.337 |
| 2008-6-29 | 4.318 | 4.351 | 2008-12-27 | 4.318 | 4.343 |
| 2008-7-25 | 4.319 | 4.352 | 2009-1-31 | 4.313 | 4.339 |
| 2008-8-29 | 4.314 | 4.344 | 2009-2-28 | 4.313 | 4.338 |
| 2008-9-25 | 4.32 | 4.35 | 无记录 | | |
| 2008-10-31 | 4.312 | 4.339 | 2009-4-25 | 4.31 | 4.335 |

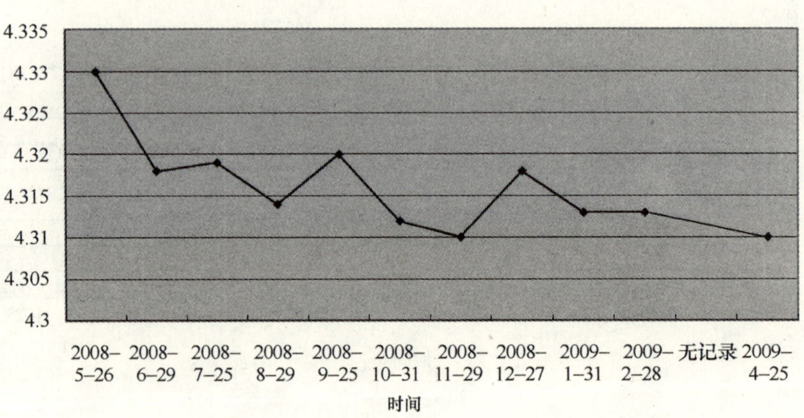


图 9-15　观测点 A/18 轴线处的沉降观测曲线

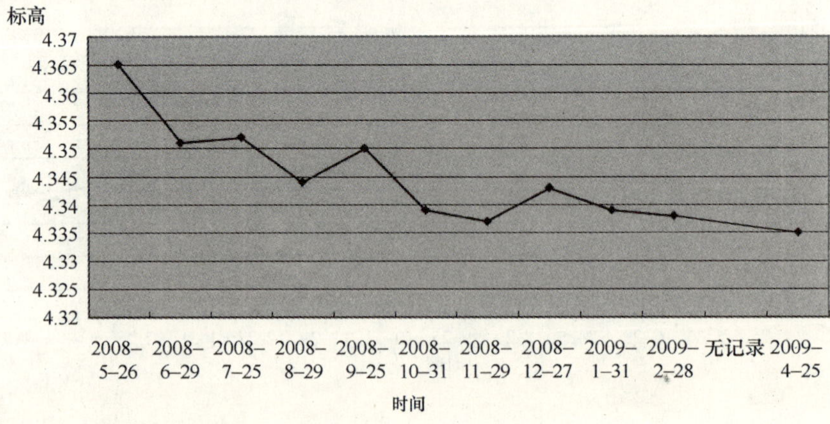


图 9-16　观测点 D/18 轴线处的沉降观测曲线

### 9.6.2 与理论分析值比较

从监测点沉降实测值图和表 9-7、表 9-8 可以看出，主厂房的沉降已基本稳定。以下表 9-9 是沉降实测值与理论值之间的比较。从中可以看到各点的实测值均小于理论值，现场沉降观测的结果表明本工程采用控制沉降复合疏桩基础达到了预期的目的，设计是成功的。

**沉降实测值与理论值之间的比较** **表 9-9**

| 观测点位 | 沉降实测值（mm） | 理论值（mm） | 差值（mm） |
|---|---|---|---|
| A/1 | 34 | 37.7 | −3.7 |
| D/1 | 48 | 62.3 | −14.3 |
| D/10 | 50 | 78.7 | −28.7 |
| A/10 | 40 | 54.1 | −14.1 |
| A/18 | 20 | 29.5 | −9.5 |
| D/18 | 30 | 45.9 | −15.9 |

## 9.7 结　　论

控制沉降疏桩基础（Settlement reducing pile）是以变形控制为原则，考虑桩与承台的共同作用，功能介于天然地基与常规桩基础之间的一种复合桩基。尤其是当浅层地基承载力基本满足建筑物荷载要求，而地基深层土为高压缩性软土时，可以通过使用控制沉降疏桩基础来减少建筑物产生的过大沉降量。

控制沉降疏桩基础中桩的作用仅仅是为了减少建筑物的沉降量，浅层地基土的承载力已经能够满足建筑物的稳定性要求，所以并不需要依靠桩来增加基础的总承载力。设计时应考虑受荷后桩达到极限承载力，允许桩产生一定的刺入变形，以便承台底面的地基承载力能够充分发挥（桩和土受力情况见下图 9-17）。这样才能充分合理地运用少量的桩实现控制建筑物沉降的目的。因此，控制沉降疏桩基础较一般桩基础而言有以下特点：①尽可能发挥单桩承载力，使单桩承担趋于极限的荷载；②桩-土-筏板共同作用，充分利用地基土的承载力；③在保证工程安全的基础上，可大量减少桩的使用数量，有效地节约成本，缩短工期。

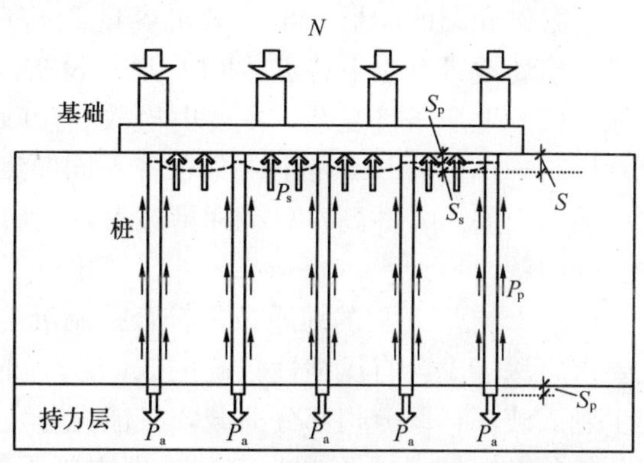

图 9-17　减小沉降桩受力及沉降示意图

### 9.7.1 控制沉降疏桩基础的设计步骤

可通过以下步骤设计和优化控制沉降疏桩基础：①根据沉降控制的要求，确定桩长，保证桩打穿深厚软土，桩端位于中高压缩性的土层，避免桩端坐落在承载力很高的土层；

②根据单桩静载荷试验 $P$-$s$ 曲线或通过土层物理力学指标确定单桩极限承载力；③根据总沉降控制要求确定桩承担的总荷载量，计算桩数；④根据建筑物上部荷载分布状况和地质条件布桩；⑤调整桩数和桩位，实现设计优化。

### 9.7.2 控制沉降疏桩基础的沉降理论计算方法

控制沉降疏桩基础的总沉降由桩的沉降 $S_p$ 和桩间土的沉降 $S_s$ 两部分组成（如图 9-17 所示），即：

$$S=S_p+S_s$$

由于允许桩承担趋于极限的荷载，因此桩的沉降 $S_p$ 可以认为是单桩静载荷试验 $P$-$s$ 曲线上第一个拐点对应的沉降，或外荷载是单桩竖向极限承载力标准值时的沉降。

土的沉降 $S_s$ 可通过分层总和法计算，其基底附加应力 $P_0$ 计算方法如下：

$$P_0=\frac{N-nP_a}{A}-\gamma h$$

式中，$N$——筏板或承台基础的外加荷载；

$P_a$——单桩静载荷试验 $P$-$s$ 曲线上第一个拐点对应的荷载；

$n$——设计桩数；

$N-nP_a$——桩间土分担荷载；

$\gamma h$——基底处土的自重应力。

该理论计算法可用于初步确定桩-土荷载分担比及决定桩数，在布置好桩位后可使用较成熟的计算软件（如浙江大学岩土所开发的桩筏基础计算软件 POGAP）建模，利用这些软件内部的 Geddes 解或 Mindlin 解来更准确地计算筏板的最终沉降。

本案例介绍的印尼 L 电厂装机容量 2×300MW，位于印度尼西亚爪哇岛西部滨海地区。拟建场地具有以下特点：（1）地震设防烈度较高，场地基岩面地震加速度为 0.25～0.3g；（2）地质条件复杂，主要由松散的粉砂土和软弱的黏土组成；（3）土层分布不均，绝对标高－12～－24m 范围内分布着不同厚度的软弱夹层（如图 9-1 所示）。在该处建造电厂面临土层压缩性高，总沉降量过大，土层分布不均，软弱夹层不易处理，不均匀沉降过大的问题。

印尼 L 电厂工程的地质条件符合控制沉降疏桩基础的适用条件，浅层土②$_2$ 承载力满足要求，深层土含有压缩性较高的③$_1$ 层，如果桩的持力层选在③$_1$ 层，可以使桩受荷后产生刺入破坏，既分担部分荷载，又能充分发挥承台的承载作用。因此地基处理采用了大间距的预制短桩（桩径 600mm）处理主要压缩土层，充分利用天然地基承载力较高的特点，使桩和土体按照一定的比例分配共同承担上部结构传来的荷载，形成复合地基，从而有效地减少了基础沉降，满足了工程的应用实践。

本工程的分析计算及与监测结果的对比表明：

（1）控制沉降疏桩基础为浅层地基承载力基本满足建筑物荷载要求，而深层地基土为高压缩性软土的地基处理提供了一种新的设计方法。

（2）控制沉降疏桩基础设计方法合理，可以有效地调节地基总沉降和不均匀沉降。

（3）控制沉降疏桩基础较常规桩基础可充分发挥单桩承载力和桩间土的作用，能节省约 60%～70%的用桩量。且控制沉降疏桩基础的桩只需进入压缩性较高的土层即可，较常规桩基础能大大减少桩长。因此控制沉降疏桩基础的经济效益好，节省施工时间。

（4）本章的控制沉降疏桩基础设计分析方法结合浙大桩筏基础计算软件 POGAP 可以较准确地估算建筑物的沉降值。

期望本案例的分析可以对浅层承载力满足要求，深层含有压缩性较高土层的类似工程提供参考。

# 10 电厂建(构)筑物地基抗液化处理分析

在高烈度地震区的软弱地基及液化场地土上建设大型电厂，地基土的严重液化对电厂的各种主要生产及辅助生产的建（构）筑物安全构成严重威胁，必须采取措施消除地基土的液化对上部建（构）筑物的不利影响。本章介绍了印尼某电厂中对严重液化软土层消除液化处理所做的技术分析计算，根据建（构）筑物的重要性等级以及不同地段地基土的液化程度有针对性地提出了相应的处理措施，有效地解决了软土严重液化对上部建（构）筑物的不利影响，确保了各建（构）筑物的安全。

## 10.1 工程概况及工程地质条件概述

### 10.1.1 工程概况

印尼某燃煤电厂位于爪哇岛的芝拉扎，由 2×300MW 的机组组成。拟建场地地质条件复杂，地貌属于海滨沼泽，地形平坦，场地高差小于 5m；地基由砂土、粉质黏土等组成。地震设防烈度较高，场地地震动峰值加速度 0.30$g$，地震基本烈度为 8 度。

### 10.1.2 工程地质条件

根据 P. T. SOILENS 公司提供的 FIELD INVESTIGATION RESULT 的岩性描述，该场地土层可分为 5 大层：

⓪层素填土：主要为灰色、深灰色的细砂组成，其级配差。局部为褐黄色粉质黏土及砂卵石组成。厚度变化较大，一般 0～2m，局部可达 3～4m。成分复杂，结构松散，未经碾压和夯实。

①层粉质黏土及淤泥质土（部分地段为粉土及少量粉砂）：灰色-深灰色，流塑-软塑状。其厚度 0～5m，平均厚度约为 2m 左右，局部含有机质。总体分布上西薄东厚，该层与场地内的小河有较密切的关系。标贯击数 $N<4$，平均值 1.5 击；十字板剪切强度 40.5kPa，静力触探锥头阻力平均值 0.2MPa，侧壁摩擦阻力平均值 11kPa。

②层粉砂（部分地段夹粉土及黏质粉土）：灰色-深灰色，粉砂。松散-稍密，偶见贝壳，其厚度 13～22m 不等，平均厚度约为 16m 左右，局部含有机质。局部地段夹可塑状粉质黏土或松散-稍密黏质粉土透镜体。标贯击数 $N\leqslant 15$，平均值 6.6 击，局部地段夹中砂，静力触探锥头阻力平均值 4.3MPa，侧壁摩擦阻力平均值 79kPa。

③层砂与粉质黏土互层：浅灰-深灰色，一般情况为粉质黏土呈可塑-硬塑状，以可塑为主；砂层以细砂为主，部分为中砂，可达中密-密实，少量的为松散状。其厚度 20～45m 不等，局部含有机质。根据其土层类别及性状进一步分为：

③$_1$ 层粉质黏土：灰色-深灰色，局部为褐灰色，可塑状，局部含有机质。标贯击数

4≤$N$≤15，平均值 9.2 击，静力触探锥头阻力平均值 3.1MPa，侧壁摩擦阻力平均值 81kPa。该层厚度变化较大，10～30m，且整个场地均有分布，多分布于③层上部。

③$_2$ 层粉质黏土：灰色-深灰色，局部为褐灰色，硬塑状，局部含有机质。标贯击数 $N$＞15，平均值 23 击。该层厚度变化较大，1～10m，且整个场地普遍分布。

③$_3$ 层砂层（部分地段为粉土）：灰色-深灰色，以细砂为主，部分为中砂，松散-稍密，局部地段为粉土层，局部含有机质。标贯击数 $N$≤15，平均值 9.5 击。该层厚度变化较大，1～6m，以透镜体形式局部地段分布，分布在－30～－50m 之间。

③$_4$ 层砂层（部分地段为粉土）：灰色-深灰色，以细砂为主，部分为中砂，局部含有机质，中密—密实，局部地段为粉土层。标贯击数 $N$＞15，平均值 34 击。该层厚度变化较大，1～10m，且整个场地均有分布。多分布于③层中下部，局部为透镜体状。

④层粉土：浅灰-深灰色，中密-密实状，以密实状为主。其厚度大于 10m，本次勘测未揭穿该层。根据其性状进一步分为：

④$_1$ 层粉土：浅灰-灰色，中密，局部含有机质。标贯击数 15≤$N$≤30，平均值 24.3 击。该层厚度变化较大，1～8m，且场地大部分地段分布有该层。

④$_2$ 层粉土：浅灰-灰色，密实-极密，局部含有机质。标贯击数 $N$＞30，平均值 44 击。整个场地均有该层分布，其厚度大于 10m，分布在整个场地的下部。

### 10.1.3 地下水

区内地下水属潜水类型。②层粉砂层为主要含水层，由于场地紧邻海边，因此，地下水受海水补给为主，受潮水位的影响较大，同时受地表水、大气降水的影响。

地下水对混凝土有弱腐蚀性，对钢筋混凝土结构中的钢筋有弱腐蚀性，对钢结构具有中等腐蚀性。

### 10.1.4 场地土类别和地基的地震效应评价

本场地地震动峰值加速度按 0.30$g$，地震基本烈度为 8 度，设计地震分组为第一组，特征周期 0.45s。该场地的等效剪切波速为 203.7m/s，场地为中软土，且其覆盖层厚度大于 50m，该建筑场地类别为Ⅲ类。由于存在液化土，因而，本场地为建筑抗震不利地段。

根据《建筑抗震设计规范》（GB 50011—2001）4.3 条，利用如下公式，对场地饱和砂土及粉土分别进行了液化判别。

$$N_{cr} = N_0[0.9 + 0.1(d_s - d_w)]\sqrt{3/\rho_c} \quad (d_s \leqslant 15\text{m})$$

$$N_{cr} = N_0[2.4 - 0.1d_w]\sqrt{3/\rho_c} \quad (d_s > 15\text{m})$$

$$I_{lE} = \sum_{i=1}^{n}\left(1 - \frac{N_i}{N_{cri}}\right)d_i d_w$$

其中：

1）地下水位深度 $d_w$——根据本区近期内年最高水位埋深确定，为＋2m；

2）由于该地区属 8 度地震区，设计地震分组为第一组。标准贯入锤击数基准值取 $N_0$＝13。

由于场地地震烈度较高，地下水位高，且液化土层②层的厚度较大，该层的物理力学性质较差，综合判定该场地液化等级为严重液化。

## 10.2 抗液化设计原则

1. 根据《建筑抗震设计规范》(GB 50011—2001) 第 4.3.4 条计算各钻孔土层的液化判别标准贯入锤击数临界值：

(a) 地面下 15m 深度范围内，液化判别标准贯入锤击数临界值按下式计算：

$$N_{cr}=N_0\left[0.9+0.1\times(d_s-d_w)\right]\times\sqrt{\frac{3}{\rho_c}}\qquad(d_s\leqslant 15)$$

式中，$N_{cr}$——液化判别标准贯入锤击数临界值；

$N_0$——液化判别标准贯入锤击数基准值，按表 10-1 采用；

$d_s$——饱和土标准贯入点深度 (m)；

$\rho_c$——黏粒含量百分率，当小于 3 或为砂土时，取 3。

**标准贯入锤击数基准值** **表 10-1**

| 设计地震分组 | 7 度 | 8 度 | 9 度 |
| --- | --- | --- | --- |
| 第一组 | 6 (8) | 10 (13) | 16 |
| 第二、三组 | 8 (10) | 12 (15) | 18 |

注：括号内数值用于设计基本地震加速度为 0.15g 和 0.30g 的地区。

(b) 地面下 15～20m 深度范围内，液化判别标准贯入锤击数临界值按下式计算：

$$N_{cr}=N_0(2.4-0.1\times d_s)\times\sqrt{\frac{3}{\rho_c}}\qquad(15<d_s\leqslant 20)$$

式中符号意义同上。

(c) 根据《建筑抗震设计规范》(GB 50011—2001) 第 4.3.5 条计算每个钻孔的液化指数：

$$I_{lE}=\sum_{i=1}^{n}\left(1-\frac{N_i}{N_{cri}}\right)d_iW_i$$

式中，$I_{lE}$——液化指数；

$n$——在判别深度范围内每一个钻孔标准贯入试验点的总数；

$N_i$、$N_{cri}$——分别为 $i$ 点标准贯入锤击数的实测值和临界值，当实测值大于临界值时应取临界值的数值；

$d_i$——$i$ 点所代表的土层厚度 (m)，采用与该标准贯入试验点相邻的上、下两标准贯入试验点深度差的一半，但上界不高于地下水位深度，下界不深于液化深度。

$W_i$——$i$ 土层单位土层厚度的层位影响权函数值（单位为 $m^{-1}$）。若判别深度为 15m 时，当该层中点深度不大于 5m 时取 10，等于 15m 时取 0，5～15m 按线性内插法取值；若判别深度为 20m 时，当该层中点深度不大于 5m 时取 10，等于 20m 时取 0，5～20m 按线性内插法取值。

(d) 根据《建筑抗震设计规范》(GB 50011—2001) 表 4.3.5 判别液化等级，见表 10-2。

**液　化　等　级**　　　　**表 10-2**

| 液化等级 | 轻微 | 中等 | 严重 |
|---|---|---|---|
| 判别深度为 15m 时的液化指数 | $0<I_{lE}\leqslant 5$ | $5<I_{lE}\leqslant 15$ | $I_{lE}>15$ |
| 判别深度为 20m 时的液化指数 | $0<I_{lE}\leqslant 6$ | $6<I_{lE}\leqslant 18$ | $I_{lE}>18$ |

2. 根据《火力发电厂土建结构设计技术规定》（DL 5022—93）表 9.1.4 中规定的建（构）筑物重要性等级和该建（构）筑物所处地段的液化等级来判断是全部消除液化还是部分消除液化，见表 10-3。

**抗液化处理措施**　　　　**表 10-3**

| 建筑抗震设防类别 | 地基的液化等级 | | |
|---|---|---|---|
| | 轻　微 | 中　等 | 严　重 |
| 乙类 | 部分消除液化沉陷，或对基础和上部结构处理 | 全部消除液化沉陷，或部分消除液化沉陷且对基础和上部结构处理 | 全部消除液化沉陷 |
| 丙类 | 基础和上部结构处理，亦可不采取措施 | 基础和上部结构处理，或更高要求的措施 | 全部消除液化沉陷，或部分消除液化沉陷且对基础和上部结构处理 |
| 丁类 | 可不采取措施 | 可不采取措施 | 基础或上部结构处理，或其他经济的措施 |

3. 若是全部消除液化则根据《建筑抗震设计规范》（GB 50011—2001）第 4.3.7 条进行抗液化处理。采用桩基穿越液化层，伸入液化深度下稳定土层，桩基的承载力按抗震规范 4.4.3 条考虑。或采用碎石桩处理至液化深度下界，处理宽度在基础边缘以外不小于处理深度的一半且不小于基础宽度的五分之一。

4. 若是部分消除液化则根据《建筑抗震设计规范》（GB 50011—2001）第 4.3.8 条进行抗液化处理。采用碎石桩处理，处理深度应使处理后的地基液化指数减少，当判别深度为 15m 时，其值不宜大于 4，当判别深度为 20m 时，其值不宜大于 5；对独立基础和条形基础，尚不应小于基础底面下液化土特征深度和基础宽度的较大值。碎石桩桩间土的标准贯入锤击数不宜小于《建筑抗震设计规范》（GB 50011—2001）第 4.3.4 条规定的液化判别标准贯入锤击数临界值。其标准贯入锤击数应按《建筑抗震设计规范》（GB 50011—2001）第 4.4.3 条中第 3 小条计算，计算公式如下：

$$N_1 = N_p + 100\times\rho\times(1-e^{-0.3\times N_p})$$

式中，$N_1$——碎石桩施工后的标准贯入锤击数；

$\rho$——碎石桩的面积置换率；

$N_p$——碎石桩施工前的标准贯入锤击数。

然后根据《建筑抗震设计规范》（GB 50011—2001）第 4.3.5 条计算碎石桩处理后土层的液化指数。

## 10.3　桩基水平承载力

1. $\phi$600×100 预应力混凝土管桩的水平承载力

(1) 不考虑地震液化影响时

根据浙江大学岩土工程研究所提供的《土建概念设计阶段基础和地基处理咨询报告》，考虑桩顶允许水平位移 10mm 时，单桩水平承载力设计值为 106kN，此时的地基土水平抗力系数的比例系数 $m$ 值取 $5.4\text{MN/m}^4$。

(2) 考虑地震液化影响时

根据勘测提供的该工程施工图阶段勘测报告，场地②层粉砂液化折减系数为：

地面下 10m 内：0

10～20m 内：1/3

《建筑桩基技术规范》(JGJ 94—94) 第 5.4.2.5 条，预制桩单桩水平承载力设计值由下式计算：

$$R_{\mathrm{h}} = \frac{\alpha^3 EI}{v_x}\chi_{0\mathrm{a}}$$

式中，$EI$——桩身抗弯刚度；

$\chi_{0\mathrm{a}}$——桩顶允许水平位移；

$v_x$——桩顶水平位移系数。

桩顶水平位移系数 $v_x$ 与桩的换算埋深有关，由于本工程桩的深度很深，其换算埋深 $\alpha h$ 均大于 4，故根据《建筑桩基技术规范》的表 5.4.2，$v_x$ 为一定值。根据单桩水平承载力计算公式，单桩水平承载力 $R_{\mathrm{h}}$ 仅随 $\alpha$ 值变化。

《建筑桩基技术规范》第 5.4.5.1 条规定桩的水平变形系数 $\alpha$ 由下式计算：

$$\alpha = \sqrt[5]{\frac{mb_0}{EI}}$$

由上式，水平变形系数 $\alpha$ 仅随 $m$ 值变化。

综上，单桩水平承载力 $R_{\mathrm{h}}$ 仅随 $m$ 值变化，其与 $\sqrt[5]{m^3}$ 呈线性关系。

根据浙大报告，非液化土的 $m$ 值建议取 $5.4\text{MN/m}^4$（相应单桩在地面处的水平位移为 10mm）。液化土层的 $m$ 值取 0。计算单桩水平承载力时，水平位移主要影响深度为 $2\times(d+1)=2\times(0.6+1)=3.2\text{m}$，$m$ 值应取桩基承台下 3.2m 内土层的加权平均。例：承台下非液化土层仅为 1m 厚时，$m=(5.4\times1^2+0\times2.2)/3.2^2=0.53(\text{MN/m}^4)$。

单桩考虑地震液化影响后的水平承载力计算见表 10-4。

**ϕ600×100 预应力混凝土管桩单桩水平承载力设计值** **表 10-4**

| 承台下非液化土层厚度 (m) | 不考虑地震液化影响时 | | 考虑地震液化影响时 | |
|---|---|---|---|---|
| | $m$ 取值 ($\text{MN/m}^4$) | 单桩水平承载力设计值（桩顶自由）(kN) | $m$ 取值 ($\text{MN/m}^4$) | 单桩水平承载力设计值（桩顶自由）(kN) |
| 1 | 5.4 | 106 | 0.53 | 26.2 |
| 1.1 | 5.4 | 106 | 0.64 | 29.4 |
| 1.2 | 5.4 | 106 | 0.76 | 32.7 |
| 1.3 | 5.4 | 106 | 0.89 | 36.0 |
| 1.4 | 5.4 | 106 | 1.03 | 39.3 |
| 1.5 | 5.4 | 106 | 1.19 | 42.7 |

续表

| 承台下非液化土层厚度（m） | 不考虑地震液化影响时 | | 考虑地震液化影响时 | |
|---|---|---|---|---|
| | m 取值（MN/m⁴） | 单桩水平承载力设计值（桩顶自由）（kN） | m 取值（MN/m⁴） | 单桩水平承载力设计值（桩顶自由）（kN） |
| 1.6 | 5.4 | 106 | 1.35 | 46.1 |
| 1.7 | 5.4 | 106 | 1.52 | 49.6 |
| 1.8 | 5.4 | 106 | 1.71 | 53.1 |
| 1.9 | 5.4 | 106 | 1.90 | 56.7 |
| 2 | 5.4 | 106 | 2.11 | 60.3 |
| 2.1 | 5.4 | 106 | 2.33 | 63.9 |
| 2.2 | 5.4 | 106 | 2.55 | 67.6 |
| 2.3 | 5.4 | 106 | 2.79 | 71.3 |
| 2.4 | 5.4 | 106 | 3.04 | 75.1 |
| 2.5 | 5.4 | 106 | 3.30 | 78.8 |
| 2.6 | 5.4 | 106 | 3.56 | 82.6 |
| 2.7 | 5.4 | 106 | 3.84 | 86.4 |
| 2.8 | 5.4 | 106 | 4.13 | 90.3 |
| 2.9 | 5.4 | 106 | 4.43 | 94.2 |
| 3 | 5.4 | 106 | 4.75 | 98.1 |
| 3.1 | 5.4 | 106 | 5.07 | 102.0 |
| 3.2 | 5.4 | 106 | 5.40 | 106.0 |

2. $\phi$500×90 预应力混凝土管桩的水平承载力

同样，$\phi$500×90 预应力混凝土管桩的水平承载力计算见表 10-5。

**$\phi$500×90 预应力混凝土管桩单桩水平承载力设计值　　表 10-5**

| 承台下非液化土层厚度（m） | 不考虑地震液化影响时 | | 考虑地震液化影响时 | |
|---|---|---|---|---|
| | m 取值（MN/m⁴） | 单桩水平承载力设计值（桩顶自由）（kN） | m 取值（MN/m⁴） | 单桩水平承载力设计值（桩顶自由）（kN） |
| 1 | 5.4 | 69.1 | 0.60 | 18.5 |
| 1.1 | 5.4 | 69.1 | 0.73 | 20.7 |
| 1.2 | 5.4 | 69.1 | 0.86 | 23.0 |
| 1.3 | 5.4 | 69.1 | 1.01 | 25.3 |
| 1.4 | 5.4 | 69.1 | 1.18 | 27.7 |
| 1.5 | 5.4 | 69.1 | 1.35 | 30.1 |
| 1.6 | 5.4 | 69.1 | 1.54 | 32.5 |
| 1.7 | 5.4 | 69.1 | 1.73 | 35.0 |
| 1.8 | 5.4 | 69.1 | 1.94 | 37.4 |
| 1.9 | 5.4 | 69.1 | 2.17 | 39.9 |

续表

| 承台下非液化土层厚度（m） | 不考虑地震液化影响时 | | 考虑地震液化影响时 | |
| --- | --- | --- | --- | --- |
| | $m$ 取值（$MN/m^4$） | 单桩水平承载力设计值（桩顶自由）（kN） | $m$ 取值（$MN/m^4$） | 单桩水平承载力设计值（桩顶自由）（kN） |
| 2 | 5.4 | 69.1 | 2.40 | 42.5 |
| 2.1 | 5.4 | 69.1 | 2.65 | 45.0 |
| 2.2 | 5.4 | 69.1 | 2.90 | 47.6 |
| 2.3 | 5.4 | 69.1 | 3.17 | 50.2 |
| 2.4 | 5.4 | 69.1 | 3.46 | 52.9 |
| 2.5 | 5.4 | 69.1 | 3.75 | 55.5 |
| 2.6 | 5.4 | 69.1 | 4.06 | 58.2 |
| 2.7 | 5.4 | 69.1 | 4.37 | 60.9 |
| 2.8 | 5.4 | 69.1 | 4.70 | 63.6 |
| 2.9 | 5.4 | 69.1 | 5.05 | 66.3 |
| 3 | 5.4 | 69.1 | 5.40 | 69.1 |

## 10.4 炉后建（构）筑物抗液化处理

根据《火力发电厂土建结构设计技术规定》（DL 5022—93）表 9.1.4，炉后各建（构）筑物的重要性等级见表 10-6。

**炉后建（构）筑物重要性等级** **表 10-6**

| 编　　号 | 建（构）筑物名称 | 重要性等级 |
| --- | --- | --- |
| 1 | 电除尘器支架基础 | 丙类 |
| 2 | 进口烟道支架 | 乙类 |
| 3 | 出口烟道支架 | 乙类 |
| 4 | 烟道支架 | 乙类 |
| 5 | 电除尘控制楼和排渣泵房 | 丙类 |

由表 10-6，除排渣泵房和电除尘器支架为丙类建筑外，烟道支架、电除尘器进出口烟道支架等均为乙类建筑。据《炉后地段岩土工程勘测报告》，该地段的液化等级均为严重液化。从表 10-3 可知，该部分应全部消除液化沉陷。

处理措施：

1. 采用桩基穿越液化层并伸入液化深度下稳定土层，桩基的承载力按抗震规范 4.4.3 条考虑。

2. 采用碎石桩处理至液化深度下界，处理宽度在基础边缘以外不小于处理深度的一半且不小于基础宽度的五分之一。

鉴于场地土的压缩性很高，而炉后各建（构）筑物对沉降要求较高，设计拟采用桩基穿越和碎石桩处理相结合的方法来解决沉降和液化问题，以桩基解决沉降和承载力问题，以碎石桩处理来解决液化问题，同时碎石桩处理后又能提高工程桩在地震时的竖向和水平承载力。

## 10.5 厂区辅助生产及附属建（构）筑物抗液化处理

根据《火力发电厂土建结构设计技术规定》(DL 5022—93) 表 9.1.4，厂区辅助生产及附属建（构）筑物的重要性见表 10-7。

**辅助生产及附属建（构）筑物重要性等级及地基处理形式** 表 10-7

| 编号 | 建（构）筑物名称 | 重要性等级 | 钻孔编号 | 地基处理形式 |
|---|---|---|---|---|
| 1 | 150kV GIS 150kV 屋内配电装置 | 乙类 | B307 | 碎石桩 |
| 2 | 150kV Relay room 150kV 继电器室 | 丙类 | B309 | 碎石桩 |
| 3 | Sodium hypochlorite generation plant 次氯酸钠制备车间 | 丙类 | 参考 B304 | 碎石桩 |
| 4 | Complex building for coal 输煤综合楼 | 丙类 | 参考 B318 | 碎石桩 |
| 5 | Bulldozer garage 推煤机库 | 丙类 | B317 | 碎石桩 |
| 6 | Deposit pond for coal 沉煤池（共 2 座） | 丙类 | B22、B28 | 碎石桩 |
| 7 | Compressor house for ash 除灰空压机房 | 丙类 | B318 | 碎石桩 |
| 8 | Ash silo 灰库 | 丙类 | 参考 B22、B23 | 桩基 |
| 9 | Dewatering bin concentrator 脱水仓和浓缩机 | 丙类 | B320 | 桩基 |
| 10 | Sluice pump house 除灰水泵房 | 丙类 | 参考 B319、B320 | 碎石桩 |
| 11 | Sump pump house 排泥泵房 | 丙类 | B320 | 碎石桩 |
| 12 | Oil pump house 燃油泵房 | 丙类 | 参考 B315 | 碎石桩 |
| 13 | Oil tank zone 燃油罐区 | 丙类 | 参考 B315 | 碎石桩 |
| 14 | Oil contaminated treatment plant 隔油池 | 丙类 | 参考 B315 | 碎石桩 |
| 15 | Water treatment plant 水处理车间 | 丙类 | B312 | 碎石桩 |
| 16 | Boiler cleaning wastewater pond 锅炉清洗废液池 | 丙类 | B314 | 碎石桩 |
| 17 | Acid and alkali waste water pond 酸碱废液池 | 丙类 | 参考 B10 | 碎石桩 |
| 18 | Start-up boiler house 起动锅炉房 | 丙类 | 参考 B313 | 碎石桩 |
| 19 | Hydrogen generation plant 制氢站 | 丙类 | 参考 B02、B310 | 碎石桩 |
| 20 | Complex office building 综合办公楼 | 丙类 | 参考 B302 | 桩基 |
| 21 | Complex pipe line support 综合管架 | 丙类 | — | 桩基 |
| 22 | Shift operator room 值班休息楼 | 丙类 | 参考 B302 | 桩基 |
| 23 | Maintenance room 维修楼 | 丙类 | B05、B303 | 桩基 |
| 24 | Praying room 祷告室 | 丙类 | B301、B05 | 碎石桩 |
| 25 | Guard house 警卫室 | 丙类 | B05 | 碎石桩 |
| 26 | Lightning rod 避雷针 | 丙类 | B02、B314、B315 | 碎石桩 |

由表 10-7，除 150KV GIS 屋内配电装置为乙类建筑外，其余均为丙类建筑，根据勘测报告，该地段的液化等级为严重液化，从表 10-3 可知，150KV GIS 屋内配电装置应全部消除液化沉陷，其余地段可采用部分消除液化沉陷并对基础和上部结构进行处理。

对于 150kV GIS 屋内配电装置，根据 GIS 设备的特点采用碎石桩进行处理，处理深度按照《建筑抗震设计规范》（GB 50011—2001）的要求应处理至液化深度的下界，则碎石桩的处理深度从天然地面起算约取 19m（取 B307、B309 钻孔的平均深度（18＋20.5）/2＝19m）。另，避雷针是悬臂构件，上部结构的整体性较差，按照《建筑抗震设计规范》（GB 50011—2001）的要求也应处理至液化深度的下界，根据 B02、B314、B315 钻孔其液化深度下界分别为－15.44m、－14.28m、－10.36m，相应的碎石桩处理深度为 18.5m、17.3m、13.4m。

其余的丙类建构筑物根据上部结构的特点分别采用桩基或碎石桩进行地基处理，见表 10-7。

采用桩基的建（构）筑物根据各自所在地段的地质钻孔情况对桩基的水平承载力进行地震液化影响折减，见表 10-8。

**辅助生产及附属建筑各建（构）筑物的桩基水平承载力一　　表 10-8**

| 建（构）筑物名称 | 桩基承台下非液化土层厚度（m） | 桩　型 | 考虑地震液化影响的水平承载力设计值（kN） |
|---|---|---|---|
| 灰库 | 1 | $\phi$500×90 | 18.5 |
| 脱水仓和浓缩机 | 2 | $\phi$500×90 | 42.5 |
| 综合办公楼 | 2 | $\phi$600×100 | 60.3 |
| 综合管架 | 1 | $\phi$500×90 | 18.5 |
| 值班休息楼 | 1.5 | $\phi$500×90 | 30.1 |
| 维修楼 | 2 | $\phi$500×90 | 42.5 |

在设计各建（构）筑物的桩基时建议采用考虑地震液化影响的水平承载力设计值。若上部建（构）筑物的水平地震力很大，考虑地震液化影响后桩基的水平承载力不满足要求时，可采用不考虑地震液化影响的桩的水平承载力，但此时应对桩水平位移影响深度范围内的场地进行完全消除液化沉陷的处理，处理宽度应为承台外从承台底面至液化下界深度的一半，处理措施可采用碎石桩或换填非液化土。处理范围及单桩水平承载力见表 10-9。

**辅助生产及附属建筑各建（构）筑物的桩基水平承载力二　　表 10-9**

| 建（构）筑物名称 | 桩　型（mm） | 碎石桩处理或换填深度（从承台底面）（m） | 碎石桩处理或换填宽度（从承台边）（m） | 不考虑地震液化影响的水平承载力设计值（kN） |
|---|---|---|---|---|
| 灰库 | $\phi$500×90 | 3 | 8.4 | 69.1 |
| 脱水仓和浓缩机 | $\phi$500×90 | 3 | 8.4 | 69.1 |
| 综合办公楼 | $\phi$600×100 | 3.2 | 7.8 | 106 |
| 综合管架 | $\phi$500×90 | 3 | 8 | 69.1 |
| 值班休息楼 | $\phi$500×90 | 3 | 7.8 | 69.1 |
| 维修楼 | $\phi$500×90 | 3 | 7.7 | 69.1 |

其余采用碎石桩进行地基处理的建构筑物，其部分消除液化的处理深度应使处理后的地基液化指数减少。抗液化处理深度计算步骤如下：

1. 计算每个相关钻孔未经处理的液化指数；

2. 根据钻孔每层土的液化指数确定抗液化处理深度；

3. 计算碎石桩处理后的液化指数确定碎石桩的直径、间距。

各建（构）筑物所处地段的钻孔编号见表 10-7。

现以 B312 钻孔（水处理车间）为例计算：

1. 计算 B312 钻孔处理前的液化指数

由于各建构筑物的基础埋深均小于 5m，故判别 15m 深度范围内的液化即可。查印尼方提供的钻孔资料，B312 号钻孔的标准贯入点深度及相应的标准贯入度锤击数见表 10-10。

**B312 钻孔标贯击数　　　表 10-10**

| 标贯点深度 $d_s$（m） | 2.15 | 4.15 | 6.15 | 8.15 | 10.15 | 12.15 | 14.15 |
|---|---|---|---|---|---|---|---|
| 标贯击数 | 4 | 12 | 15 | 19 | 22 | 11 | 10 |

地下水位距设计场平标高深度为 $d_w=1.5$m

标准贯入度深度 $d_s=2.15$m 时，标准贯入度锤击数临界值 $N_{cr}$ 为

$$N_{cr}=N_0\left[0.9+0.1\times(d_s-d_w)\right]\times\sqrt{\frac{3}{\rho_c}}$$

$$=12.545$$

实测标贯击数 $N=4<N_{cr}$，该层土为液化土。

该点所代表的土层厚 $d=(2.15-1.5)+\frac{(4.15-2.15)}{2}=1.65$m

该土层的层位影响权函数值 $W=10$（因该层中点深度小于 5m）

该点所代表土层的液化指数 $I_{lE}$ 为

$$I_{lE}=\left(1-\frac{N}{N_{cr}}\right)\times d\times W=11.23894$$

同样计算出其他各标准贯入点深度土层的液化指数 $I_{lE}$，计算过程从略，列出结果如表 10-11。

**B312 钻孔各层土液化指数　　　表 10-11**

| 标贯点深度 $d_s$（m） | 2.15 | 4.15 | 6.15 | 8.15 | 10.15 | 12.15 | 14.15 |
|---|---|---|---|---|---|---|---|
| 各土层液化指数 | 11.24 | 4.15 | 2.74 | 0.91 | 0.40 | 3.25 | 1.25 |

B312 钻孔的液化指数

$$I_{lE}=11.24+4.15+2.74+0.91+0.40+3.25+1.25=23.94>15$$

故，B312 钻孔为严重液化，需进行抗液化处理。

2. 计算 B312 钻孔抗液化处理深度

根据《建筑抗震设计规范》(GB 50011—2001) 第 4.3.8 条，当判别深度为 15m 时，处理深度应使处理后的地基液化指数减少，其值不大于 4。

要求经过处理的土层完全消除液化，则处理后的土层液化指数为 0。对 B312 钻孔，若处理深度至 12.15m，则处理后的 B312 钻孔的液化指数 $I_{lE}=1.25<4$，满足《建筑抗震设计规范》(GB 50011—2001) 第 4.3.8 条要求。若处理深度至 10.15m，则处理后的 B312 钻孔的液化指数 $I_{lE}=4.5>4$，不满足《建筑抗震设计规范》(GB 50011—2001) 第 4.3.8 条要求。故 B312 钻孔的抗液化处理深度应为 12.15m。

3. 计算碎石桩处理后的液化指数

(1) 计算碎石桩处理后各土层的标准贯入锤击数

碎石桩取直径 $\phi$500，间距 1100mm，按等边三角形布置，其面积置换率为

$$\rho=\frac{0.5^2}{(1.05\times1.1)^2}=0.187$$

碎石桩处理后的标准贯入锤击数 $N_1$ 按经验公式估算如下：

标准贯入度深度 $d_s=2.15$m 时，

$$\begin{aligned}N_1&=N_p+100\times\rho\times(1-e^{-0.3\times N_p})\\&=17.07>N_{cr}=12.545\end{aligned}$$

该层土已不液化。

同样计算其他各土层处理后的标准贯入锤击数如表 10-12。

**B312 钻孔各层土处理后的标准贯入锤击数** **表 10-12**

| 标贯点深度 $d_s$ (m) | 2.15 | 4.15 | 6.15 | 8.15 | 10.15 | 12.15 | 14.15 |
|---|---|---|---|---|---|---|---|
| 处理前标贯击数 | 4 | 12 | 15 | 19 | 22 | 11 | 10 |
| 处理后标贯击数 | 17.07 | 30.19 | 33.49 | 37.64 | 40.67 | 29.01 | 27.77 |
| 标贯临界值 | 12.545 | 15.145 | 17.745 | 20.345 | 22.945 | 25.545 | 28.145 |
| 是否液化 | 否 | 否 | 否 | 否 | 否 | 否 | 是 |

从表 10-12 中可以看出，经碎石桩处理后，各土层的标准贯入锤击数明显提高，除 14.15m 深处仍然要液化外，其余各层土均不液化。

(2) 计算碎石桩处理后的土层的液化指数

由于经碎石桩处理后 2.15～12.15m 土层均不液化，其液化指数 $I_{lE}$ 均为 0。而 14.15m 深处的土层未处理，其液化指数为处理前的液化指数，即 1.25。

碎石桩处理后 B312 钻孔的液化指数 $I_{lE}$ 为 $I_{lE}=1.25<4$，满足《建筑抗震设计规范》(GB 50011—2001) 第 4.3.8 条要求。

根据上述计算，采取碎石桩进行抗液化处理，碎石桩直径取 Φ500，间距取 1100mm 的等边三角形布置可满足要求，达到消除液化的目的。

施工前应进行试验验证加固后的标准贯入锤击数 $N$ 值是否达到标准贯入锤击数临界值 $N_{cr}$ 的要求，施工完毕后亦须进行质量检测。

该区域其余各建(构)筑物地段的钻孔的碎石桩处理深度设计计算见表 10-13 和表 10-14。

**各钻孔原始土层液化指数计算** **表 10-13**

B02 钻孔

| 标贯深度（m） | 水位深度（m） | 原始标贯击数 | 标贯基准数 $N_0$ | 黏粒含量（%） | 标贯临界值 | 层位影响权函数值 $W_i$ | 原始土层液化指数 |
|---|---|---|---|---|---|---|---|
| 4.7 | 3 | 1 | 13 | 3 | 13.91 | 10 | 22.5066 |
| 6.15 | 3 | 5 | 13 | 3 | 15.795 | 8.85 | 7.40939 |
| 7.15 | 3 | 18 | 13 | 3 | 17.095 | 7.85 | 0 |
| 9.15 | 3 | 16 | 13 | 3 | 19.695 | 5.85 | 2.19505 |
| 11.15 | 3 | 11 | 13 | 3 | 22.295 | 3.85 | 3.90094 |
| 13.15 | 3 | 12 | 13 | 3 | 24.895 | 1.85 | 1.91651 |
| 15.15 | 3 | 12 | 13 | 3 | 11.505 | 0 | 0 |

B05 钻孔

| 标贯深度（m） | 水位深度（m） | 原始标贯击数 | 标贯基准数 $N_0$ | 黏粒含量（%） | 标贯临界值 | 层位影响权函数值 $W_i$ | 原始土层液化指数 |
|---|---|---|---|---|---|---|---|
| 3.7 | 2 | 1 | 13 | 3 | 13.91 | 10 | 24.8269 |
| 5.65 | 2 | 1 | 13 | 3 | 16.445 | 9.35 | 21.7341 |
| 8.65 | 2 | 8 | 13 | 3 | 20.345 | 6.35 | 7.70614 |
| 9.65 | 2 | 9 | 13 | 3 | 21.645 | 5.35 | 3.90683 |
| 11.15 | 2 | 2 | 13 | 3 | 23.595 | 3.85 | 7.04732 |
| 13.65 | 2 | 4 | 13 | 3 | 26.845 | 1.35 | 2.5849 |
| 15.65 | 2 | 4 | 13 | 3 | 10.855 | 0 | 0 |

B10 钻孔

| 标贯深度（m） | 水位深度（m） | 原始标贯击数 | 标贯基准数 $N_0$ | 黏粒含量（%） | 标贯临界值 | 层位影响权函数值 $W_i$ | 原始土层液化指数 |
|---|---|---|---|---|---|---|---|
| 3.7 | 2 | 1 | 13 | 3 | 13.91 | 10 | 27.1472 |
| 6.15 | 2 | 15 | 13 | 3 | 17.095 | 8.85 | 2.41317 |
| 8.15 | 2 | 12 | 13 | 3 | 19.695 | 6.85 | 5.3527 |
| 10.15 | 2 | 10 | 13 | 3 | 22.295 | 4.85 | 5.34925 |
| 12.15 | 2 | 4 | 13 | 3 | 24.895 | 2.85 | 4.78415 |
| 14.15 | 2 | 5 | 13 | 3 | 12.805 | 0 | 0 |

B22 钻孔

| 标贯深度（m） | 水位深度（m） | 原始标贯击数 | 标贯基准数 $N_0$ | 黏粒含量（%） | 标贯临界值 | 层位影响权函数值 $W_i$ | 原始土层液化指数 |
|---|---|---|---|---|---|---|---|
| 3.7 | 2.3 | 1 | 13 | 3 | 13.52 | 10 | 24.3084 |
| 6.15 | 2.3 | 3 | 13 | 3 | 16.705 | 8.85 | 16.155 |
| 8.15 | 2.3 | 4 | 13 | 3 | 19.305 | 6.85 | 10.8614 |
| 10.15 | 2.3 | 5 | 13 | 3 | 21.905 | 4.85 | 7.48589 |
| 12.15 | 2.3 | 4 | 13 | 3 | 24.505 | 2.85 | 5.96197 |
| 15.15 | 2.3 | 4 | 13 | 3 | 11.505 | 0 | 0 |

续表

B28 钻孔

| 标贯深度（m） | 水位深度（m） | 原始标贯击数 | 标贯基准数 $N_0$ | 黏粒含量（%） | 标贯临界值 | 层位影响权函数值 $W_i$ | 原始土层液化指数 |
|---|---|---|---|---|---|---|---|
| 3.7 | 3 | 1 | 13 | 3 | 12.61 | 10 | 17.7234 |
| 6.15 | 3 | 3 | 13 | 3 | 15.795 | 8.85 | 15.9512 |
| 8.15 | 3 | 10 | 13 | 3 | 18.395 | 6.85 | 6.25232 |
| 10.15 | 3 | 14 | 13 | 3 | 20.995 | 4.85 | 3.23179 |
| 12.15 | 3 | 4 | 13 | 3 | 23.595 | 2.85 | 4.73369 |
| 14.15 | 3 | 5 | 13 | 3 | 26.195 | 0.85 | 1.27235 |

B301 钻孔

| 标贯深度（m） | 水位深度（m） | 原始标贯击数 | 标贯基准数 $N_0$ | 黏粒含量（%） | 标贯临界值 | 层位影响权函数值 $W_i$ | 原始土层液化指数 |
|---|---|---|---|---|---|---|---|
| 2.15 | 2 | 18 | 13 | 3 | 11.895 | 10 | 0 |
| 4.15 | 2 | 15 | 13 | 3 | 14.495 | 10 | 0 |
| 6.15 | 2 | 18 | 13 | 3 | 17.095 | 8.85 | 0 |
| 8.15 | 2 | 27 | 13 | 3 | 19.695 | 6.85 | 0 |
| 10.15 | 2 | 20 | 13 | 3 | 22.295 | 4.85 | 0.9985 |
| 12.15 | 2 | 16 | 13 | 3 | 24.895 | 2.85 | 2.03661 |
| 14.15 | 2 | 11 | 13 | 3 | 27.495 | 0.85 | 0.94339 |

B304 钻孔

| 标贯深度（m） | 水位深度（m） | 原始标贯击数 | 标贯基准数 $N_0$ | 黏粒含量（%） | 标贯临界值 | 层位影响权函数值 $W_i$ | 原始土层液化指数 |
|---|---|---|---|---|---|---|---|
| 2.75 | 2.4 | 1 | 13 | 3 | 12.155 | 10 | 11.9305 |
| 4.65 | 2.4 | 10 | 13 | 3 | 14.625 | 10 | 6.16667 |
| 6.65 | 2.4 | 11 | 13 | 3 | 17.225 | 8.35 | 6.03527 |
| 8.65 | 2.4 | 12 | 13 | 3 | 19.825 | 6.35 | 5.01274 |
| 10.65 | 2.4 | 8 | 13 | 3 | 22.425 | 4.35 | 5.59632 |
| 12.65 | 2.4 | 5 | 13 | 3 | 25.025 | 2.35 | 3.76094 |
| 14.65 | 2.4 | 5 | 13 | 3 | 27.625 | 0.35 | 0.38698 |

B309 钻孔

| 标贯深度（m） | 水位深度（m） | 原始标贯击数 | 标贯基准数 $N_0$ | 黏粒含量（%） | 标贯临界值 | 层位影响权函数值 $W_i$ | 原始土层液化指数 |
|---|---|---|---|---|---|---|---|
| 2.15 | 2 | 13 | 13 | 3 | 11.895 | 10 | 0 |
| 4.15 | 2 | 3 | 13 | 3 | 14.495 | 10 | 15.8606 |
| 6.15 | 2 | 4 | 13 | 3 | 17.095 | 8.85 | 13.5584 |
| 8.15 | 2 | 4 | 13 | 3 | 19.695 | 6.85 | 10.9176 |
| 10.15 | 2 | 5 | 13 | 3 | 22.295 | 4.85 | 7.52462 |
| 12.15 | 2 | 4 | 13 | 3 | 24.895 | 2.85 | 4.78415 |
| 14.15 | 2 | 5 | 13 | 3 | 27.495 | 0.85 | 1.28654 |

续表

B310 钻孔

| 标贯深度（m） | 水位深度（m） | 原始标贯击数 | 标贯基准数 $N_0$ | 黏粒含量（%） | 标贯临界值 | 层位影响权函数值 $W_i$ | 原始土层液化指数 |
|---|---|---|---|---|---|---|---|
| 1.15 | 2 | 11 | 13 | 3 | 10.595 | 10 | 0 |
| 3.15 | 2 | 3 | 13 | 3 | 13.195 | 10 | 15.4528 |
| 5.15 | 2 | 11 | 13 | 3 | 15.795 | 9.85 | 5.98047 |
| 7.15 | 2 | 7 | 13 | 3 | 18.395 | 7.85 | 9.72555 |
| 9.15 | 2 | 12 | 13 | 3 | 20.995 | 5.85 | 5.01269 |
| 11.15 | 2 | 13 | 13 | 3 | 23.595 | 3.85 | 3.45758 |
| 13.15 | 2 | 4 | 13 | 3 | 26.195 | 1.85 | 3.68363 |
| 15.85 | 2 | 13 | 13 | 3 | 10.595 | 0 | 0 |

B312 钻孔

| 标贯深度（m） | 水位深度（m） | 原始标贯击数 | 标贯基准数 $N_0$ | 黏粒含量（%） | 标贯临界值 | 层位影响权函数值 $W_i$ | 原始土层液化指数 |
|---|---|---|---|---|---|---|---|
| 2.15 | 1.5 | 4 | 13 | 3 | 12.545 | 10 | 11.2389 |
| 4.15 | 1.5 | 12 | 13 | 3 | 15.145 | 10 | 4.15319 |
| 6.15 | 1.5 | 15 | 13 | 3 | 17.745 | 8.85 | 2.73804 |
| 8.15 | 1.5 | 19 | 13 | 3 | 20.345 | 6.85 | 0.9057 |
| 10.15 | 1.5 | 22 | 13 | 3 | 22.945 | 4.85 | 0.3995 |
| 12.15 | 1.5 | 11 | 13 | 3 | 25.545 | 2.85 | 3.24551 |
| 14.15 | 1.5 | 10 | 13 | 3 | 28.145 | 0.85 | 1.01379 |

B313 钻孔

| 标贯深度（m） | 水位深度（m） | 原始标贯击数 | 标贯基准数 $N_0$ | 黏粒含量（%） | 标贯临界值 | 层位影响权函数值 $W_i$ | 原始土层液化指数 |
|---|---|---|---|---|---|---|---|
| 3 | 2 | 1 | 13 | 3 | 13 | 10 | 19.1538 |
| 5.15 | 2 | 4 | 13 | 3 | 15.795 | 9.85 | 15.2627 |
| 7.15 | 2 | 7 | 13 | 3 | 18.395 | 7.85 | 9.72555 |
| 9.15 | 2 | 16 | 13 | 3 | 20.995 | 5.85 | 2.78359 |
| 11.15 | 2 | 18 | 13 | 3 | 23.595 | 3.85 | 1.82587 |
| 13.15 | 2 | 18 | 13 | 3 | 26.195 | 1.85 | 1.15753 |
| 15.15 | 2 | 9 | 13 | 3 | 28.795 | 0 | 0 |

续表

B314 钻孔

| 标贯深度（m） | 水位深度（m） | 原始标贯击数 | 标贯基准数 $N_0$ | 黏粒含量（%） | 标贯临界值 | 层位影响权函数值 $W_i$ | 原始土层液化指数 |
|---|---|---|---|---|---|---|---|
| 2.15 | 1 | 4 | 13 | 3 | 13.195 | 10 | 14.9824 |
| 4.15 | 1 | 6 | 13 | 3 | 15.795 | 10 | 12.4027 |
| 6.15 | 1 | 6 | 13 | 3 | 18.395 | 8.85 | 11.9267 |
| 8.15 | 1 | 8 | 13 | 3 | 20.995 | 6.85 | 8.47971 |
| 10.15 | 1 | 9 | 13 | 3 | 23.595 | 4.85 | 6.00006 |
| 12.15 | 1 | 8 | 13 | 3 | 26.195 | 2.85 | 3.95921 |
| 14.15 | 1 | 9 | 13 | 3 | 28.795 | 0.85 | 1.08101 |

B315 钻孔

| 标贯深度（m） | 水位深度（m） | 原始标贯击数 | 标贯基准数 $N_0$ | 黏粒含量（%） | 标贯临界值 | 层位影响权函数值 $W_i$ | 原始土层液化指数 |
|---|---|---|---|---|---|---|---|
| 1.7 | 2.5 | 13 | 13 | 3 | 10.66 | 10 | 0 |
| 3.7 | 2.5 | 11 | 13 | 3 | 13.26 | 10 | 3.40875 |
| 5.7 | 2.5 | 7 | 13 | 3 | 15.86 | 9.3 | 10.3907 |
| 7.7 | 2.5 | 6 | 13 | 3 | 18.46 | 7.3 | 9.8546 |
| 9.7 | 2.5 | 14 | 13 | 3 | 21.06 | 5.3 | 3.55347 |
| 11.7 | 2.5 | 13 | 13 | 3 | 23.66 | 3.3 | 2.97363 |
| 13.7 | 2.5 | 10 | 13 | 3 | 26.26 | 1.3 | 1.6099 |
| 15.7 | 2.5 | 6 | 13 | 3 | 10.79 | 0 | 0 |

B317 钻孔

| 标贯深度（m） | 水位深度（m） | 原始标贯击数 | 标贯基准数 $N_0$ | 黏粒含量（%） | 标贯临界值 | 层位影响权函数值 $W_i$ | 原始土层液化指数 |
|---|---|---|---|---|---|---|---|
| 4.7 | 2.2 | 1 | 13 | 3 | 14.95 | 10 | 31.2592 |
| 6.7 | 2.2 | 3 | 13 | 3 | 17.55 | 8.3 | 13.7624 |
| 8.7 | 2.2 | 3 | 13 | 3 | 20.15 | 6.3 | 10.7241 |
| 10.7 | 2.2 | 4 | 13 | 3 | 22.75 | 4.3 | 7.08791 |
| 12.7 | 2.2 | 4 | 13 | 3 | 25.35 | 2.3 | 3.87416 |
| 14.7 | 2.2 | 13 | 13 | 3 | 27.95 | 0.3 | 0.2086 |

B318 钻孔

| 标贯深度（m） | 水位深度（m） | 原始标贯击数 | 标贯基准数 $N_0$ | 黏粒含量（%） | 标贯临界值 | 层位影响权函数值 $W_i$ | 原始土层液化指数 |
|---|---|---|---|---|---|---|---|
| 1.65 | 2 | 2 | 13 | 3 | 11.245 | 10 | 5.34393 |
| 3.65 | 2 | 4 | 13 | 3 | 13.845 | 10 | 14.2217 |
| 5.65 | 2 | 5 | 13 | 3 | 16.445 | 9.35 | 13.0144 |

续表

| B318 钻孔 | | | | | | | |
|---|---|---|---|---|---|---|---|
| 标贯深度（m） | 水位深度（m） | 原始标贯击数 | 标贯基准数 $N_0$ | 黏粒含量（%） | 标贯临界值 | 层位影响权函数值 $W_i$ | 原始土层液化指数 |
| 7.65 | 2 | 17 | 13 | 3 | 19.045 | 7.35 | 1.57845 |
| 9.65 | 2 | 18 | 13 | 3 | 21.645 | 5.35 | 1.80187 |
| 11.65 | 2 | 6 | 13 | 3 | 24.245 | 3.35 | 5.04193 |
| 13.65 | 2 | 6 | 13 | 3 | 26.845 | 1.35 | 2.09654 |
| 15.65 | 2 | 9 | 13 | 3 | 10.855 | 0 | 0 |
| B319 钻孔 | | | | | | | |
| 标贯深度（m） | 水位深度（m） | 原始标贯击数 | 标贯基准数 $N_0$ | 黏粒含量（%） | 标贯临界值 | 层位影响权函数值 $W_i$ | 原始土层液化指数 |
| 2.65 | 2 | 2 | 13 | 3 | 12.545 | 10 | 11.768 |
| 4.15 | 2 | 2 | 13 | 3 | 14.495 | 10 | 14.4389 |
| 6 | 2 | 1 | 13 | 3 | 16.9 | 9 | 16.9349 |
| 8.15 | 2 | 5 | 13 | 3 | 19.695 | 6.85 | 10.6053 |
| 10.15 | 2 | 8 | 13 | 3 | 22.295 | 4.85 | 6.2194 |
| 12.15 | 2 | 5 | 13 | 3 | 24.895 | 2.85 | 4.55519 |
| 14.15 | 2 | 5 | 13 | 3 | 27.495 | 0.85 | 1.28654 |
| B320 钻孔 | | | | | | | |
| 标贯深度（m） | 水位深度（m） | 原始标贯击数 | 标贯基准数 $N_0$ | 黏粒含量（%） | 标贯临界值 | 层位影响权函数值 $W_i$ | 原始土层液化指数 |
| 2.55 | 1.75 | 1 | 13 | 3 | 12.74 | 10 | 16.5871 |
| 4.55 | 1.75 | 1 | 13 | 3 | 15.34 | 10 | 18.6962 |
| 6.55 | 1.75 | 1 | 13 | 3 | 17.94 | 8.45 | 16.5564 |
| 8.7 | 1.75 | 16 | 13 | 3 | 20.735 | 6.3 | 2.98521 |
| 10.7 | 1.75 | 13 | 13 | 3 | 23.335 | 4.3 | 3.80891 |
| 12.7 | 1.75 | 10 | 13 | 3 | 25.935 | 2.3 | 2.82634 |
| 14.7 | 1.75 | 9 | 13 | 3 | 28.535 | 0.3 | 0.26699 |

各建（构）筑物的碎石桩处理深度汇总见表 10-14。

**辅助生产及附属建(构)筑物碎石桩处理深度汇总　　表 10-14**

| 编号 | 建(构)筑物名称 | 钻孔编号 | 碎石桩处理深度（m） |
|---|---|---|---|
| 1 | 150kV GIS 150kV 屋内配电装置 | B307 | 17 |
| 2 | 150kV Relay room 150kV 继电器室 | B309 | 12.15 |
| 3 | Sodium hypochlorite generation plant 次氯酸钠制备车间 | 参考 B304 | 12.65 |
| 4 | Complex building for coal 输煤综合楼 | 参考 B318 | 11.65 |
| 5 | Bulldozer garage 推煤机库 | B317 | 12.65 |

续表

| 编号 | 建(构)筑物名称 | 钻孔编号 | 碎石桩处理深度(m) |
|---|---|---|---|
| 6 | Deposit pond for coal 沉煤池(共2座) | B22、B28 | 12.15 |
| 7 | Compressor house for ash 除灰空压机房 | B318 | 11.65 |
| 8 | Sluice pump house 除灰水泵房 | 参考 B319 | 12.15 |
| 9 | Sump pump house 排泥泵房 | B320 | 10.65 |
| 10 | Oil pump house 燃油泵房 | 参考 B315 | 11.65 |
| 11 | Oil tank zone 燃油罐区 | 参考 B315 | 11.65 |
| 12 | Oil contaminated treatment plant 隔油池 | 参考 B315 | 11.65 |
| 13 | Water treatment plant 水处理车间 | B312 | 12.15 |
| 14 | Boiler cleaning wastewater pond 锅炉清洗废液池 | B314 | 12.15 |
| 15 | Acid and alkali wastewater pond 酸碱废液池 | 参考 B10 | 12.15 |
| 16 | Start-up boiler house 起动锅炉房 | 参考 B313 | 9.15 |
| 17 | Hydrogen generation plant 制氢站 | 参考 B02、B310 | 11.15 |
| 18 | Praying room 祷告室 | B301、B05 | 11.15 |
| 19 | Guard house 警卫室 | B05 | 11.15 |
| 20 | Lightning rod 避雷针 | B02、B314、B315 | 18.5、17.3、13.4 |

## 10.6 输煤系统及A列外建构筑物抗液化处理

根据《火力发电厂土建结构设计技术规定》(DL 5022—93) 表9.1.4，输煤系统建构筑物的重要性见表10-15。

**输煤系统建(构)筑物重要性等级及地基处理形式　　表10-15**

| 编号 | 建构筑物名称 | 重要性等级 | 钻孔编号 | 地基处理形式 |
|---|---|---|---|---|
| 1 | ♯2 Transfer tower 2号转运站 | 乙类 | B207 | 桩基 |
| 2 | ♯3 Transfer tower 3号转运站 | 乙类 | B206 | 桩基 |
| 3 | Coal conveyer trestle 输煤栈桥 | 乙类 | B17、B15、B204、B205、B22、B206、B23 | 桩基 |
| 4 | Coal yard Bucket-wheel stacker-reclaimer 斗轮机基础 | 丙类 | B202、B203 | 桩基 |
| 5 | Coal yard 煤场 | 丙类 | — | 碎石桩 |
| 6 | Coal crusher house 碎煤机室 | 乙类 | B205 | 桩基 |
| 7 | Mechanical sampler & magnetic separator house 机械采样及除铁间 | 乙类 | B204 | 桩基 |
| 8 | Lighting house for coal 采光间 | 丙类 | B206 | 碎石桩 |
| 9 | Transfer tunnel 输煤隧道 | 丙类 | B28 | 碎石桩 |
| 10 | A列外各建构筑物 | 丙类 | B306、B308 | 桩基 |

根据本工程施工图阶段的勘测报告，输煤系统地段场地液化等级为严重液化。2 号转运站、3 号转运站、输煤栈桥、碎煤机室、机械采样及除铁间均为乙类建筑，根据表 10-3，需完全消除液化沉陷。斗轮机基础、煤场、采光间及输煤隧道为丙类建筑，可根据《建筑抗震设计规范》(GB 50011—2001) 要求部分消除液化沉陷。

对于输煤系统中的乙类建筑，均采用桩基穿越液化土层并伸入液化土层下的非液化土层的方法来消除液化沉陷。对于 A 列外各建(构)筑物，根据各建(构)筑物的特点采用桩基的方案。依据各建(构)筑物所在地段的地质钻孔情况对桩基的水平承载力进行地震液化影响折减，见表 10-16。

**输煤系统各建(构)筑物的桩基水平承载力一　　表 10-16**

| 建(构)筑物名称 | 桩基承台下非液化土层厚度(m) | 桩　型(mm) | 考虑地震液化影响的水平承载力设计值(kN) |
|---|---|---|---|
| 2 号转运站 | 1 | $\phi$500×90 | 18.5 |
| 3 号转运站 | 1 | $\phi$500×90 | 18.5 |
| 输煤栈桥(碎煤机室～主厂房) | ≥3.2 | $\phi$500×90 | 69.1 |
| 输煤栈桥(碎煤机室～2 号转运站) | 1 | $\phi$500×90 | 18.5 |
| 碎煤机室 | 1 | $\phi$500×90 | 18.5 |
| 机械采样及除铁间 | ≥3.2 | $\phi$500×90 | 69.1 |
| A 列外建构筑物 | 1 | $\phi$600×100 | 26.2 |

在设计各建(构)筑物的桩基时可采用考虑地震液化影响的水平承载力设计值。若上部建(构)筑物的水平地震力很大，考虑地震液化影响后桩基的水平承载力不满足要求时，则可采用不考虑地震液化影响的桩的水平承载力，但此时应对桩水平位移影响深度范围内的场地进行完全消除液化沉陷的处理，处理宽度应为承台外从承台底面至液化下界深度的一半，处理措施可采用碎石桩或换填非液化土。处理范围及单桩水平承载力见表 10-17。

**输煤系统各建(构)筑物的桩基水平承载力二　　表 10-17**

| 建(构)筑物名称 | 桩　型 | 碎石桩处理或换填深度(从承台底面)(m) | 碎石桩处理或换填宽度(从承台边)(m) | 不考虑地震液化影响的水平承载力设计值(kN) |
|---|---|---|---|---|
| 2 号转运站 | $\phi$500×90 | 3 | 5.5 | 69.1 |
| 3 号转运站 | $\phi$500×90 | 3 | 7.4 | 69.1 |
| 输煤栈桥(碎煤机室～主厂房) | $\phi$500×90 | — | — | — |
| 输煤栈桥(碎煤机室～2 号转运站) | $\phi$500×90 | 3 | 8.3 | 69.1 |
| 碎煤机室 | $\phi$500×90 | 3 | 8 | 69.1 |
| 机械采样及除铁间 | $\phi$500×90 | — | — | — |
| A 列外建构筑物 | $\phi$600×100 | 3.2 | 8.4 | 106 |

对于输煤系统中的丙类建(构)筑物，采用碎石桩进行抗液化处理。先计算其钻孔的液化指数，再根据液化指数确定碎石桩的处理深度。

各钻孔的液化指数计算见表 10-18，碎石桩的处理深度见表 10-19。

**各钻孔原始土层液化指数计算** **表 10-18**

| 标贯深度(m) | 水位深度(m) | 原始标贯击数 | 标贯基准数 $N_0$ | 黏粒含量(%) | 标贯临界值 | 层位影响权函数值 $W_i$ | 原始液化指数 |
|---|---|---|---|---|---|---|---|
| B28 钻孔 | | | | | | | |
| 3.7 | 3 | 1 | 13 | 3 | 12.61 | 10 | 17.72343378 |
| 6.15 | 3 | 3 | 13 | 3 | 15.795 | 8.85 | 15.95122151 |
| 8.15 | 3 | 10 | 13 | 3 | 18.395 | 6.85 | 6.252324001 |
| 10.15 | 3 | 14 | 13 | 3 | 20.995 | 4.85 | 3.231793284 |
| 12.15 | 3 | 4 | 13 | 3 | 23.595 | 2.85 | 4.733693579 |
| 14.15 | 3 | 5 | 13 | 3 | 26.195 | 0.85 | 1.272347299 |
| B206 钻孔 | | | | | | | |
| 标贯深度(m) | 水位深度(m) | 原始标贯击数 | 标贯基准数 $N_0$ | 黏粒含量(%) | 标贯临界值 | 层位影响权函数值 $W_i$ | 原始液化指数 |
| 3.2 | 2 | 3 | 13 | 3 | 13.26 | 10 | 17.02262443 |
| 5.2 | 2 | 3 | 13 | 3 | 15.86 | 9.8 | 15.8925599 |
| 7.2 | 2 | 4 | 13 | 3 | 18.46 | 7.8 | 12.21971831 |
| 9.2 | 2 | 18 | 13 | 3 | 21.06 | 5.8 | 1.685470085 |
| 11.2 | 2 | 14 | 13 | 3 | 23.66 | 3.8 | 3.10295858 |
| 13.2 | 2 | 8 | 13 | 3 | 26.26 | 1.8 | 2.503274943 |
| 15.2 | 2 | 9 | 13 | 3 | 28.86 | 0 | 0 |

**输煤系统建(构)筑物碎石桩处理深度汇总** **表 10-19**

| 编号 | 建(构)筑物名称 | 钻孔编号 | 碎石桩处理深度(m) |
|---|---|---|---|
| 1 | Lighting house for coal 采光间 | B206 | 11.2 |
| 2 | Transfer tunnel 输煤隧道 | B28 | 12.15 |

## 10.7 碎石桩处理后的复合地基的承载力和压缩模量计算

碎石桩处理后的复合地基的承载力和压缩模量依据《建筑地基处理技术规范》(JGJ 79—2002)(J 220—2002)第 7.2.8 条和第 7.2.9 条进行估算。

1. 碎石桩处理后的复合地基承载力特征值估算

《建筑地基处理技术规范》第 7.2.8 条规定按下式进行估算:

$$f_{spk}=[1+m(n-1)]f_{sk}$$

式中,$f_{spk}$——复合地基承载力特征值(kPa);

$f_{sk}$——处理后桩间土承载力特征值(kPa),如无经验,可取天然地基承载力特征值;

$n$——桩土应力比,在无实测资料时,可取 2~4,原土强度低时取大值,原土强度高时取小值；

$m$——桩土面积置换率，$m=\frac{d^2}{d_e^2}$；

$d$——桩身平均直径（m）；

$d_e$——一根桩分担的处理地基面积的等效圆直径，

等边三角形布桩：$d_e=1.05s$

正方形布桩：$d_e=1.13s$

矩形布桩：$d_e=1.13\times\sqrt{s_1\times s_2}$

$s$、$s_1$、$s_2$ 分别为桩间距、纵向间距和横向间距。

本工程中，采用 $\phi$500 的碎石桩，三角形布置，间距为 1100mm，则桩土面积置换率 $m$ 为

$$m=\frac{d^2}{d_e^2}=0.1874$$

根据勘测报告，②层粉砂的承载力特征值 $f_{sk}=100$kPa

取 $n=4$

$$f_{spk}=[1+m(n-1)]f_{sk}=156(\text{kPa})$$

取　$f_{spk}=150$kPa。

2. 碎石桩处理后的复合地基压缩模量估算

《建筑地基处理技术规范》第 7.2.9 条规定按下式进行估算：

$$E_{sp}=[1+m(n-1)]E_s$$

式中，$E_{sp}$——复合地基土层压缩模量（MPa）；

$E_s$——桩间土压缩模量（MPa），如无经验，可取天然地基压缩模量；

$n$——桩土应力比，在无实测资料时，对黏性土可取 2～4，对粉砂和砂土可取 1.5～3，原土强度低时取大值，原土强度高时取小值；

$m$——桩土面积置换率。

根据印尼方提供的原位测试数据及室内试验数据，②层粉砂的压缩模量 $E_s$ 偏于安全地取 6MPa，

取　$n=3$

$$E_{sp}=[1+m(n-1)]E_s=8.24(\text{MPa})$$

由《建筑地基处理技术规范》提供的方法估算的压缩模量值偏低，主要原因是原始土层的室内试验结果比原位测试结果偏低，而压缩模量取值主要依据室内试验结果取值，而室内试验取样可能受到一定程度的扰动导致试验的结果偏低，与现场的实际情况有出入。建议根据上部建(构)筑物的情况，对复合地基的试验要求适当提高。取 $E_{sp}=10$MPa。

3. 碎石桩处理后的复合地基承载力和压缩模量要求汇总

上述依据《建筑地基处理技术规范》计算碎石桩处理后的复合地基承载力和压缩模量为估算，复合地基的参数一般应由现场试验所得。要求碎石桩处理后的复合地基承载力和压缩模量达到表 10-20 中的数值。

**要求达到的复合地基承载力和压缩模量** **表 10-20**

| 碎石桩处理形式 | 要求的复合地基参数 | |
|---|---|---|
| | 地基承载力特征值(kPa) | 压缩模量(MPa) |
| $\phi$500 的碎石桩，等边三角形布置，间距为 1100mm | 150 | 10 |

## 10.8 总　结

在高烈度地震区的软弱地基及液化场地土上建设大型电厂，地基土的严重液化对电厂的各种主要生产及辅助生产的建(构)筑物安全构成严重威胁，必须采取措施消除地基土的液化对上部建(构)筑物的不利影响。

本案例位于高烈度地震区，且场地广泛分布深厚的粉土和砂土层，有发生液化的可能。案例根据《建筑抗震设计规范》(GB 50011—2001)进行场地土层液化判别方法；根据《火力发电厂土建结构设计技术规定》(DL 5022—93)进行建(构)筑物重要性等级判别，同时结合建(构)筑物所处地段的液化等级来判断是全部消除液化还是部分消除液化。

对需要全部消除液化的区域采用桩基穿越液化层，伸入液化深度下稳定土层。或采用碎石桩处理至液化深度下界，处理宽度在基础边缘以外不小于处理深度的一半且不小于基础宽度的五分之一。对需要部分消除液化的区域采用碎石桩处理，处理深度应使处理后的地基液化指数减少。

本案例中的电厂自 2006 年 4 月交付印尼方业主以来，已经经历了 2006 年 5 月 27 日发生在爪哇岛日惹的 6.2 级、2006 年 7 月 17 日发生在爪哇岛外海的 7.2 级强震及 2011 年 4 月 4 日发生在芝拉扎外海的 7.1 级强震等多次强烈地震，其中 2011 年 4 月 4 日发生在芝拉扎外海的 7.1 级强震距离电厂非常近，地震后检查经处理后的地基土没有发现液化的现象。表明本案例有效地解决了软土严重液化对上部建(构)筑物的不利影响，确保了各建(构)筑物的安全。案例所使用的液化判别方法及有针对性地处理措施对类似工程有很大参考价值。

# 11 高烈度地震区软土地基上重要建筑桩筏基础分析计算

电厂的核心建筑——主厂房及锅炉房的安全是确保电厂正常运行的关键。在高烈度地震区的软弱地基及液化场地土上建设大型电厂时，主厂房和锅炉房的地基及基础设计是确保安全的重要环节。本章介绍了对某电厂主厂房及锅炉房桩筏基础所做的分析计算工作，包括桩筏基础受力性状分析、沉降分析及抗液化处理等，为工程应用提供了指导。

## 11.1 工程地质条件概述

### 11.1.1 地形地貌

印尼某燃煤电站位于中爪哇省南部 Cilacap 县城城市的东北约 10km。地貌属于海滨沼泽，地形平坦，场地高差小于 5m；地势总体为西高东低，北高南低，场地内有一条从西向东的小河经拟建场地的中心流过。

### 11.1.2 地层岩性

该场地土层可分为 4 大层。

①层粉质黏土（部分地段为黏质粉土及少量粉砂）：灰色-深灰色，流塑-软塑状。其厚度 0～5m，平均厚度约为 2m 左右，局部含有机质。总体分布上西薄东厚，该层与场地内的小河有较密切的关系。标贯击数 $N<4$，一般为 1.5 击；十字板剪切强度 40.5kPa，静力触探锥头阻力一般为 0.221MPa，侧壁摩擦阻力一般为 11kPa。

②层粉砂（部分地段夹粉土及黏质粉土）：灰色-深灰色，粉砂。松散-稍密，偶见贝壳，其厚度 13～22m 不等，平均厚度约为 16m 左右，局部含有机质。局部地段夹可塑状粉质黏土或松散-稍密黏质粉土透镜体。标贯击数一般 $N\leqslant15$，一般为 8 击，局部地段夹中砂，静力触探锥头阻力一般为 4.329MPa，侧壁摩擦阻力一般为 79kPa。

③层砂与粉质黏土互层：浅灰-深灰色，一般情况为粉质黏土呈可塑-硬塑状，以可塑为主，砂层以细砂为主，部分为中砂，可达中密-密实，少量的为松散状。其厚度 20～45m 不等，局部含有机质。根据其土层类别及性状进一步分为：

③$_1$层粉质黏土：灰色-深灰色，局部为褐灰色，可塑状，局部含有机质。标贯击数 $4\leqslant N\leqslant15$，一般为 8 击，静力触探锥头阻力一般为 3.140MPa，侧壁摩擦阻力一般为 81kPa。该层厚度变化较大，10～30m，且整个场地均有分布。

③$_2$层粉质黏土：灰色-深灰色，局部为褐灰色，硬塑状，局部含有机质。标贯击数 $N>15$，一般为 19 击。该层厚度变化较大，1～10m，且整个场地普遍分布，但以烟囱处分布最厚，层数较多，达 3 层间隔呈透镜体状分布。

③$_3$层砂层：灰色-深灰色，以细砂为主，部分为中砂，松散-稍密，局部地段为粉土层，局部含有机质。标贯击数 $N \leqslant 15$，一般为 11 击。该层厚度变化较大，1～6m，以透镜体形式分布局部地段，一般为 2～3 层，分布在－30～－50m 之间。

③$_4$层砂层：灰色-深灰色，以细砂为主，部分为中砂，局部含有机质，中密-密实，局部地段为粉土层。标贯击数 $N>15$，一般为 32 击。该层厚度变化较大，1～10m，且整个场地分布均有分布。

④层粉土：浅灰-深灰色，中密-密实状，以密实状为主。其厚度大于 10m，本次勘测未揭穿该层。根据其性状进一步分为：

④$_1$层粉土：浅灰-灰色，中密，局部含有机质。标贯击数 $15 \leqslant N \leqslant 30$，一般为 21 击。该层厚度变化较大，1～8m，且场地大部分地段分布有该层。

④$_2$层粉土：浅灰-灰色，密实-极密，局部含有机质。标贯击数 $N>30$，一般为 49 击。整个场地均有该层分布，其厚度大于 10m，分布在整个场地的下部。

### 11.1.3 地下水

区内地下水属潜水类型。砂层为主要含水层，其渗透系数 0.6～5m/d。由于场地紧邻海边，因此地下水受海水补给为主、地表水和大气降水的影响，水位变化不大。勘测期间测得地下水位埋深 0.00～0.50m，相应标高为 1.00～0.00m 左右。

地下水对混凝土有弱腐蚀性，对钢筋混凝土结构中的钢筋有弱腐蚀性，对钢结构具有中等腐蚀性。

### 11.1.4 场地土类别和地基的地震效应评价

场地地震动峰值加速度按 0.30$g$，地震基本烈度为 8 度。根据《建筑抗震设计规范》（GB 50011—2001）4.1.5 条、4.1.6 条及现场的剪切波速（见：SEISMICITY STUDY CILACAP POWER PLANT（DRAFT REPORT）），计算该场地的等效剪切波速为 203.7m/s，场地为中软土，且其覆盖层厚度大于 50m，该建筑场地类别为Ⅲ类。由于存在液化土，因而，本场地为建筑抗震不利地段。

由于该地区属 8 度地震区，设计地震分组分别暂按第一组计算。标准贯入锤击数基准值取 $N_0=13$。场地土液化具体计算结果见表 11-1。

**场地土液化计算结果表　　表 11-1**

| 勘探点编号 | 建筑地段 | 液化指数 | 液化等级 | 备　注 |
|---|---|---|---|---|
| B01 | 主厂区 | 51.45 | 严重 | 设计地震分组暂按第一组 |
| B02 | 主厂区 | 33.33 | 严重 | 设计地震分组暂按第一组 |
| B03 | 主厂区 | 34.29 | 严重 | 设计地震分组暂按第一组 |
| B04 | 主厂区 | 48.15 | 严重 | 设计地震分组暂按第一组 |
| B05 | 主厂区 | 29.47 | 严重 | 设计地震分组暂按第一组 |
| B06 | 主厂区 | 40.2 | 严重 | 设计地震分组暂按第一组 |
| B07 | 主厂区 | 46.94 | 严重 | 设计地震分组暂按第一组 |
| B08 | 主厂区 | 53.67 | 严重 | 设计地震分组暂按第一组 |
| B09 | 主厂区 | 37.79 | 严重 | 设计地震分组暂按第一组 |

续表

| 勘探点编号 | 建筑地段 | 液化指数 | 液化等级 | 备　注 |
| --- | --- | --- | --- | --- |
| B10 | 主厂区 | 39.95 | 严重 | 设计地震分组暂按第一组 |
| B11 | 主厂区 | 36.7 | 严重 | 设计地震分组暂按第一组 |
| B12 | 主厂区 | 40.46 | 严重 | 设计地震分组暂按第一组 |
| B13 | 主厂区 | 55.59 | 严重 | 设计地震分组暂按第一组 |
| B14 | 主厂区 | 47.57 | 严重 | 设计地震分组暂按第一组 |
| B15 | 主厂区 | 23.26 | 严重 | 设计地震分组暂按第一组 |
| B16 | 主厂区 | 74.12 | 严重 | 设计地震分组暂按第一组 |
| B17 | 主厂区 | 32.24 | 严重 | 设计地震分组暂按第一组 |
| B18 | 主厂区 | 45.43 | 严重 | 设计地震分组暂按第一组 |
| B19 | 主厂区 | 48.59 | 严重 | 设计地震分组暂按第一组 |
| B20 | 主厂区 | 45.31 | 严重 | 设计地震分组暂按第一组 |
| B21 | 煤场 | 79.17 | 严重 | 设计地震分组暂按第一组 |
| B22 | 煤场 | 54.44 | 严重 | 设计地震分组暂按第一组 |
| B23 | 煤场 | 63.58 | 严重 | 设计地震分组暂按第一组 |
| B24 | 煤场 | 77.75 | 严重 | 设计地震分组暂按第一组 |
| B25 | 煤场 | 47.63 | 严重 | 设计地震分组暂按第一组 |
| B26 | 煤场 | 74.76 | 严重 | 设计地震分组暂按第一组 |
| B27 | 煤场 | 69.80 | 严重 | 设计地震分组暂按第一组 |
| B28 | 煤场 | 77.24 | 严重 | 设计地震分组暂按第一组 |
| B29 | 煤场 | 44.52 | 严重 | 设计地震分组暂按第一组 |

该场地液化等级为严重液化。按《建筑抗震设计规范》(GB 50011—2001) 4.4.3 条土层液化折减系数地面下 10m 内为 1/3，10～20m 为 2/3。

### 11.1.5　各层土物理力学指标

土层的压缩性指标参考值见表 11-2，各岩土层主要岩土参数汇总值见表 11-3。

**各岩土层压缩指标参考值**　　**表 11-2**

| 岩土名称及编号 | 压缩模量 $E_{s_{1-2}}$ (MPa) | 压缩模量 $E_{s_{2-3}}$ (MPa) | 压缩指数 $C_c$ |
| --- | --- | --- | --- |
| ①层粉质黏土(软塑-流塑) | 1—2 | — | 0.629 |
| ②层粉砂(松散) | 2—4 | — | 1.48 |
| ③$_1$层粉质黏土(可塑) | — | 2—4 | 0.702 |
| ③$_2$层粉质黏土(硬塑) | — | 5—8 | 0.83 |
| ③$_3$层砂层(松散) | — | 3—5 | — |
| ③$_4$层砂层(中密-密实) | — | 8—12 | 0.429 |
| ④$_1$层粉土(中密) | — | 6—9 | — |
| ④$_2$层粉土(密实) | — | 14—18 | 0.42 |

**各岩土层主要岩土参数汇总值** **表 11-3**

| 岩土名称及编号 | 重力密度 $r(kN/m^3)$ | 黏聚力标准值 $c(kPa)$ | 内摩角标准值 $\varphi(°)$ | 地基承载力特征值 $f_{ak}(kPa)$ | 混凝土预制桩端阻力极限值 $q_{pa}(kPa)$ | 混凝土预制桩侧阻力极限值 $q_{sia}(kPa)$ |
|---|---|---|---|---|---|---|
| ①层粉质黏土(软塑-流塑) | 16.6 | 5 | 2 | 30—50 | — | 9.1 |
| ②层粉砂(松散) | 17.5 | 0 | 25 | 80—120 | 1000—2000 | 16 |
| $③_1$层粉质黏土(可塑) | 16.2 | 25 | 5 | 100—150 | 1000—1500 | 41.5 |
| $③_2$层粉质黏土(硬塑) | 16.9 | 40 | 10 | 180—250 | 2000—3500 | 68.6 |
| $③_3$层砂层(松散) | 17.5 | 0 | 25 | 140—170 | 2000—3000 | 23 |
| $③_4$层砂层(中密-密实) | 17.8 | 0 | 30 | 200—300 | 3500—4500 | 65 |
| $④_1$层粉土(中密) | 17.5 | 25 | 30 | 180—250 | 1300—1700 | 42.6 |
| $④_2$层粉土(密实) | 18.0 | 30 | 30 | 250—350 | 2500—3000 | 98.4 |

# 11.2 主厂房基础设计分析

## 11.2.1 概况

主厂房采用桩筏基础，筏板厚度 2.5～3.5m，尺寸 160.5m×54m，SP650-14 钢管桩，持力层为④层。基础底面埋深为－6.00m，地面标高为 0.00m，原地面标高取为－3.00m，回填土厚度 3.0m，地下水位同原地面标高取为－3.00m。基础外围采用碎石桩处理。

## 11.2.2 荷载

根据主厂房的柱脚荷载资料，荷载工况如表 11-4、表 11-5 和表 11-6 所示，各种工况均采用基本组合的荷载。其中工况 29～42 是非抗震组合，工况 43 和 44 是抗震组合，工况 45 是长期效应组合。

基础及回填土自重计算时，地下水位以上回填土的重度取为 $18kN/m^3$，基础的重度取为 $24kN/m^3$；地下水位以下回填土的浮重度取为 $8kN/m^3$，基础的浮重度取为 $14kN/m^3$。基础板厚 3.0m，回填土厚度 3.0m。抗震和非抗震组合，基础及回填土自重荷载分项系数取 1.2；长期效应组合，荷载分项系数取 1.0。

检修荷载取为 15kPa，在基础面上均布。抗震和非抗震组合，荷载分项系数取 1.4；长期效应组合，荷载分项系数取 1.0。

**主厂房柱脚荷载（不包括汽机荷载）汇总表** **表 11-4**

| 荷载组合 | 荷载工况 | 水平总荷载 $F_z(kN)$ | 垂直总荷载 $F_y(kN)$ | 水平总荷载 $F_x(kN)$ |
|---|---|---|---|---|
| 1.2恒载+1.4活载 | 29 LOAD COMB | 1793.54 | 1057348.48 | −149.21 |
| 1.35恒载+0.7×1.4活载 | 30 LOAD COMB | 1327.44 | 937762.58 | −165.50 |
| 1.2恒载+1.4左风 | 31 LOAD COMB | −12452.25 | 461395.75 | −155.96 |

续表

| 荷 载 组 合 | 荷载工况 | 水平总荷载 | 垂直总荷载 | 水平总荷载 |
|---|---|---|---|---|
| | | $F_z$(kN) | $F_y$(kN) | $F_x$(kN) |
| 1.2恒载+1.4右风 | 32 LOAD COMB | 14059.03 | 462204.69 | −127.35 |
| 1.2恒载+1.4前风 | 33 LOAD COMB | 150.65 | 461192.34 | 8217.99 |
| 1.2恒载+1.4后风 | 34 LOAD COMB | 169.75 | 462103.32 | −8505.14 |
| 1.2恒载+1.4活载+0.6×1.4左风 | 35 LOAD COMB | −5788.95 | 1057196.93 | −156.67 |
| 1.2恒载+1.4活载+0.6×1.4右风 | 36 LOAD COMB | 10149.37 | 1057683.26 | −139.46 |
| 1.2恒载+1.4活载+0.6×1.4前风 | 37 LOAD COMB | 1787.78 | 1057074.66 | 4877.68 |
| 1.2恒载+1.4活载+0.6×1.4后风 | 38 LOAD COMB | 1799.27 | 1057622.30 | −5176.11 |
| 1.2恒载+0.7×1.4活载+1.4左风 | 39 LOAD COMB | −11305.03 | 879804.54 | −159.93 |
| 1.2恒载+0.7×1.4活载+1.4右风 | 40 LOAD COMB | 15206.24 | 880613.46 | −131.31 |
| 1.2恒载+0.7×1.4活载+1.4前风 | 41 LOAD COMB | −11305.03 | 879804.54 | −159.93 |
| 1.2恒载+0.7×1.4活载+1.4后风 | 42 LOAD COMB | 1316.97 | 880512.11 | −8509.11 |
| 1.2(恒载+0.75活载)+1.3$x$向地震 | 43 LOAD COMB | 106000.67 | 1239106.08 | 28011.39 |
| 1.2(恒载+0.75活载)+1.3$z$向地震 | 44 LOAD COMB | 59672.73 | 1404581.80 | 124303.16 |
| 恒载+0.5活载 | 45 LOAD COMB | 716.82 | 597456.78 | −121.66 |

**汽机基础荷载汇总表** **表 11-5**

| 荷载工况 | | 水平总荷载 | 垂直总荷载 | 水平总荷载 |
|---|---|---|---|---|
| | | $F_z$(kN) | $F_y$(kN) | $F_x$(kN) |
| 基本组合 | $N_{max}$ | 268.14 | 115132.7 | 55.18 |
| 地震组合 | $V_{ymax}$ | 22230.76 | 150757.1 | 1980.2 |
| | $V_{zmax}$ | 616.86 | 136946.7 | 19620.44 |

**主厂房基础自重及检修荷载汇总表** **表 11-6**

| 荷载分类 | 抗震和非抗震组合(kN) | 长期效应组合(kN) |
|---|---|---|
| 基础自重及上覆土重 | 1.2×160.5×54×(14×3+18×3)=998438 | 160.5×54×(14×3+18×3)=832032 |
| 检修荷载 | 1.4×160.5×54×15=182007 | 1.0×160.5×54×15=130005 |
| 总 和 | 1180445 | 962037 |

## 11.2.3 单桩承载力计算及桩位布置

### 11.2.3.1 单桩竖向承载力

主厂房位置共有 BH6、BH7、BH8、BH10、BH11、BH12 钻孔资料。根据地质报告提供的各个土层预制桩桩侧和桩端承载力设计参数，计算上述 6 个孔的单桩承载力，见表 11-7，其中单桩承载力分项系数取 1.65。

单桩竖向承载力　　表 11-7

| 孔　号 | 桩　长 (m) | 持力层 | 桩端标高 (m) | 单桩极限承载力 (kN) | 单桩承载力设计值 (kN) | 桩身强度控制的单桩承载力 (kN) | 选用单桩承载力设计值 (kN) |
|---|---|---|---|---|---|---|---|
| 6 | 55.0 | ④$_2$层 | −61.0 | 5140 | 3115 | 3300 | 3115 |
| 7 | 50.5 | ④$_2$层 | −56.5 | 5054 | 3060 | 3300 | 3060 |
| 8 | 55.0 | ④$_1$层 | −61.0 | 5228 | 3168 | 3300 | 3168 |
| 10 | 55.0 | ④$_1$层 | −61.0 | 5030 | 3020 | 3300 | 3020 |
| 11 | 55.0 | ④$_2$层 | −61.0 | 5196 | 3150 | 3300 | 3150 |
| 12 | 53.0 | ④$_2$层 | −59.0 | 5353 | 3245 | 3300 | 3245 |

注：地面为−3.00m。

单桩承载力设计值取为 3000kN。

**11.2.3.2　单桩水平承载力**

试桩进行了 PC 桩的水平承载力试验，其结果如下：

汽机房位置：

No.6 桩（PC500-100）水平承载力 70kN，对应水平位移 10mm

No.8 桩（PC600-100）水平承载力 125kN，对应水平位移 10mm

烟囱位置：

No.5 桩（PC600-100）水平承载力 80kN，对应水平位移 10mm

由于试验是在回填土中进行的，LAPI-ITB 推算了桩顶是在原地面上（LAPI-ITB 是将填土层挖去 2m 后的地面，也即是原地面，相当于标高−3.00m，桩顶为①粉质黏土层，其建议该层土的抗力系数 $k=0\text{kN/m}^3$。）的单桩水平荷载～位移曲线，按照其提供的曲线，桩顶固接条件下单桩承载力如下：

汽机房位置：

No.6 桩（PC500-100）水平承载力 70kN，对应水平位移 10mm

No.8 桩（PC600-100）水平承载力 100kN，对应水平位移 10mm

烟囱位置：

No.5 桩（PC600-100）水平承载力 35kN，对应水平位移 10mm

但是实际工程桩的桩顶埋深是在−6.00m，桩顶处的土体一般已经到②粉砂层，并且按照地质报告建议，①层粉质黏土应该进行清淤挖除。因此 LAPI-ITB 推算的情况和工程实际情况不相同。

根据初步分析基础下 1m 范围内的土体不液化并达到中密状、其下土体仍然会液化情况下，SP650-14 钢管桩桩顶位移 13mm 时的单桩承载力设计值：

SP650-14 钢管桩：水平向承载力设计值 121.8kN，对应的水平位移 13mm。

施工图设计分析时，SP650 钢管桩的水平承载力设计值取为 121.8kN，抗震组合验算时，单桩承载力设计值乘以 1.25 的调整系数。

**11.2.3.3　桩位布置**

对上述荷载进行组合：竖向荷载上将分别增加基础自重和检修荷载；对于 29-42 工况，在三个不同方向上分别增加汽机基座荷载的 $N_{max}$ 组合的相应荷载；对于 43 工况，在三个不同方向上分别增加汽机基座荷载的 $V_{ymax}$ 组合的相应荷载；对于 44 工况，在三个不同方向上分别增加汽机基座荷载的 $V_{xmax}$ 组合的相应荷载。下表是对主厂房荷载的汇总，并估算所需要的桩数。

**主厂房荷载汇总基桩数估算表** **表 11-8**

| 荷载组合 | 荷载工况 | 水平总荷载 $F_z$(kN) | 垂直总荷载 $F_y$(kN) | 水平总荷载 $F_x$(kN) | 由 $F_z$ 估计的桩数 | 由 $F_y$ 估计的桩数 | 由 $F_x$ 估计的桩数 |
|---|---|---|---|---|---|---|---|
| 1.2 恒载+1.4 活载 | 29 LOAD COMB 29 | 1927.61 | 2352926.16 | −121.62 | 16 | 713 | 1 |
| 1.35 恒载+0.7×1.4 活载 | 30 LOAD COMB 30 | 12442.82 | 2233340.26 | 824.60 | 103 | 677 | 7 |
| 1.2 恒载+1.4 左风 | 31 LOAD COMB 31 | −12143.82 | 1756973.43 | 9654.26 | 100 | 532 | 80 |
| 1.2 恒载+1.4 右风 | 32 LOAD COMB 32 | 14059.03 | 1757782.37 | −127.35 | 116 | 533 | 2 |
| 1.2 恒载+1.4 前风 | 33 LOAD COMB 33 | 150.65 | 1756770.02 | 8217.99 | 2 | 532 | 68 |
| 1.2 恒载+1.4 后风 | 34 LOAD COMB 34 | 169.75 | 1757681.00 | −8505.14 | 2 | 533 | 70 |
| 1.2 恒载+1.4 活载+0.6×1.4 左风 | 35 LOAD COMB 35 | −5910.58 | 2352774.61 | −156.67 | 49 | 713 | 2 |
| 1.2 恒载+1.4 活载+0.6×1.4 右风 | 36 LOAD COMB 36 | 10973.98 | 2353260.94 | −139.46 | 91 | 713 | 2 |
| 1.2 恒载+1.4 活载+0.6×1.4 前风 | 37 LOAD COMB 37 | 11442.04 | 2352652.34 | 4877.68 | 94 | 713 | 41 |
| 1.2 恒载+1.4 活载+0.6×1.4 后风 | 38 LOAD COMB 38 | 1671.91 | 2353199.98 | −5176.11 | 14 | 713 | 43 |
| 1.2 恒载+0.7×1.4 活载+1.4 左风 | 39 LOAD COMB 39 | −3087.04 | 2175382.22 | −159.93 | 26 | 659 | 2 |
| 1.2 恒载+0.7×1.4 活载+1.4 右风 | 40 LOAD COMB 40 | 6701.10 | 2176191.14 | −131.31 | 56 | 659 | 2 |
| 1.2 恒载+0.7×1.4 活载+1.4 前风 | 41 LOAD COMB 41 | −11461.70 | 2175382.22 | −159.93 | 95 | 659 | 2 |
| 1.2 恒载+0.7×1.4 活载+1.4 后风 | 42 LOAD COMB 42 | 1177.51 | 2176089.79 | −8509.11 | 10 | 659 | 70 |
| 1.2(恒载+0.75 活载)+1.3$x$ 向地震 | 43 LOAD COMB 43 | 117116.05 | 2570308.22 | 29001.49 | 770 | 623 | 191 |
| 1.2(恒载+0.75 活载)+1.3$z$ 向地震 | 44 LOAD COMB 44 | 59981.16 | 2721973.46 | 134113.38 | 394 | 660 | 881 |
| 恒载+0.5 活载 | 45 LOAD COMB 45 | −8369.27 | 1674626.46 | 4587.92 | — | — | — |

由上表可知，总桩数由地震组合时水平力控制。最小布桩数量 881 根，实际布桩数量为 997 根。具体见桩位布置图 11-1。表 11-10 提供了多种工况下主厂房基础的计算结果。

### 11.2.4 桩筏基础共同作用分析（采用浙江大学编制的 POGAP 程序）

#### 11.2.4.1 基础沉降

图 11-2 为主厂房基础板的沉降分布彩云图。沉降最大值为 44.5mm，最小值为 23.3mm，最大沉降差为 21.2mm。筏板中央比边缘的沉降大，但相差较小。D 列柱靠近

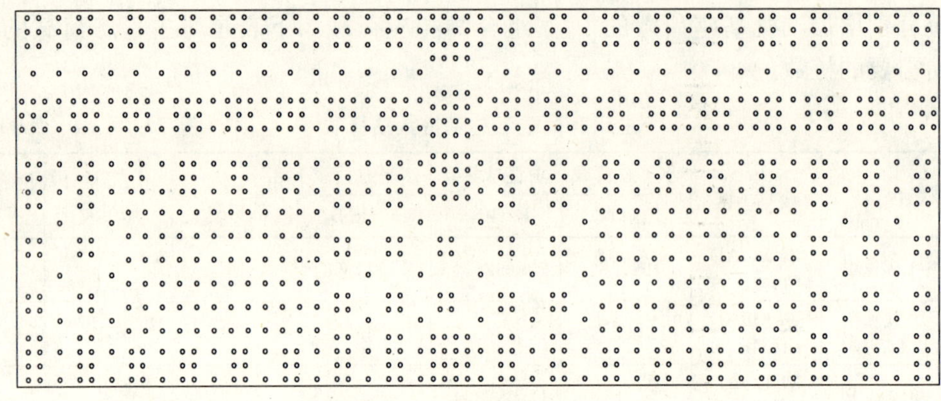

图 11-1　主厂房桩位布置图

磨煤机一侧的沉降比 A 列柱沉降要略大。总沉降和差异沉降验算见表 11-9。差异沉降和总沉降均满足规范要求。

图 11-2　主厂房沉降（mm）

主厂房地基的变形验算　　表 11-9

| 主厂房结构 | 容许沉降或者沉降差（mm） | 计算沉降量（mm） | 是否满足 |
|---|---|---|---|
| 汽机房外侧柱(纵向) | 0.003$L$=18 | 0.7 | 满足 |
| 汽机房外侧柱与框架(横向) | 0.002$L$=8.2 | 3.4 | 满足 |
| 主厂房框架(纵向) | 0.003$L$=27 | 4.3 | 满足 |
| 主厂房框架(横向) | 0.002$L$=8 | 3.3 | 满足 |
| 汽轮发电机基础 | 0.0015$L$=18 | 0.5 | 满足 |
| 主厂房容许沉降量 | 100～150 | 44.5 | 满足 |

#### 11.2.4.2　基础板内力

弯矩方向规定如下：板底面受拉为负；板底面受压为正，下同。在非地震荷载作用下，筏板最大负弯矩：$x$ 方向为 4211kN・m/m，$z$ 方向为 38.94kN・m/m；最大正弯矩：$x$ 方向为－2857kN・m/m，$z$ 方向为 －3999kN・m/m。在地震荷载作用下，筏板最大负弯矩：$x$ 方向为 2843kN·m/m，$z$ 方向为 508.6kN·m/m；最大正弯矩：$x$ 方向为 −2585kN·m/m，$z$ 方向为 −4371kN·m/m。$M_x$ 分布图中，筏板中间的负弯矩较大，但是主要集中在⑧～⑫轴线；而两边的正弯矩较大。$M_z$ 分布图中，最大值发生在筏板中间。各种工况计算的最大和最小弯矩汇总见表 11-10。图 11-3～图 11-6 给出了非地震荷载（工况：1.2 恒载＋1.4 活载）和地震荷载（工况：1.2（恒载＋0.75 活载）＋1.3$z$ 向地震）的 $M_x$ 和 $M_z$ 分布彩云图。

图 11-3 主厂房非地震荷载 $M_x$（工况：1.2 恒载＋1.4 活载）

图 11-4 主厂房非地震荷载 $M_z$（工况：1.2 恒载＋1.4 活载）

图 11-5 主厂房地震荷载 $M_x$（工况：1.2（恒载＋0.75 活载）＋1.3$z$ 向地震）

图 11-6　主厂房地震荷载 $M_z$（工况：1.2（恒载+0.75 活载）+1.3$z$ 向地震）

**主厂房基础相应工况下计算汇总**　　　　表 11-10

| 荷载工况 | | | 板的挠度 | | $M_x$ | | $M_z$ | | 桩反力 | | |
|---|---|---|---|---|---|---|---|---|---|---|---|
| | | | 最大值（mm） | 最小值（mm） | 最大值（kN·m） | 最小值（kN·m） | 最大值（kN·m） | 最小值（kN·m） | 最大值（kN） | 最小值（kN） | 平均值（kN） |
| 非抗震组合 | 1.2 恒载+1.4 活载 | 29 LOAD COMB 29 | 64.09 | 27.35 | 4201 | −2852 | −8.135 | −3999 | 3473 | 1556 | 2382 |
| | 1.35 恒载+0.7×1.4 活载 | 30 LOAD COMB 30 | 58.92 | 30.5 | 3352 | −2222 | −94.78 | −3344 | 3121 | 1582 | 2259 |
| | 1.2 恒载+1.4 左风 | 31 LOAD COMB 31 | 46.80 | 27.33 | 1519 | −1850 | −32.4 | −3582 | 2086 | 1397 | 1781 |
| | 1.2 恒载+1.4 右风 | 32 LOAD COMB 32 | 47.41 | 27.01 | 1505 | −1801 | −366.5 | −3671 | 2113 | 1372 | 1782 |
| | 1.2 恒载+1.4 前风 | 33 LOAD COMB 33 | 47.11 | 27.45 | 1467 | −1838 | −320.1 | −3616 | 2101 | 1414 | 1781 |
| | 1.2 恒载+1.4 后风 | 34 LOAD COMB 34 | 47.00 | 27.85 | 1559 | −1808 | −363.3 | −3613 | 2094 | 1397 | 1782 |
| | 1.2 恒载+1.4 活载+0.6×1.4 左风 | 35 LOAD COMB 35 | 63.32 | 30.4 | 4156 | −2784 | 36.6 | −3517 | 3489 | 1602 | 2378 |
| | 1.2 恒载+1.4 活载+0.6×1.4 右风 | 36 LOAD COMB 36 | 63.34 | 30.81 | 4187 | −2857 | 11.08 | −3630 | 3446 | 1613 | 2379 |
| | 1.2 恒载+1.4 活载+0.6×1.4 前风 | 37 LOAD COMB 37 | 63.39 | 30.47 | 4131 | −2845 | 38.94 | −3578 | 3469 | 1612 | 2379 |
| | 1.2 恒载+1.4 活载+0.6×1.4 后风 | 38 LOAD COMB 38 | 63.27 | 30.72 | 4211 | −2788 | 12.95 | −3549 | 3471 | 1602 | 2379 |
| | 1.2 恒载+0.7×1.4 活载+1.4 左风 | 39 LOAD COMB 39 | 57.33 | 29.4 | 3305 | −2144 | −65.77 | −3325 | 3056 | 1539 | 2201 |
| | 1.2 恒载+0.7×1.4 活载+1.4 右风 | 40 LOAD COMB 40 | 57.75 | 30.08 | 3357 | −2266 | −108.2 | −3436 | 2985 | 1557 | 2202 |
| | 1.2 恒载+0.7×1.4 活载+1.4 前风 | 41 LOAD COMB 41 | 57.33 | 29.04 | 3305 | −2144 | −65.77 | −3325 | 3056 | 1539 | 2201 |
| | 1.2 恒载+0.7×1.4 活载+1.4 后风 | 42 LOAD COMB 42 | 57.51 | 29.92 | 3397 | −2150 | −105.1 | −3396 | 3030 | 1528 | 2202 |
| 抗震组合 | 1.2（恒载+0.75 活载）+1.3$x$ 向地震 | 43 LOAD COMB 43 | 66.91 | 35.3 | 2843 | −2176 | 17.84 | −4371 | 3490 | 1842 | 2597 |
| | 1.2（恒载+0.75 活载）+1.3$z$ 向地震 | 44 LOAD COMB 44 | 70.00 | 36.15 | 2743 | −2585 | 508.6 | −3556 | 3859 | 2005 | 2761 |
| 长期效应 | 1.0 恒载+0.5 活载 | 45 LOAD COMB 45 | 44.51 | 23.3 | 2135 | −1658 | −161.1 | −2887 | 2153 | 1212 | 1681 |

#### 11.2.4.3 桩顶反力

在非地震荷载作用下，最大桩反力为3490kN，分布筏板的边缘，靠近锅炉位置，但是数量很少；最小桩反力为1372kN；平均桩反力最大值为2382kN。在地震荷载作用下，最大桩反力为3859kN，集中在D轴线；最小桩反力为1842kN，集中在A轴线；平均桩反力最大值为2761kN。图11-7～11-8为两种工况下桩顶反力分布彩云图。

图11-7 主厂房非地震组合桩顶反力（工况：1.2恒载+1.4活载）

图11-8 主厂房地震组合桩顶反力（工况：1.2（恒载+0.75活载）+1.3z向地震）

抗震组合：

最大桩反力：3859×1.1=4245kN＜3000×1.5=4500kN 满足

平均桩反力：2761×1.1=3037kN＜3000×1.25=3750kN 满足

非抗震组合：

最大桩反力：3490×1.1=3839kN＞3000×1.2=3600kN 不满足

平均桩反力：2382×1.1=2620kN＜3000kN 满足

非抗震组合时，29、35～38种工况下，边桩的反力超过单桩承载力设计值。其中桩反力超过单桩承载力设计值最多的工况是1.2恒载+1.4活载+0.84左风，共有11根桩，其反力值在3278～3489kN之间，具体见表11-11。考虑到桩数很少、桩反力较小，因此布桩数量保持不变。

**未符合设计值桩汇总表** **表 11-11**

| 工　况 | 超过单桩承载力设计值的桩数 | 超过单桩承载力设计值的桩反力(kN) | | | 角桩单桩承载力设计值(kN) | 最大值超过单桩承载力设计值百分数(%) |
|---|---|---|---|---|---|---|
| | | 最大值 | 最小值 | 平均值 | | |
| 1.2恒载+1.4活载 | 9 | 3490 | 3278 | 3395 | 3600 | 6.6 |
| 1.2恒载+1.4活载+0.6×1.4左风 | 11 | 3489 | 3278 | 3416 | 3600 | 6.6 |
| 1.2恒载+1.4活载+0.6×1.4右风 | 6 | 3446 | 3369 | 3392 | 3600 | 5.3 |
| 1.2恒载+1.4活载+0.6×1.4前风 | 9 | 3469 | 3276 | 3401 | 3600 | 6.0 |
| 1.2恒载+1.4活载+0.6×1.4后风 | 10 | 3471 | 3274 | 3387 | 3600 | 6.1 |

### 11.2.5 基础验算

10 轴、D 轴部位两柱荷载最大，两柱合并的尺寸为 2.3m×1.8m。筏板混凝土强度等级采用 C30，其抗拉强度为 $f_t = 1430\text{kN/m}^2$，抗压强度为 $f_c = 14300\text{kN/m}^2$。采用的钢管桩直径 $\phi = 650\text{mm}$，在计算时按等截面原则换算成等效的方桩，换算方桩的截面边长为：

$$b_c = 0.8d_c = 0.8 \times 0.65 = 0.52\text{m}$$

#### 11.2.5.1 冲切验算

根据《建筑地基基础设计规范》(GB 50007—2002) 规定，受冲切承载力可按下列公式计算：

$$\gamma_0 F_l \leqslant 2[\alpha_{0x}(b + a_{0y}) + \alpha_{0y}(h + a_{0x})]f_t h_0$$

$$F_l = F - \Sigma Q_i$$

式中，$\gamma_0$ ——结构重要性系数，取 1.1；

$F_l$ ——作用于冲切破坏锥体上的冲切力设计值；

$f_t$ ——底板混凝土抗拉强度设计值；

$h_0$ ——冲切破坏锥体的有效高度；

$h$、$b$——桩截面长、短边尺寸；

$a_{0x}$ ——自柱短边到最近桩边的水平距离，当 $a_{0x} < 0.20h_0$ 时，取 $a_{0x} = 0.20h_0$；当 $a_{0x} > h_0$ 时，取 $a_{0x} = h_0$；

$a_{0y}$ ——自柱长边到最近桩边的水平距离，当 $a_{0y} < 0.20h_0$ 时，取 $a_{0y} = 0.20h_0$；当 $a_{0y} > h_0$ 时，取 $a_{0y} = h_0$；

$\lambda$ ——冲跨长，$\lambda_{0x} = \dfrac{a_{0x}}{h_0}$，$\lambda_{0y} = \dfrac{a_{0y}}{h_0}$，$\lambda$ 满足 0.2～1.0；

$\alpha_{0x}$，$\alpha_{0y}$ ——冲切系数，$\alpha = \dfrac{0.72}{\lambda + 0.2}$；

$F$——作用于柱底的竖向荷载设计值；

$\Sigma Q_i$ ——冲切破坏锥体范围内各桩基的净反力（不计底板和底板上土自重）设计值之和。

冲切破坏锥体应采用自柱边至相应桩顶边缘连线所构成的截锥体，锥体斜面与基础板底面之夹角不小于 45°。经分析，有以下一种情况：

由图 11-9 可见，在冲切范围内的桩数 $n=2$根。

底板厚为 $h=3.0$m，则

有效高度为 $h_0=3.0-0.10=2.9$m

经计算，冲切荷载为 26697kN，筏板的抗冲切承载力为 68509.96kN。

因此，板厚 $h=3.0$m 时满足冲切要求。

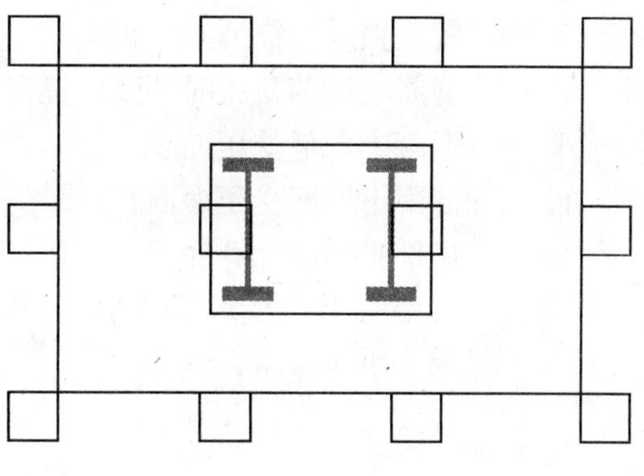

图 11-9　柱冲切计算示意

#### 11.2.5.2　抗剪验算

根据《建筑地基基础设计规范》（GB 50007—2002）规定，受剪承载力应按下式验算：

$$V \leqslant \beta_{hs} \beta f_t b_0 h_0$$

式中，$V$——扣除承台及其上填土自重后相应于荷载效应基本组合时斜截面的最大剪力设计值；

$b_0$——承台计算截面处的计算宽度。阶梯形承台变阶处的计算宽度、锥形承台的计算宽度应按本规范附录 S 确定；

$h_0$——计算宽度处的承台有效高度；

$\beta$——剪切系数；$\beta=\dfrac{1.75}{\lambda+1.0}$；

$\beta_{hs}$——受剪切承载力截面高度影响系数，$\beta_{hs}=\left(\dfrac{800}{h_0}\right)^{\frac{1}{4}}$；

$\lambda$——计算截面的剪跨比，$\lambda_x=\dfrac{a_x}{h_0}$，$\lambda_y=\dfrac{a_y}{h_0}$。$a_x$，$a_y$ 为柱边或承台变阶处至 $x$，$y$ 方向计算一排桩的桩边的水平距离，当 $\lambda<0.3$ 时，取 $\lambda=0.3$；当 $\lambda>3$ 时，取 $\lambda=3$。

经计算剪切荷载为 $V_x=8283$kN，$V_y=11044$kN；筏板的抗剪承载力为 $[V_x]=16839$kN，$[V_y]=29161$kN。

板厚 $h=3.0$m 时满足抗剪要求。

#### 11.2.5.3　局部承压验算

根据《混凝土结构设计规范》（GB 50010—2002）规定，配置间接钢筋的混凝土结构构件，其局部受压区的截面尺寸应符合下列要求：

$$F_l \leqslant 1.35 \beta_c \beta_l f_c A_{ln}$$

$$\beta_l=\sqrt{\frac{A_b}{A_l}}$$

式中，$F_l$——局部受压面上作用的局部荷载或局部压力设计值；对后张法预应力混凝土构件中的锚头局压区的压力设计值，应取 1.2 倍张拉控制力；

$f_c$——混凝土轴心抗压强度设计值；

$\beta_c$——混凝土强度影响系数：当混凝土强度等级不超过 C50 时，取 $\beta_c=1.0$；当混凝土强度等级为 C80 时，取 $\beta_c=0.8$；其间按线性内插法确定；

$\beta_l$——混凝土局部受压时的强度提高系数；

$A_l$——混凝土局部受压面积；

$A_{ln}$——混凝土局部受压净面积；

$A_b$——局部受压的计算底面积，按规范要求确定。

经计算，局部的压力为 27350kN，筏板的局部受压承载力为 221713kN。

筏板满足局部承压要求。

### 11.2.6 配筋计算

主厂房筏板配筋根据 $x$ 和 $z$ 两个方向的计算最大控制弯矩进行计算，配筋计算宽度取 1000mm，混凝土强度等级 C30，主筋采用 HRB335 级钢筋。

$x$ 方向配筋：$z$ 方向筏板非抗震最大控制弯矩 $M_z$ 为 3999kN·m/m，计算配筋量为 5009mm²；$z$ 方向筏板抗震最大控制弯矩 $M_z$ 为 4731kN·m/m，计算配筋量为 4756mm²；最小配筋率为 0.215%，配筋面积为 6450mm²。实际配筋：上表面取 $\phi$25@150 两排，下表面取 $\phi$25@150 两排，实际配筋面积为 13067mm²，实际单侧配筋率为 0.22%。

$z$ 方向配筋：$x$ 方向筏板非抗震最大控制弯矩 $M_x$ 为 4211kN·m/m，计算配筋量为 5279mm²；$x$ 方向筏板抗震最大控制弯矩 $M_x$ 为 2843kN·m/m，计算配筋量为 2834mm²；最小配筋率为 0.215%，配筋面积为 6450mm²。实际配筋：上表面取 $\phi$25@150 两排，下表面取 $\phi$25@150 两排，实际配筋面积为 13067mm²，实际单侧配筋率为 0.22%。

## 11.3 锅炉基础设计分析

### 11.3.1 概况

锅炉采用桩筏基础，尺寸 45.2m×41m，SP650-14 钢管桩，持力层为③$_4$和④层。基础底面埋深为－6.00m，地面标高为 0.00m，原地面标高取为－3.00m，回填土厚度 3.0m，地下水位同原地面标高取为－3.00m。基础外围采用碎石桩处理。

### 11.3.2 荷载

根据锅炉柱脚分项荷载，按照主厂房荷载工况进行组合，如表 11-12 和表 11-13 所示。其中工况 29～42 是非抗震组合，工况 43 和 44 是抗震组合，工况 45 是长期效应组合。

基础及回填土自重计算时，地下水位以上回填土的重度取为 18kN/m³，基础的重度取为 24kN/m³；地下水位以下回填土的浮重度取为 8kN/m³，基础的浮重度取为 14kN/m³。基础板厚 3.0m，回填土厚度 3.0m。抗震和非抗震组合，荷载分项系数取 1.2；长期效应组合，荷载分项系数取 1.0。

检修荷载取为 15kPa，在基础面上均布。抗震和非抗震组合，荷载分项系数取 1.4；长期效应组合，荷载分项系数取 1.0。

**锅炉柱脚荷载汇总表** 　　**表 11-12**

| 荷 载 组 合 | 荷载工况 | 垂直总荷载 | 水平总荷载 | 水平总荷载 |
|---|---|---|---|---|
| | | P(kN) | $H_x$(kN) | $H_y$(kN) |
| 1.2 恒载+1.4 活载 | 29 LOAD COMB 29 | 297200 | 20080 | 15040 |
| 1.35 恒载+0.7×1.4 活载 | 30 LOAD COMB 30 | 328757 | 19972 | 14302 |
| 1.2 恒载+1.4 左风 | 31 LOAD COMB 31 | 341160 | 27920 | 15880 |
| 1.2 恒载+1.4 右风 | 32 LOAD COMB 32 | 226920 | −80 | 1880 |
| 1.2 恒载+1.4 前风 | 33 LOAD COMB 33 | 335840 | 22040 | 24280 |
| 1.2 恒载+1.4 后风 | 34 LOAD COMB 34 | 232240 | 5800 | −6520 |
| 1.2 恒载+1.4 活载+0.6×1.4 左风 | 35 LOAD COMB 35 | 331472 | 28480 | 19240 |
| 1.2 恒载+1.4 活载+0.6×1.4 右风 | 36 LOAD COMB 36 | 262928 | 11680 | 10840 |
| 1.2 恒载+1.4 活载+0.6×1.4 前风 | 37 LOAD COMB 37 | 328280 | 24952 | 24280 |
| 1.2 恒载+1.4 活载+0.6×1.4 后风 | 38 LOAD COMB 38 | 266120 | 15208 | 5800 |
| 1.2 恒载+0.7×1.4 活载+1.4 左风 | 39 LOAD COMB 39 | 350372 | 32232 | 20192 |
| 1.2 恒载+0.7×1.4 活载+1.4 右风 | 40 LOAD COMB 40 | 236132 | 4232 | 6192 |
| 1.2 恒载+0.7×1.4 活载+1.4 前风 | 41 LOAD COMB 41 | 345052 | 26352 | 28592 |
| 1.2 恒载+0.7×1.4 活载+1.4 后风 | 42 LOAD COMB 42 | 241452 | 10112 | −2208 |
| 1.2(恒载+0.75 活载)+1.3$x$ 向地震 | 43 LOAD COMB 43 | 459550 | 41800 | 21160 |
| 1.2(恒载+0.75 活载)+1.3$z$ 向地震 | 44 LOAD COMB 44 | 432120 | 27240 | 48200 |
| 恒载+0.5 活载 | 45 LOAD COMB 45 | 241400 | 13800 | 9600 |

**锅炉基础自重及检修荷载汇总表** 　　**表 11-13**

| 荷载分类 | 抗震和非抗震组合<br>(kN) | 长期效应组合<br>(kN) |
|---|---|---|
| 基础自重及上覆土重 | 1.2×45.2×41×（14×3+18×3）=213488.64 | 45.2×41×（14×3+18×3）=177907.2 |
| 检修荷载 | 1.4×45.2×41×15=38917.2 | 1.0×45.2×41×15=27798 |
| 总　和 | 252405.8 | 205705.2 |

## 11.3.3 单桩承载力计算及桩位布置

### 11.3.3.1 单桩竖向承载力

锅炉位置共有 BH10、BH11、BH12、BH13、BH14 钻孔资料。根据地质报告提供的各个土层预制桩桩侧和桩端承载力设计参数，计算上述 5 个孔的单桩承载力，见表 11-14，其中单桩承载力分项系数取 1.65。

**单桩竖向承载力** 　　**表 11-14**

| 孔 号 | 桩 长<br>(m) | 持力层 | 桩底标高<br>(m) | 单桩极限承载力<br>(kN) | 单桩承载力设计值<br>(kN) | 桩身强度控制的单桩承载力<br>(kN) | 选用的单桩承载力设计值<br>(kN) |
|---|---|---|---|---|---|---|---|
| 10 | 47.0 | ③$_4$ 层 | −53.0 | 4551 | 2758 | 3300 | 2758 |
| 11 | 52.0 | ④$_2$ 层 | −58.0 | 4723 | 2862 | 3300 | 2862 |
| 12 | 47.0 | ④$_1$ 层 | −53.0 | 4712 | 2856 | 3300 | 2856 |
| 13 | 52.0 | ④$_2$ 层 | −58.0 | 4993 | 3026 | 3300 | 3026 |
| 14 | 52.0 | ④$_2$ 层 | −58.0 | 4333 | 2626 | 3300 | 2626 |
| 15 | 44.0 | ③$_4$ 层 | −50.0 | 5003 | 3032 | 3300 | 3032 |

单桩承载力设计值取为 2600kN。

#### 11.3.3.2 单桩水平承载力

根据主厂房单桩水平向承载力的计算结果，施工图设计分析时，SP650 钢管桩的水平承载力设计值取为 121.8kN，抗震组合验算时，单桩承载力设计值乘以 1.25 的调整系数。

#### 11.3.3.3 桩位布置

对上述荷载进行组合：竖向荷载上将分别增加基础自重和检修荷载。下表是对锅炉荷载的汇总，并估算所需要的桩数。

锅炉荷载汇总基桩数估算表　　　　表 11-15

| 荷载组合 | 荷载工况 | 垂直总荷载 $P$(kN) | 水平总荷载 $H_x$(kN) | 水平总荷载 $H_y$(kN) | 由 $F_x$ 估计的桩数 | 由 $F_y$ 估计的桩数 | 由 $F_z$ 估计的桩数 |
|---|---|---|---|---|---|---|---|
| 1.2 恒载+1.4 活载 | 29 LOAD COMB 29 | 549605.8 | 20080 | 15040 | 212 | 165 | 124 |
| 1.35 恒载+0.7×1.4 活载 | 30 LOAD COMB 30 | 581162.8 | 19972 | 14302 | 224 | 164 | 118 |
| 1.2 恒载+1.4 左风 | 31 LOAD COMB 31 | 593565.8 | 27920 | 15880 | 229 | 230 | 131 |
| 1.2 恒载+1.4 右风 | 32 LOAD COMB 32 | 479325.8 | −80 | 1880 | 185 | 1 | 16 |
| 1.2 恒载+1.4 前风 | 33 LOAD COMB 33 | 588245.8 | 22040 | 24280 | 227 | 181 | 200 |
| 1.2 恒载+1.4 后风 | 34 LOAD COMB 34 | 484645.8 | 5800 | −6520 | 187 | 48 | 54 |
| 1.2 恒载+1.4 活载+0.6×1.4 左风 | 35 LOAD COMB 35 | 583877.8 | 28480 | 19240 | 225 | 234 | 158 |
| 1.2 恒载+1.4 活载+0.6×1.4 右风 | 36 LOAD COMB 36 | 515333.8 | 11680 | 10840 | 199 | 96 | 89 |
| 1.2 恒载+1.4 活载+0.6×1.4 前风 | 37 LOAD COMB 37 | 580685.8 | 24952 | 24280 | 224 | 205 | 200 |
| 1.2 恒载+1.4 活载+0.6×1.4 后风 | 38 LOAD COMB 38 | 518525.8 | 15208 | 5800 | 200 | 125 | 48 |
| 1.2 恒载+0.7×1.4 活载+1.4 左风 | 39 LOAD COMB 39 | 602777.8 | 32232 | 20192 | 232 | 265 | 166 |
| 1.2 恒载+0.7×1.4 活载+1.4 右风 | 40 LOAD COMB 40 | 488537.8 | 4232 | 6192 | 188 | 35 | 51 |
| 1.2 恒载+0.7×1.4 活载+1.4 前风 | 41 LOAD COMB 41 | 597457.8 | 26352 | 28592 | 230 | 217 | 235 |
| 1.2 恒载+0.7×1.4 活载+1.4 后风 | 42 LOAD COMB 42 | 493857.8 | 10112 | −2208 | 190 | 84 | 19 |
| 1.2(恒载+0.75 活载)+1.3$x$ 向地震 | 43 LOAD COMB 43 | 711955.8 | 41800 | 21160 | 220 | 275 | 139 |
| 1.2(恒载+0.75 活载)+1.3$z$ 向地震 | 44 LOAD COMB 44 | 684525.8 | 27240 | 48200 | 211 | 179 | 317 |
| 恒载+0.5 活载 | 45 LOAD COMB 45 | 447105.2 | 13800 | 9600 | 170 | — | — |

由上表可知，总桩数由地震组合时水平力控制。最小布桩数量 317 根，实际布桩数量为 322 根。具体见图 11-10 锅炉桩位布置图。

表 11-16 提供了各种工况下锅炉基础的计算结果。

**锅炉基础相应工况下计算汇总** **表 11-16**

| 荷载工况 | | | 板的挠度 | | $M_y$ | | $M_x$ | | 桩反力 | | |
|---|---|---|---|---|---|---|---|---|---|---|---|
| | | | 最大值 (mm) | 最小值 (mm) | 最大值 (kN·m) | 最小值 (kN·m) | 最大值 (kN·m) | 最小值 (kN·m) | 最大值 (kN) | 最小值 (kN) | 平均值 (kN) |
| 非抗震组合 | 1.2 恒载+1.4 活载 | 29 LOAD COMB 29 | 47.8 | 28.7 | −626.2 | −3442 | −112.4 | −3260 | 2243 | 1358 | 1620 |
| | 1.35 恒载+0.7×1.4 活载 | 30 LOAD COMB 30 | 50.74 | 30.32 | −678.1 | −3620 | −116.1 | −3534 | 2381 | 1439 | 1718 |
| | 1.2 恒载+1.4 左风 | 31 LOAD COMB 31 | 52.25 | 33.08 | −762.2 | −3686 | −197.3 | −4027 | 2245 | 1532 | 1757 |
| | 1.2 恒载+1.4 右风 | 32 LOAD COMB 32 | 41.74 | 22.94 | −457.7 | −3290 | −30.39 | −2423 | 2096 | 1124 | 1402 |
| | 1.2 恒载+1.4 前风 | 33 LOAD COMB 33 | 49.86 | 32.00 | −56.37 | −3396 | −20.84 | −2653 | 2591 | 1452 | 1740 |
| | 1.2 恒载+1.4 后风 | 34 LOAD COMB 34 | 43.63 | 24.03 | −532.2 | −3561 | −213.2 | −3846 | 1812 | 1200 | 1419 |
| | 1.2 恒载+1.4 活载+0.6×1.4 左风 | 35 LOAD COMB 35 | 50.43 | 26.58 | −592.5 | −3473 | −302.8 | −4415 | 2329 | 1332 | 1673 |
| | 1.2 恒载+1.4 活载+0.6×1.4 右风 | 36 LOAD COMB 36 | 44.84 | 20.5 | −409.8 | −3178 | −199.9 | −3419 | 2239 | 1068 | 1460 |
| | 1.2 恒载+1.4 活载+0.6×1.4 前风 | 37 LOAD COMB 37 | 49.57 | 25.89 | −438.9 | −3202 | −194.9 | −3533 | 2537 | 1296 | 1662 |
| | 1.2 恒载+1.4 活载+0.6×1.4 后风 | 38 LOAD COMB 38 | 45.31 | 21.22 | −398.7 | −3418 | −280.0 | −4297 | 2030 | 1107 | 1471 |
| | 1.2 恒载+0.7×1.4 活载+1.4 左风 | 39 LOAD COMB 39 | 53.02 | 33.55 | −773.5 | −3709 | −195.0 | −4048 | 2296 | 1553 | 1786 |
| | 1.2 恒载+0.7×1.4 活载+1.4 右风 | 40 LOAD COMB 40 | 42.64 | 23.42 | −469.1 | −3305 | −27.12 | −2473 | 2146 | 1145 | 1431 |
| | 1.2 恒载+0.7×1.4 活载+1.4 前风 | 41 LOAD COMB 41 | 50.68 | 32.49 | −80.1 | −3414 | −17.76 | −2704 | 2644 | 1474 | 1771 |
| | 1.2 恒载+0.7×1.4 活载+1.4 后风 | 42 LOAD COMB 42 | 44.12 | 23.13 | −415.4 | −3836 | −41.09 | −3878 | 1830 | 1177 | 1428 |
| 抗震组合 | 1.2(恒载+0.75 活载)+1.3$x$ 向地震 | 43 LOAD COMB 43 | 64.54 | 38.14 | 2815 | −3810 | 1428 | −1565 | 3520 | 1631 | 2039 |
| | 1.2(恒载+0.75 活载)+1.3$y$ 向地震 | 44 LOAD COMB 44 | 63.65 | 37.81 | −980 | −4345 | −440.7 | −6035 | 2845 | 1717 | 2120 |
| 长期效应 | 1.0 恒载+0.5 活载 | 45 LOAD COMB 45 | 39 | 23.4 | −511.6 | 2821 | −94.34 | −6035 | 1820 | 1107 | 1319 |

### 11.3.4 桩筏基础共同作用分析（采用浙江大学编制的 POGAP 程序）

锅炉基础板厚为 3.0m，混凝土强度等级 C30，桩数为 322 根，以③$_4$和④为持力层。

#### 11.3.4.1 基础沉降

图 11-11 为锅炉基础板的沉降分布彩云图。

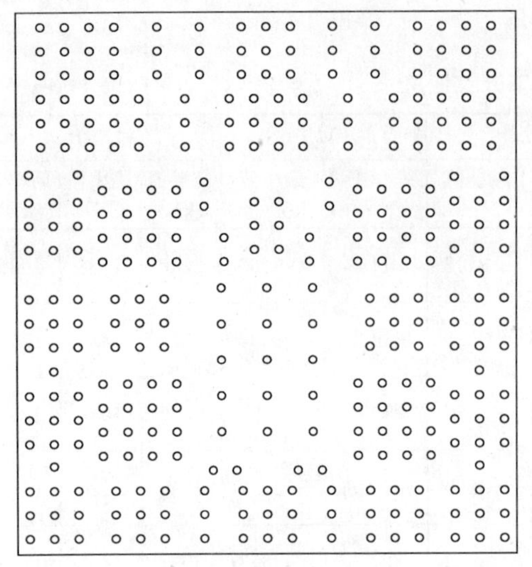

图 11-10　锅炉桩位布置图

图 11-11　锅炉基础沉降（mm）

沉降最大值为 39.0mm，最小值为 23.4mm，最大沉降差为 15.6mm。筏板中央比边缘的沉降大，但相差较小。总沉降和差异沉降验算见表 11-17。差异沉降和总沉降均满足规范要求。

**锅炉地基的变形验算**　　**表 11-17**

| 锅炉结构 | 容许沉降或者沉降差（mm） | 计算沉降量（mm） | 是否满足 |
|---|---|---|---|
| 锅炉基础总沉降 | 150 | 39 | 满足 |
| 锅炉基础倾斜 | 0.002$L$=14 | 6.4 | 满足 |
| 锅炉基础与框架 | 0.005$L$=40 | 18.9 | 满足 |

**11.3.4.2　基础板内力**

在非地震荷载作用下，最大正弯矩：$x$ 方向为－4415kN·m/m，$y$ 方向为 －3836kN·m/m。在地震荷载作用下，筏板最大负弯矩：$x$ 方向为 1428kN·m/m，$y$ 方向为 2815kN·m/m；最大正弯矩：$x$ 方向为－6035kN·m/m，$y$ 方向为 －4345kN·m/m。$M_x$ 分布图中，筏板中均为正弯矩，最大值发生在板中央；而 $M_y$ 分布图中，筏板中也均为正弯矩，最大值也发生在板中央。各种工况计算的最大和最小弯矩汇总见表 11-16。图 11-12～图 11-15 给出了非地震荷载（工况：1.2 恒载＋1.4 活载）和地震荷载（工况：1.2（恒载＋0.75 活载）＋1.3Z 向地震）的 $M_x$ 和 $M_y$ 分布彩云图。

**11.3.4.3　桩顶反力**

在非地震荷载作用下，最大桩反力为 2644kN，最小桩反力为 1068kN，平均桩反力最大值为 1786kN；在地震荷载作用下，最大桩反力为 3520kN，最小桩反力为 1631kN，平均桩反力最大值为 2120kN，基础边缘桩顶反力略大于中间部位的桩顶反力。图 11-16～11-17 为两种工况下桩顶反力分布图。

抗震组合：

最大桩反力：3520×1.1＝3872kN＜2600×1.5＝3900kN　满足

图 11-12　锅炉非地震荷载 $M_y$（工况：1.2 恒载＋1.4 活载）

图11-13　锅炉非地震荷载 $M_x$（工况：1.2 恒载＋1.4 活载）

图 11-14　锅炉地震荷载 $M_y$（工况：1.2（恒载＋0.75 活载）＋1.3$z$ 向地震）

平均桩反力：2120×1.1＝2332kN＜2600×1.25＝3250kN　满足

非抗震组合：

最大桩反力：2644×1.1＝2908kN＜2600×1.2＝3120kN　满足

平均桩反力：1786×1.1＝1965kN＜2600kN　满足

单桩承载力满足设计要求。

图 11-15　锅炉地震荷载 $M_x$（工况：1.2（恒载+0.75 活载）+1.3$z$ 向地震）

图 11-16　锅炉非地震荷载桩顶反力（工况：1.2 恒载+1.4 活载）

图 11-17　锅炉地震荷载桩顶反力（工况：1.2（恒载+0.75 活载）+1.3$z$ 向地震）

### 11.3.5　基础验算

柱荷载最大为 18000kN，平面尺寸为 0.55m×0.70m。筏板混凝土强度等级采用 C30，其抗拉强度为 $f_t$ = 1430kN/m$^2$，抗压强度为 $f_c$ = 14300kN/m$^2$，钢管桩直径

$\phi$=650mm，在计算时按等截面原则换算成等效的方桩，换算方桩的截面边长为0.52m。

##### 11.3.5.1 冲切验算

根据《建筑地基基础设计规范》(GB 50007—2002）规定验算冲切承载力。冲切破坏锥体应采用自柱边至相应桩顶边缘连线所构成的截锥体，锥体斜面与基础板底面之夹角不小于45°，见图11-18。

由图11-18可知，在冲切范围内的桩数 $n$=0根。

底板厚为 $h$=3.0m，则有效高度为 $h_0$=3.0-0.10=2.90m

根据计算，冲切荷载为20120.94kN，筏板的抗冲切承载力为36184.72kN。

因此，板厚 $h$=3.0m时满足冲切要求。

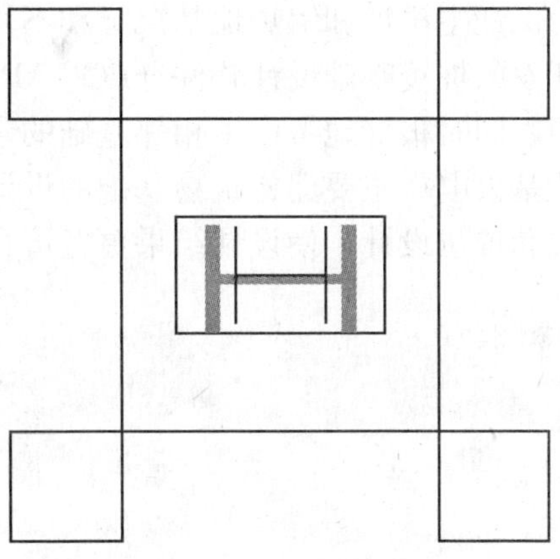

图11-18 柱冲切计算示意

##### 11.3.5.2 抗剪验算

根据《建筑地基基础设计规范》(GB 50007—2002）规定验算基础的抗剪承载力。

经计算，剪切荷载为4240kN，筏板两个方向的抗剪承载力为12821kN和12533kN。

因此，板厚 $h$=3.0m时满足抗剪要求。

##### 11.3.5.3 局部承压验算

根据《混凝土结构设计规范》(GB 50010—2002）规定验算基础的局部受压承载力。

经计算，局部压力为18000kN，筏板的局部受压承载力为20643kN。

筏板满足局部承压要求。

### 11.3.6 配筋计算

锅炉筏板配筋根据 $x$ 和 $y$ 两个方向的最大控制弯矩进行计算，配筋计算宽度取1000mm，混凝土强度等级C30，主筋采用HRB335级钢筋。

$y$ 方向配筋：$x$ 方向筏板非抗震最大控制弯矩 $M_x$ 为4415kN·m/m，计算配筋量为5540mm$^2$；抗震最大控制弯矩 $M_x$ 为6035kN·m/m，计算配筋量为6104mm$^2$；最小配筋率为0.215%，配筋面积为6450mm$^2$。实际配筋：上表面取$\phi$25@150两排，下表面取$\phi$25@150两排，实际配筋面积为13067mm$^2$，实际单侧配筋率为0.22%。

$x$ 方向配筋：$y$ 方向筏板最大非抗震控制弯矩 $M_y$ 为3836kN·m/m，计算配筋量为4801mm$^2$；$y$ 方向筏板最大抗震控制弯矩 $M_y$ 为4345kN·m/m，计算配筋量为4361mm$^2$；最小配筋率为0.215%，配筋面积为6450mm$^2$。实际配筋：上表面取$\phi$25@150两排，下表面取$\phi$25@150两排，实际配筋面积为13067mm$^2$，实际单侧配筋率为0.22%。

## 11.4 总　　结

电厂的主厂房、锅炉以及烟囱等重要建筑物的上部荷载大，由于其自身复杂的工艺设备与管道布置，造成厂房结构布置不规则、质量分布不均匀，因此对电厂地基沉降和不均匀沉降的控制有着严格的要求。同时，电厂主厂区各建筑物布置密集，相互之间距离较小，这就要求在基础设计中必须考虑相邻基础的影响。桩筏基础是一种由桩基和筏板共同组成的联合基础，因其具有整体性好、竖向承载力高、沉降小以及调节不均匀沉降能力强等优点，一直以来都是沿海深厚软土中建(构)筑物的主要基础形式。

本案例所建电厂地处高烈度地震区，主厂区软土层深厚且场地液化等级为严重液化。为保证主厂房和锅炉地基沉降和不均匀沉降满足要求，设计选择桩筏基础，配合浙江大学开发的桩筏基础设计软件（POGAP）进行了分析计算。该设计考虑了土—桩—筏相互作用，同时很好地考虑了相邻基础的影响。本案例的处理方法适用于很多高烈度地震区深厚软基火电厂主要建构筑物基础的设计。类似工程可以根据不同的地质条件考虑多种筏板形式和桩位设计，使设计结果更经济合理。

# 12 印尼某燃煤电厂极软土地基处理及基础分析

在高烈度地震区建设大型电厂经常会遇到很多技术难题。我院设计的印尼某电厂即建设在高烈度地震区的极软场地土上，场地土在高烈度地震时会发生震陷。本章介绍了该电厂地基及基础设计的分析计算及处理情况，通过采用真空预压的方案来处理极软场地土，同时也达到了消除震陷的目的。

## 12.1 工 程 概 况

拟建印尼某 3×315MW 燃煤电厂位于印度尼西亚 Banten 省 Tangerang 区的 Lontar 村，首都雅加达北西约 80km 的爪哇海（Java）西海岸。拟建场地表层由极其软弱的淤泥及淤泥质黏土组成，厚度一般 7～13m，局部厚度超过 30m。场地地震设防烈度较高，属 8 度地震区。

主厂房采用桩筏基础，桩基础为 PC A600 100 预应力管桩，桩长 27.5m 左右；筏板厚度初定为 2.5m，以现有地坪标高±0.000 计算，板底标高－1.6m，板顶标高 0.9m，覆土 3.5m，室内地面标高 4.4m。主厂房桩筏基础平面布置如图 12-1 所示。

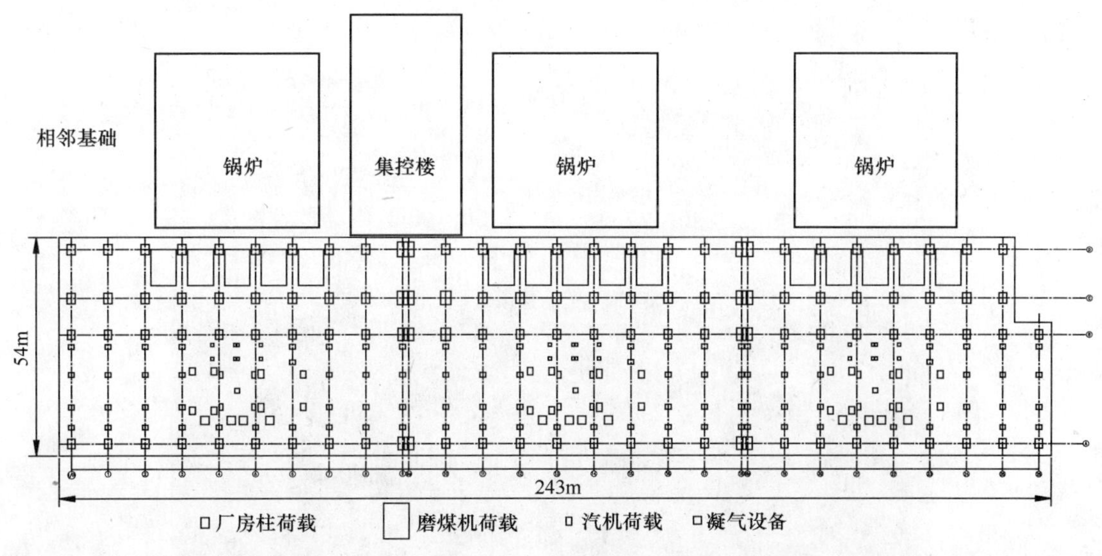


图 12-1 主厂房基础平面布置及相邻基础示意图

筏板宽度 54m，长度 243m，基础一侧有锅炉及集控楼等相邻建筑物。筏板上分布有厂房柱、磨煤机、汽轮机、冷凝设备等多种荷载。

## 12.2 场地工程地质条件

### 12.2.1 地形地貌

该燃煤电厂位于印度尼西亚 Banten 省 Tangerang 区的 Lontar 村，首都雅加达北西约 80km 的爪哇海（Java）西海岸，属海积冲积平原-红树林漫滩地貌单元，海岸线平直，地形平坦开阔，呈北低南高，由相互连通的网格状鱼塘组成，地势平缓，地形坡度小于 1°。陆上建筑物区内鱼塘底部多为－0.1～0.3m，鱼塘塘埂顶部多为 1～2m。场地原始地形地貌见图 12-2 及图 12-3。

图 12-2 场地原始地形地貌（一）

图 12-3 场地原始地形地貌（二）

## 12.2.2 地层岩性

**土体分层参考标准** **表 12-1**

| 层号 | 土层名称 | 统一分类法代码 | 标贯击数 | 静力触探锥尖阻力 | 十字板抗剪强度 | 剪切波速 |
|---|---|---|---|---|---|---|
| | | | 击 | MPa | kPa | m/s |
| ①$_1$ | 淤泥 | CHO、CLO | ⩽2 | <0.7 | <30 | <100 |
| ①$_2$ | 软塑黏性土 | CH、CL | 3～6 | 0.7～2 | — | 100～140 |
| ②$_1$ | 可塑黏性土 | CH、CL | 黏性土：7～20 | >2 | — | 140～250 |
| ②$_2$ | 稍密～中密砂土 | SW、SP、SF、SC、SM | 砂土：15～30 | >5 | — | |
| ③$_1$ | 硬塑黏性土 | CH、CL | 黏性土：20～40 | — | — | 250～350 |
| ③$_2$ | 密实砂土 | SW、SP、SF、SC、SM | 砂土：30～50 | — | | |
| ④$_1$ | 坚硬黏性土 | CH、CL | 黏性土：⩾40 | — | — | >350 |
| ④$_2$ | 很密砂土 | SW、SP、SF、SC、SM | 砂土：⩾50 | — | — | |

**土体物理力学指标建议值** **表 12-2**

| 岩土名称及分层代号 | 十字板不排水抗剪强度 | 天然密度 | 压缩模量/变形模量 | | | 三轴抗剪强度 | | | | 固结系数 | 渗透系数 | 承载力特征值 |
|---|---|---|---|---|---|---|---|---|---|---|---|---|
| | | | | | | UU 剪 | | CU 剪 | | | | |
| | $C_u$ | $r$ | $E_{S1\text{-}2}$ | $E_{S2\text{-}3}$ | $E_{S3\text{-}4}$ | $c$ | $\varphi$ | $c$ | $\varphi$ | $C_v$ | $k_v$ | $f_{ak}$ |
| | kPa | kN/m$^3$ | MPa | | | kPa | ° | kPa | ° | Cm$^2$/s | Cm/s | kPa |
| ①$_1$层淤泥 | 10 | 14 | 1.50 | 2.75 | 3.70 | 5.5 | 2.4 | 4.6 | 10.0 | 1.8E-03 | 9.47E-07 | 30 |
| ①$_2$软塑黏性土 | — | 15 | 2.85 | 3.96 | 4.79 | 7.6 | 4.6 | 8.9 | 9.3 | 2.0E-03 | 8.78E-07 | 50 |
| ②$_1$可塑层黏性土 | — | 16 | 3.40 | 4.50 | 6.75 | 14.3 | 7.2 | 12.4 | 15.4 | 2.2E-03 | 9.05E-07 | 140 |
| ②$_2$稍密-中密砂土 | — | 18 | 9.3(变形模量) | | | $\varphi$29 | | | | — | — | 200 |
| ③$_1$硬塑层黏性土 | — | 16 | 10.3(变形模量) | | | 34.6 | 5.9 | 14.7 | 20.8 | — | — | 200 |
| ③$_2$密实砂土 | — | 20 | 12.9(变形模量) | | | $\varphi$36 | | | | — | — | 250 |
| ④$_1$坚硬黏性土 | — | 17 | 16.2(变形模量) | | | 50.0 | 8.0 | 80.0 | 27.0 | — | — | 350 |
| ④$_2$很密砂土 | — | 22 | 19.0(变形模量) | | | $\varphi$40 | | | | — | — | 350 |

注：1. ①$_1$层参数不适用于鱼塘底部的浮泥。

2. ①$_1$层淤泥的自重应力在压力段 0.1～0.2MPa 之间，因此 $E_{S1\text{-}2}$按原位测试结果估算给出。

3. 表中的变形模量均依据原位测试估算结果给出。

4. 固结系数和渗透系数建议值适用于压力段 0.1～0.2MPa。

5. 剪切指标为峰值强度。

总体上①$_1$ 层厚度在 5～7m，①$_2$ 层厚 5m 左右，②层厚约 10m，③层埋深总体上大于 20m，④埋深大于 33m。

Ⅰ区：主厂区、煤场、灰场东侧等地段属工程地质条件一般区。该区域①层厚度总体上不超过 12m，第③层的顶板高程变化相对较小，一般在－17～－22m 之间。

Ⅱ区：灰场西侧（C49、C50 和 S91 钻孔一带）为工程地质条件较差区，①$_1$ 层厚度为 13～18m，①层总厚度达 30m 以上。

Ⅲ区：辅建地段 C09 以北沿 Ci Slatip 河及 Kali Apung 河两岸到 Java 海地带为工程地质条件极差区域。该区域沉积环境为红树林沼泽沉积，①$_1$ 层厚度一般大于 20m，①层总厚度在 30～35m。同时，该区域中泥炭质土较广泛地分布于①层和②层之中。

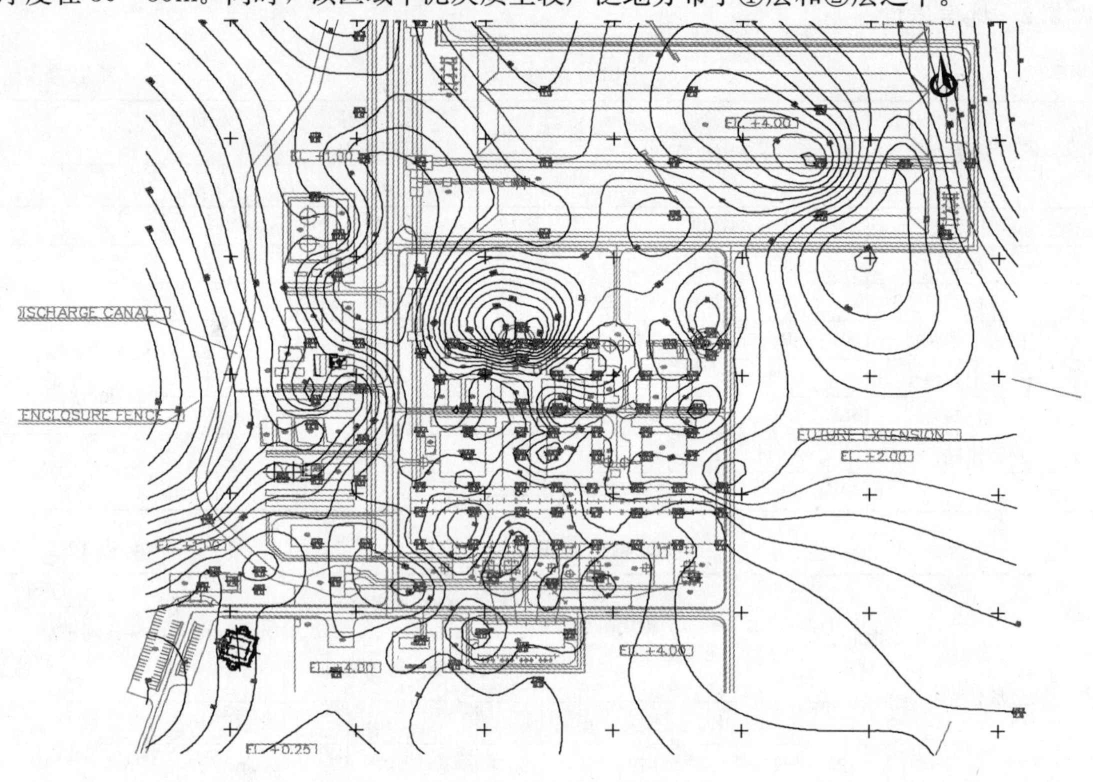


图 12-4 ①层等厚线

### 12.2.3 地下水及水（土）腐蚀性

地下水为潜水，潜水埋深小于 0.3～1.0m 或直接与地表水相连，由海水和河水补给。

地下水在Ⅱ类环境下对混凝土、混凝土中的钢筋以及钢结构均具有中等腐蚀性，在干湿交替的条件下对前两者具强腐蚀性。河水和海水对混凝土和钢结构均具有中等腐蚀性，对混凝土中的钢筋具弱腐蚀性，干湿交替下对混凝土中的钢筋具强腐蚀性。

### 12.2.4 地震及建筑场地类别

#### 12.2.4.1 地震动峰值加速度

**场地 500 年地震重现期主要地震参数** **表 12-3**

| 基岩地震动峰值加速度 | 地面地震动峰值加速度 | 场地特征周期 |
|---|---|---|
| 0.21$g$ | 0.308$g$ | 0.64s |

#### 12.2.4.2 建筑场地类别

**等效剪切波速统计表** **表 12-4**

| 钻　孔 | C23 | C30 | C35 |
|---|---|---|---|
| 等效剪切波速（m/s） | 132 | 144 | 193 |

按 UBC 1997《建筑场地类别分类标准》，钻孔 C23、钻孔 C30 和钻孔 C35 的实测剪

切波速结果表明：钻孔 C23 所在的烟囱和钻孔 C30 所在的锅炉房区域建筑场地类别为 SE 类（软土），钻孔 C35 所在的主厂房为 SD 类（中软土）。

按《建筑抗震设计规范》4.1.5 和 4.1.6 条的规定，西侧烟囱地段（钻孔 C23）建筑场地类别为Ⅳ类，锅炉房地段（钻孔 C30）和主厂房地段（钻孔 C35）为Ⅲ类。

参考表层流塑-软塑黏性土（第①层）埋深（厚度）等值线图，西侧烟囱地段该层厚度在 16～18m 左右。结合剪切波速测试结果和表层流塑-软塑黏性土的厚度，除西侧烟囱地段建筑场地类别为Ⅳ类外，主厂房和升压站地段的其余场地为Ⅲ类。

**12.2.4.3 地震效应**

场地属 8 度地震区，表层 5～10m 为流塑状的淤泥，地基承载力为 30kPa，按《构筑物抗震设计规范》(GB 50191—93) 第 4.1.1 条规定场地存在软土震陷问题。

按《建筑抗震设计规范》（GB 50011—2001）4.3.2 条的规定属不液化土。按简化 Seed 方法判断为中等液化以上。

场地存在软土和液化土，属建筑抗震不利地段。

### 12.2.5 岩土工程评价

$①_1$ 层淤泥具有承载力低、软土震陷及负摩阻力等工程特性，因此主要建筑物地段按规范要求全部清除或加固，表层 1～2m 建议清除。同时，该层不应作为任何建筑物的持力层。$①_2$ 层软塑黏性土不能作为任何建筑物的持力层。①层桩基计算时建议不考虑侧阻力，应考虑负摩阻力。

②层可塑黏性土和稍密-中密砂土局部地段砂土具有地震液化的特性。②层可以为桩基提供侧阻力，但不应作为桩端持力层，对打入桩而言，总体上该层可穿越性较好，局部地段存在硬夹层。

③层硬塑黏性土和密实砂土可以作为桩端持力层，桩进入该层应有足够的深度，对该层局部分布的泥炭质土要求穿越。

④层坚硬黏性土和很密粉砂可作为桩端持力层和下卧层，应验算桩基沉降是否满足要求。

各层土体的原位测试数据均具有高变异性的特点，而且②层、③层和④层中黏性土和砂土均交错分布，不具备严格的成层性。

综上所述，本工程场地岩土性质恶劣，具有以下特点：（1）表层广泛分布深厚淤泥，不能作为任何建（构）筑物的持力层，且清除、开挖困难，施工机具难以进入；（2）欠固结度高，地基沉降大，侧向变形大，场地稳定性差；（3）存在软土震陷和中等程度以上的地震液化，属抗震不利地段。因此，本工程场地必须进行地基处理。

## 12.3 全厂地基处理

### 12.3.1 地基处理的目的和要求

地基处理的基本目的：

a. 预先固结，减少工后沉降，提高场地稳定性；

b. 消除或尽可能减轻地震震陷、液化等震害；

c. 提高预应力管桩水平承载力设计值以使桩基方案成立。

**地基处理技术指标** **表 12-5**

| 场地分区 | ①层承载力特征值 $f_{ak}$ | 固结度 | $\phi$600PC 桩，单桩水平承载力设计值（10mm） | 工　期 | 工后沉降 |
|---|---|---|---|---|---|
| 主厂房区（Ⅰ） | ≥100kPa | ≥90% | ≥100kN | 110 天 | |
| 煤场区（Ⅱ） | ＞130kPa | ≥90% | ≥80kN | 150 天 | ≤40cm |
| 辅建区（Ⅲ） | ＞100kPa | ≥90% | ≥80kN | 120 天 | ≤10cm |
| A 列外（Ⅳ） | ＞100kPa | ≥90% | ≥80kN | 120 天 | ≤10cm |
| 道路（Ⅴ） | ＞100kPa | ≥90% | ≥80kN | 120 天 | ≤30cm |

### 12.3.2 方案比较

#### 12.3.2.1 主厂房地基处理方案比较分析

为了提高主厂房区域桩的水平承载力，以及提高支护结构的稳定性，主厂房考虑采用两种地基处理方案：（1）真空＋覆水联合预压，提高单桩承载力，降低基坑开挖难度；（2）桩顶用碎石换填 2.5m 软弱土，提高单桩承载力。

（1）真空覆水联合预压

利用真空压力（设计真空度 80kPa）和覆水 2m（20kPa）进行预压。经计算分析，3 个月预压结束后，固结度达 81%，产生沉降量 609mm，①层淤泥不固结不排水强度达到 25.8kPa，地基极限承载力 $f_u=142\text{kPa}$，地基承载力特征值 $f_{ak}=71\text{kPa}$。

根据《建筑桩基技术规范》（JGJ 94—94）估算预应力混凝土管桩 PC600 单桩水平承载力设计值：

$$R_h=\frac{\alpha^3 EI}{v_x}\chi_{0a}$$

式中，$R_h$ ——单桩水平承载力设计值；

$\alpha$ ——桩的水平变形系数，$\alpha=\sqrt[5]{\frac{mb_0}{EI}}$；

$EI$ ——桩身抗弯刚度，$EI=0.85E_cI_0$；

$\chi_{0a}$ ——桩顶容许水平位移，10mm；

$v_x$ ——桩顶水平位移系数，按桩顶铰接取 2.441；

$m$——桩侧土水平抗力系数的比例系数，取①$_2$ 层软塑黏性土的 $m=4.5\text{MN/m}^4$。

单桩水平承载力设计值 $R_h=95\text{kN}$。

（2）桩顶用碎石换填 2.5m 软弱土

主厂区基坑开挖深度 4.5m，然后填 2.5m 碎石土，达到桩顶置换 2.5m 厚软弱土的目的，并提高桩的水平承载力。处理后地基中 PC600 桩水平承载力设计值 162kN（对应的桩顶水平变形为 10mm）。主厂区基坑开挖深度 4.5m，然后填 2.5m 碎石土。主厂区基坑开挖采用悬臂式混凝土板桩结构（W600-AB-1000），插入深度 16m，变形较大，弯矩接近开裂弯矩，其中 PLAXIS 分析结果超过开裂弯矩。而采用局部放坡（浅部 2m 范围内卸荷）+悬臂式混凝土板桩结构，内力减小明显，效果较好。场地回填土距坑边 20m 之外时对板桩的变形、内力与稳定影响较小，建议回填土距坑边 20m。

根据《建筑桩基技术规范》（JGJ 94—94）估算预应力混凝土管桩 PC600 单桩水平承载力设计值，取不处理土的 $m$ 值为 $1MN/m^4$，碎石 $m$ 值为 $20MN/m^4$。

对于桩径为 600mm 的 PC 桩，平均 $m$ 值的计算深度为：$h_m = 2(d+1) = 3.2m$。因换填层厚 $h_1=2.5m$，则不处理土层厚 $h_2=3.2-2.5=0.7m$。

$m$ 平均值为：

$$\overline{m} = \frac{m_1 h_1^2 + m_2(2h_1+h_2)h_2}{h_m^2} = \frac{20\times2.5^2+1\times(2\times2.5+0.7)\times0.7}{3.2^2}$$

$$= 12.6\ MN/m^4$$

桩身计算宽度：$b_0 = 0.9(1.5d+0.5) = 1.26m$

桩身抗弯刚度：$EI = 0.85E_c I_0 = 0.85\times36\times106\times\frac{\pi\cdot(d^4-d_1^4)}{64}$

$$=1.56\times105kN\cdot m^2$$

桩的水平变形系数：$\alpha=\sqrt[5]{\frac{mb_0}{EI}}=0.63m^{-1}$

桩的换算埋深：$\alpha h=0.63\times30=18.9>4$，则取桩顶水平位移系数：$v_x=2.441$（按自由、铰接取）

桩顶允许水平位移：$x_{oa}=10mm$

单桩水平承载力为：$R_h=\frac{\alpha^3 EI}{v_x}x_{oa}=162kN$

（3）方案对比

**方案对比** **表 12-6**

| 指标 | 真空+覆水 | 碎石换填 2.5m 软弱土 | 备注 |
|---|---|---|---|
| 处理时间 | 180 天 | | |
| 固结度 | 81% | | |
| 地基承载力特征值 | 71kPa | | |
| 沉降量 | 609mm | | |
| 单桩水平承载力设计值（10mm） | 81.5kN | 162kN | |
| 开挖工程量 | $29500m^3$ | $61600\ m^3$ | |
| 开挖方式 | 1∶1 自然放坡 | 板桩支护 | |
| 换填碎石工程量 | — | 239 万 | 71.4 元/$m^3\times33500m^3$ |
| 板桩支护工程量 | — | 至少 985 根×16m | 元/m |
| 真空处理费用 | 350 万 | | 234.3 元/$m^2\times14940m^2$ |

碎石换填方案对单桩水平承载力设计值提高明显，技术指标可靠，完全满足设计需要，施工过程中还需要对施工道路进行处理，比如碎石桩，经济指标高于真空处理费用；真空+覆水方案进场迅速，制约条件少，施工难度小，时间效益明显，地基承载力特征值

>70kPa，减轻了地震震陷危害，单桩承载力预估值低于设计要求 18.5%。

### 12.3.2.2 煤场地基处理方案比较分析

煤场场地整平填土 4m，考虑预抬高 1m，共填土 5m，填土重度取 $18kN/m^3$，填土总荷载约 90kPa。堆煤荷载约 126kPa，因此煤场总荷载约 216kPa，由此产生的总沉降约 1.07m，拟采用两种方案作比较：(1) 真空联合堆载预压；(2) 堆载预压。

(1) 真空联合堆载预压

利用真空压力（80kPa）和 5m 整平填土（90kPa）进行联合预压。真空预压 3 个月后煤场处理层固结度达到 98%以上，完成工前沉降 1282mm，预计工后沉降 501mm。①层淤泥不固结不排水强度达到 35.6kPa，地基极限承载力 $f_u=196kPa$，地基承载力特征值 $f_{ak}=98kPa$。

(2) 堆载预压

利用 5m 整平填土（90kPa）进行堆载预压，预压总荷载约 90kPa。根据地质资料计算的工后沉降 1050mm，实际工后沉降小于该值。

采用堆载预压处理，在煤荷载作用下地基工后沉降较大。但是如果预压时间足够（大于 1 年以上），通过合理安排施工工序，以及运行后时间和空间上堆煤顺序，堆煤荷载对周边环境的影响较小，可以满足运行要求。

a. 预压区表层清除浮泥及植被，铺一层无纺土工布，再在其上铺厚度 500mm 中粗砂垫层。

b. 打设塑料排水板，塑料排水板深度为 11m，梅花形布置，间距 1.2m。

c. 进行填土加载，同时分三层铺设土工格栅，要求抗拉强度达到 100～120kN/m。

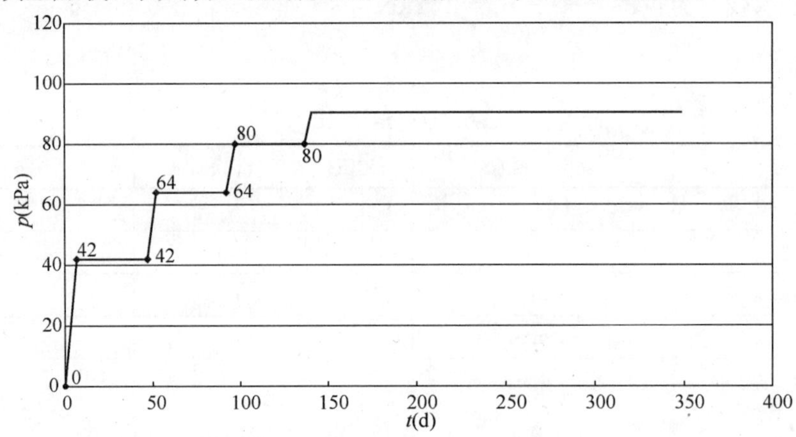


图 12-5 煤场堆载预压法加载计划

堆载预压固结度与沉降计算见表 12-7。

煤场固结度与沉降计算 表 12-7

| 排水板参数 | | 软土厚度 mm | 加载形式 | 荷载 (kPa) | 加荷完成时间 (d) | 固结度计算时间 (d) | 总 $U$ (%) | 总沉降 mm | 工后沉降 (mm) | 处理后地基土承载力特征值预估 (kPa) |
|---|---|---|---|---|---|---|---|---|---|---|
| 间距 (m) | 长度 (m) | | | | | | | | | |
| 1.2 | 11 | 20 | 堆载预压 | 90 | 142 | 360 | 86 | 1783 | 1050 | 64 |

（3）方案对比

**方案对比** 表 12-8

| 指　　标 | 真空+堆载 | 堆载预压 | 备　注 |
|---|---|---|---|
| 处理时间 | 180 天 | 360 天 | |
| 固结度 | 98% | | |
| 地基承载力特征值 | 98kPa | 64kPa | |
| 沉降量 | 1282mm | 733mm | |
| 单桩水平承载力设计值（10mm） | >80kN | >80kN | |

两种方案均能满足设计要求。由于利用了场平土堆载，堆载预压地基处理成本较低，而真空+堆载的方案时间效益显著。

**12.3.2.3　辅建区地基处理方案比较分析**

（1）真空预压

真空预压处理方案同 12.3.2.1 节。

（2）堆载预压

辅建区场地整平填土 4m，预抬高 0.5m，共 4.5m。综合工期和经济因素，拟采用利用整平填土自重预压方案。方案设计同 12.3.2.2 节。预压 138 天结束后，地基处理层固结度达到 97%上，完成工前沉降 457mm，预计工后沉降 115mm。①层淤泥不固结不排水强度达到 22.8kPa，地基极限承载力 $f_u$=125kPa，地基承载力特征值 $f_{ak}$=62.5kPa。辅建区场地利用整平填土自重预压，工后沉降小于 200mm，处理效果较好。

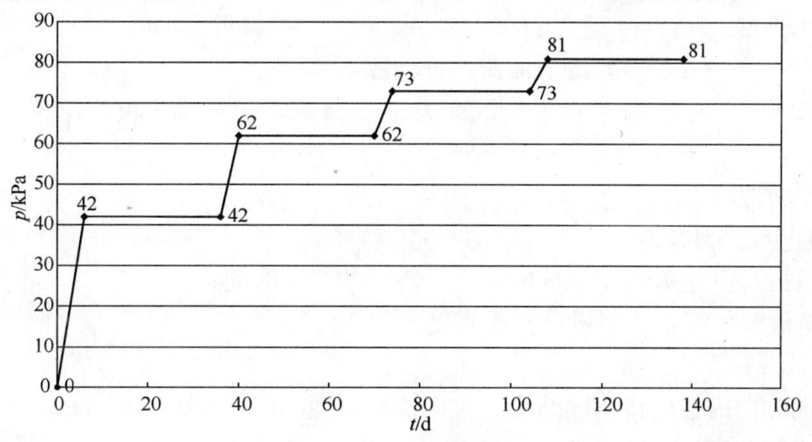


图 12-6　辅建区堆载预压法加载计划

堆载预压固结度与沉降计算见表 12-9。

**辅建区堆载预压固结度与沉降计算** 表 12-9

| 排水板参数 | | 软土厚度(m) | 加载形式 | 荷载(kPa) | 加荷完成时间(d) | 固结度计算时间(d) | 总 $U$% | 处理层 $U$(%) | 未打穿层 $U$(%) | 总沉降(mm) | 工前沉降(mm) | 工后沉降(mm) | 处理后地基承载力特征值(kPa) |
|---|---|---|---|---|---|---|---|---|---|---|---|---|---|
| 间距(m) | 长度(m) | | | | | | | | | | | | |
| 1.2 | 10 | 20 | 填土 4.5m | 81 | 108 | 138 | 60 | 98 | 22 | 572 | 457 | 115 | 62.5 |

(3) 方案对比

同 12.3.2.2 节所述，两种方案均能满足设计要求。由于利用了场平土堆载，堆载预压地基处理成本较低，而真空＋堆载的方案时间效益显著。

### 12.3.3 方案综合评价

利用场平土堆载＋换填的地基处理方案的主要特点是：a. 技术指标可靠，有利于消除沉降和侧向变形，提高场地的稳定性，减轻了震陷和液化危害；b. BOP 区、煤场、A 列外、全厂道路等地基处理费用较低，主厂房、锅炉房、烟囱、循环水泵房等较深开挖区域需要采取板桩支护措施，产生较大的费用，综合经济效益不明显；c. 由于场地淤泥深厚，分布面积广，施工机具难以展开，无法达到分层均匀碾压；d. 当地土方组织困难，且交通情况恶劣，堆载预压时间会大大多于计算预估时间。

真空＋覆水/堆载的地基处理方案的主要特点是：a. 技术指标偏低；b. 处理面积广，有利于快速形成表层硬壳，便于施工机具进入；c. 受材料组织和交通条件的约束较小；d. 有利于结合场平进行基础施工，综合时间效益明显。

综上所述，两种地基处理方案均可行，考虑到工程进度是重要的约束条件，全厂采用真空＋覆水/堆载的地基处理方案。

附：主厂房 I－1 区域真空＋覆水地基处理效果分析计算

1. 原始资料：

处理时真空负压：80kPa

处理覆水高度：2m

按照 80kPa 真空＋20kPa 覆水加荷进行计算

加固深度按实际插打排水板平均深度为 10m 计算，塑料排水板按间距 @0.5×0.5m 三角形布置。

2. 设计堆载方案：

地基处理分两个阶段：

(1) 开始抽真空并达到 80kPa 的稳定状态：约 2 天时间；

(2) 第 7 天开始覆水，至设计覆水高度：约 10 天时间。

3. 分析计算：

采用竖向和向内径向排水固结法，竖向固结系数：$C_v = 2.0\times10^{-3}$cm/sec

由资料无径向固结系数，考虑 $C_h = C_v = 2.0\times10^{-3}$cm/s

$$\vec{U}_t = \sum_{i=1}^{n} \frac{\dot{q}i}{\Sigma\Delta p}\left[(T_i - T_{i-1}) - \frac{\alpha}{\beta}e^{-\beta t}\ (e^{\beta T_i} - e^{\beta T_{i-1}})\right]$$

塑料排水板参数计算：

$$l = 0.5\text{m} \quad d_e = 1.05l = 0.525\text{m}$$

$$d_p = \frac{2(b+\delta)}{\pi} = \frac{2\times(100+5)}{3.14} = 67\text{mm} = 6.7\text{cm}$$

$$n = d_e/d_p = 7.8$$

$$F_n = \frac{n^2}{n^2-1}\ln(n) - \frac{3n^2-1}{4n^2} = 2.09 - 0.75 = 1.34$$

$$\beta=\frac{8C_h}{F_n d_e^2}+\frac{\pi^2 C_v}{4H^2}$$

$H$ 按 10m 计算：

$$\beta=\frac{8\times2\times10^{-3}}{1.34\times0.525^2\times10^4}+\frac{3.14^2\times2\times10^{-3}}{4\times10^2\times10^4}$$

$$=0.037(1/d)$$

$$\alpha=\frac{8}{3.14^2}=0.811$$

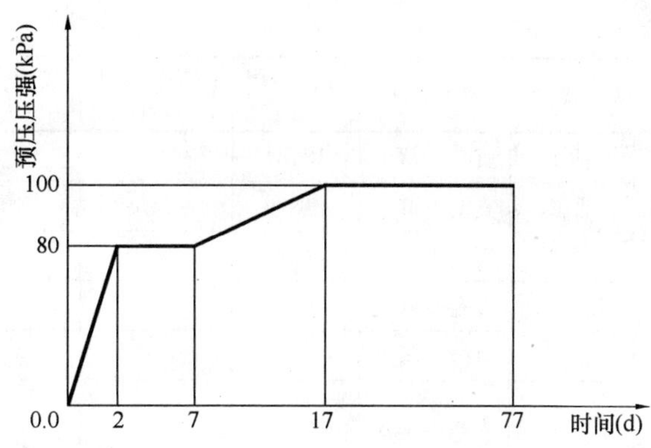


图 12-7　真空覆水处理进度示意图

第 77 天的平均固结度计算：

$$\vec{U}_t=\sum_{i=1}^{n}\frac{\dot{q}i}{\Sigma\Delta p}\left[(T_i-T_{i-1})-\frac{\alpha}{\beta}e^{-\beta t}(e^{\beta T_i}-e^{\beta T_{i-1}})\right]$$

$$=\frac{40}{100}\left[(2-0)-\frac{0.811}{0.0375}e^{-0.0375\times77}(e^{0.0375\times2}-e^{0.0375\times0})\right]$$

$$+\frac{2}{100}\left[(17-7)-\frac{0.811}{0.0375}e^{-0.0375\times77}(e^{0.0375\times17}-e^{0.0375\times7})\right]$$

$$=0.762+0.186=94.8\%$$

### 12.3.4　方案实施及检测

#### 12.3.4.1　施工组织

全厂均采用真空预压联合堆载法进行地基处理。

根据场地不同用途，整个施工场地划分为五个大区，Ⅰ区主厂区、Ⅱ区煤堆场、Ⅲ区辅建区、Ⅳ区 A 列外和Ⅴ区管廊区。结合真空预压的施工特点，各区划分为不同的施工小区。

按照中华人民共和国行业标准《港口工程地基规范》(JTJ 250—98) 的规定，真空预压的稳定卸载标准为：

a. 平均固结度达到 80%以上；

b. 在真空度维持在 0.08MPa 的条件下，沉降速率连续 5～10 天小于或等于 2mm/d。

各区域施工参数　　表 12-10

| 区域 | | 施工方法 | 分区面积 ($m^2$) | 砂垫层厚度 (cm) | 覆土/水厚度 (m) | 排水板长度 (m) | 排水板间距 (m) | PVD 布置形式 |
|---|---|---|---|---|---|---|---|---|
| Ⅰ | Ⅰ-1 | 真空+覆水 | 6937 | 50 | 2 | 8～10 | 0.5×0.5 | 三角形 |
| | Ⅰ-2 | 真空+覆水 | 27088 | 50 | 2 | 8～10 | 0.7×0.7 | 三角形 |
| | Ⅰ-3 | 真空+覆水 | 21629 | 30 | 2 | 8～10 | 0.7×0.7 | 三角形 |
| Ⅱ | Ⅱ-1 | 真空+覆土 | 24956 | | 4 | 8～10 | 0.9×0.9 | 正方形 |
| | Ⅱ-2 | 真空+覆土 | 26663 | | 4 | 8～10 | 0.9×0.9 | 正方形 |
| | Ⅱ-3 | 真空+覆土 | 32469 | | 4 | 8～10 | 0.9×0.9 | 正方形 |

续表

| 区域 | | 施工方法 | 分区面积（$m^2$） | 砂垫层厚度（cm） | 覆土/水厚度（m） | 排水板长度（m） | 排水板间距（m） | PVD布置形式 |
|---|---|---|---|---|---|---|---|---|
| Ⅲ | Ⅲ-1 | 真空＋覆土 | 18184 | | 4 | 8～10 | 0.9×0.9 | 正方形 |
| | Ⅲ-2 | 真空＋覆土 | 21874 | | 4 | 8～10 | 0.9×0.9 | 正方形 |
| | Ⅲ-3 | 真空＋覆土 | 19224 | | 4 | 8～10 | 0.9×0.9 | 正方形 |
| Ⅳ | | 真空＋覆土 | 26567 | | 4 | 8～10 | 0.9×0.9 | 正方形 |
| Ⅴ | | 真空＋覆土 | | | 4 | 8～10，泵站 15m | 0.9×0.9 | 正方形 |
| | | 真空＋覆水 | | | 2 | 8～10，码头区 15m | 0.9×0.9 | 正方形 |

**各区域预估沉降值** **表 12-11**

| 分 区 | 预估沉降（cm） | 分 区 | 预估沉降（cm） |
|---|---|---|---|
| 主厂区 | 61 | V-4 道路区 | 112 |
| 辅建区 | 83 | V-4 水渠 | 87 |
| A 列外 | 81 | V-5 道路区 | 112 |
| 煤场 | 104 | V-5 水渠 | 87 |
| V-1 | 83 | V-6 道路区 | 120 |
| V-2 | 83 | V-6 水渠，V-7 | 91 |
| V-3 道路 | 83 | V-8 | 82 |
| V-3 水渠 | 81 | V-9 | 82 |

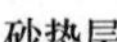

图 12-8 主厂房砂垫层施工示意图

图 12-9 BOP 区抽真空场景

1. 主场区 I-1 区最终沉降量预测和承载力估算

2008 年 3 月 13 日开始抽真空，3 月 20 日开始覆水，4 月初覆水至 1.8m 左右。初期沉降发展较快，日平均沉降在 2cm，随着时间推移，沉降发展逐渐变缓，日均沉降长时间稳定在 7～9mm，从 5 月 23 日起日均沉降已小于 2mm，至 5 月 29 日观测得到五个测点平均总沉降为 62.9cm，沉降发展曲线见图 12-11。

（1）拟合曲线法

用二阶指数衰减函数对实测沉降曲线进行拟合，至 5 月 29 日拟合曲线见图 12-12，根

图 12-10 循环水管坑开挖场景

据预测函数对已发生沉降进行检验，结果见表 12-12，对后期沉降发展预测结果见表 12-13。

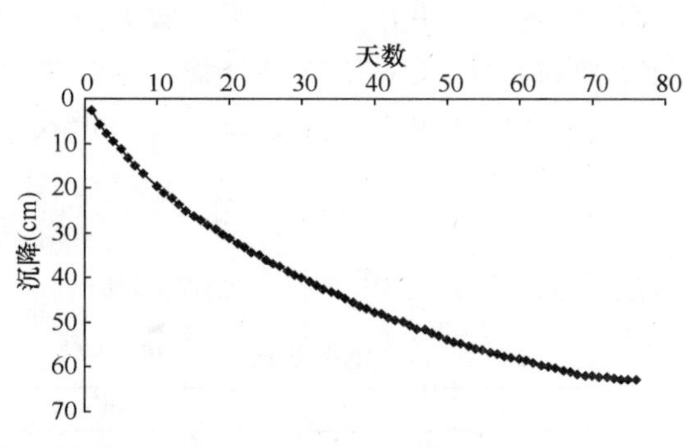


图 12-11 沉降发展曲线

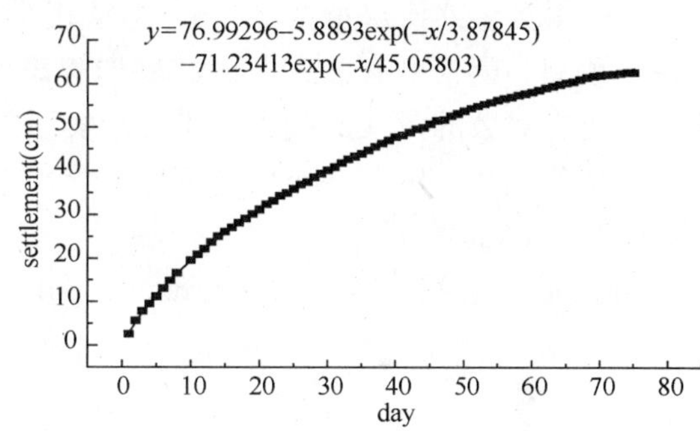


图 12-12 拟合关系曲线

**预 测 检 验** **表 12-12**

| DATE | DAY | CALCULATION | | ACTUAL | |
|---|---|---|---|---|---|
| | | TOTAL | DAILIY | TOTAL | DAILIY |
| | | cm | cm | cm | cm |
| 5-22 | 69 | 61.6 | 0.3 | 61.8 | 0.3 |
| 5-23 | 70 | 61.9 | 0.3 | 62.0 | 0.2 |
| 5-24 | 71 | 62.3 | 0.3 | 62.2 | 0.2 |
| 5-25 | 72 | 62.6 | 0.3 | 62.3 | 0.2 |
| 5-26 | 73 | 62.9 | 0.3 | 62.5 | 0.2 |
| 5-27 | 74 | 63.2 | 0.3 | 62.7 | 0.1 |
| 5-28 | 75 | 63.5 | 0.3 | 62.7 | 0.1 |
| 5-29 | 76 | 63.8 | 0.3 | 62.9 | 0.2 |

**沉降检验及预测结果** 　　　　**表 12-13**

| DATE | DAY | TOTAL | DAILIY | C D | DATE | DAY | TOTAL | DAILIY | C D |
|---|---|---|---|---|---|---|---|---|---|
| | | cm | cm | % | | | cm | cm | % |
| 5-30 | 77 | 64.1 | 0.3 | 83 | 6-11 | 89 | 67.1 | 0.2 | 87 |
| 5-31 | 78 | 64.4 | 0.3 | 84 | 6-12 | 90 | 67.3 | 0.2 | 87 |
| 6-1 | 79 | 64.7 | 0.3 | 84 | 6-13 | 91 | 67.5 | 0.2 | 88 |
| 6-2 | 80 | 64.9 | 0.3 | 84 | 6-14 | 92 | 67.7 | 0.2 | 88 |
| 6-3 | 81 | 65.2 | 0.3 | 85 | 6-15 | 93 | 68.0 | 0.2 | 88 |
| 6-4 | 82 | 65.4 | 0.3 | 85 | 6-16 | 94 | 68.1 | 0.2 | 89 |
| 6-5 | 83 | 65.7 | 0.3 | 85 | 6-17 | 95 | 68.3 | 0.2 | 89 |
| 6-6 | 84 | 66.0 | 0.2 | 86 | 6-18 | 96 | 68.5 | 0.2 | 89 |
| 6-7 | 85 | 66.2 | 0.2 | 86 | 6-19 | 97 | 68.7 | 0.2 | 89 |
| 6-8 | 86 | 66.4 | 0.2 | 86 | 6-20 | 98 | 68.9 | 0.2 | 89 |
| 6-9 | 87 | 66.7 | 0.2 | 87 | 6-21 | 99 | 69.1 | 0.2 | 90 |
| 6-10 | 88 | 66.9 | 0.2 | 87 | 6-22 | 100 | 69.3 | 1.7 | 90 |

拟合得到最终沉降量为 77cm，但从表中日沉降数据不难看出，实测沉降收敛速度明显快于预测。因为所有拟合方法，都先假设实际的沉降-时间关系曲线符合某一曲线形式如指数的、对数的及双曲线形式等。但实际上，由于多种因素的影响，实际的曲线形式可能偏离预测函数。因此推测最终沉降应该小于 77cm。

（2）asaoka 法

用 asaoka 法对沉降曲线进行预测，选取数据点见表 12-14，预测结果见图 12-13。

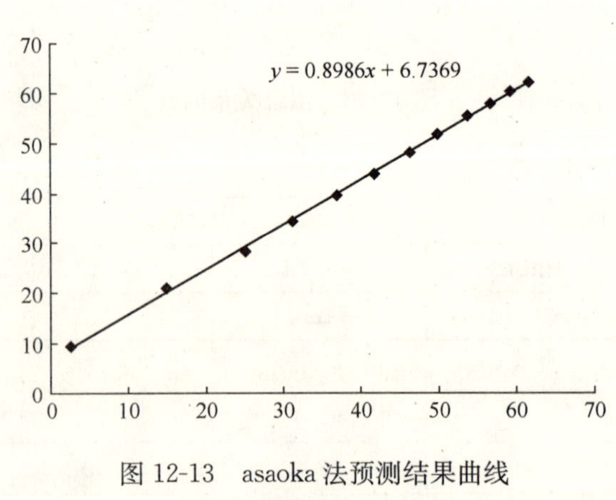

图 12-13　asaoka 法预测结果曲线

**拟合选取数据点** 　　**表 12-14**

| | $x$ | | $y$ |
|---|---|---|---|
| $t_1$ | 2.56 | $t_2$ | 9.48 |
| $t_3$ | 14.86 | $t_4$ | 21 |
| $t_5$ | 25.14 | $t_6$ | 28.2 |
| $t_7$ | 31.24 | $t_8$ | 34.3 |
| $t_9$ | 36.88 | $t_{10}$ | 39.4 |
| $t_{11}$ | 41.84 | $t_{12}$ | 43.9 |
| $t_{13}$ | 46.26 | $t_{14}$ | 48.2 |
| $t_{15}$ | 49.88 | $t_{16}$ | 51.7 |
| $t_{17}$ | 53.74 | $t_{18}$ | 55.4 |
| $t_{19}$ | 56.72 | $t_{20}$ | 57.8 |
| $t_{21}$ | 59.12 | $t_{22}$ | 60.3 |
| $t_{23}$ | 61.5 | $t_{24}$ | 62.2 |

解方程组可以得到预测最终沉降：66cm。

（3）三点法

选取恒载后三个不同时间起点和时间间隔，用三点法对最终沉降的预测结果见表 12-15。

**三点法预测结果** **表 12-15**

| $t_1=20$ | $d_t=20$ | $t_2=17$ | $d_t=22$ | $t_3=24$ | $d_t=24$ |
|---|---|---|---|---|---|
| $s_1$ | 31.2 | $s_1$ | 28.2 | $s_1$ | 35.0 |
| $s_2$ | 47.8 | $s_2$ | 47.0 | $s_2$ | 52.6 |
| $s3$ | 58.2 | $s_3$ | 58.6 | $s_3$ | 62.3 |
| $s$=75.8cm | | $s$=77.8cm | | $s$=74.6cm | |

取三次预测平均值得到最终沉降：76cm。

最终沉降按最大预测值 77cm 考虑，由此推算至 5 月 31 日固结度可以完成 82%。

承载力估算，按 90kPa 真空度和 1.8m 覆水考虑恒载为 108kPa，根据经验，完成 82%固结度时地基竖向承载力在 80kPa 左右。

2. 煤场Ⅱ-3 区最终沉降量预测

2008 年 8 月 23 日开始抽真空，11 月 14 日由于突发事故抽真空暂停，另于 12 月 10 日重新开始抽真空，至卸载沉降发展曲线见图 12-14。

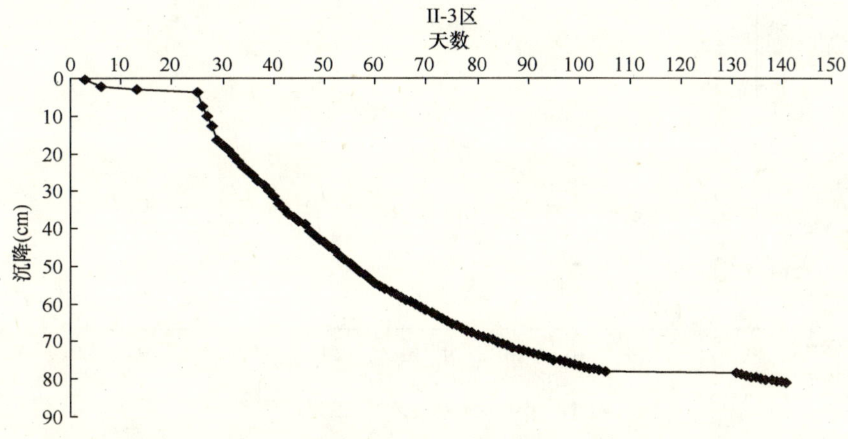


图 12-14　沉降发展曲线

（1）拟合曲线法

由于该区存在较长时间抽真空暂停，从曲线中可以看出，重新抽真空后，数据连续性相对较好，因此可以首先对时间轴进行“压缩”处理，然后用二阶指数衰减函数对该实测沉降曲线进行拟合，拟合结果见图 12-15。

拟合函数：$y = 91 - 86.4\exp(-x/42.4)$

拟合得到最终沉降量为 91cm。

（2）asaoka 法

用 asaoka 法对沉降曲线进行分析，结果见图 12-16。

解方程组可以得到最终沉降为：86.3cm。

（3）三点法

选取恒载后不同时间间隔，用三点法对最终沉降的分析结果见表 12-16。

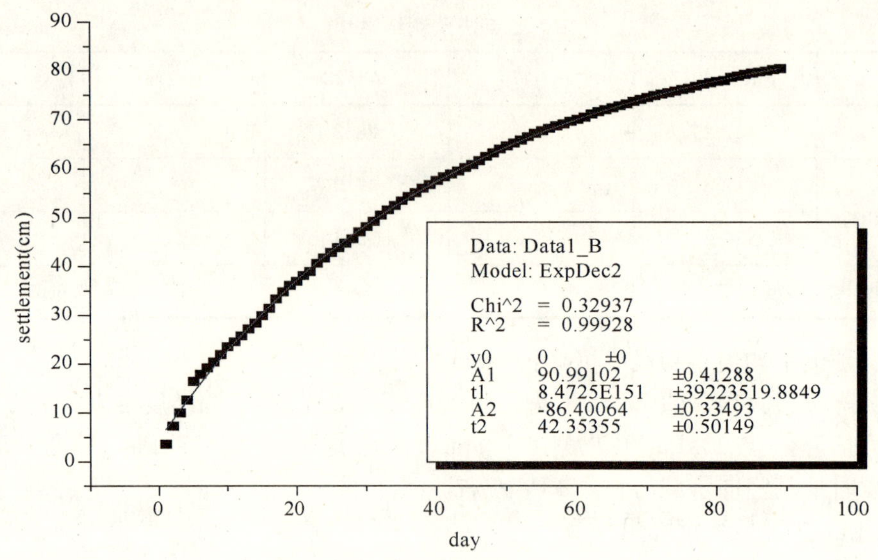


图 12-15　二阶指数函数拟合曲线

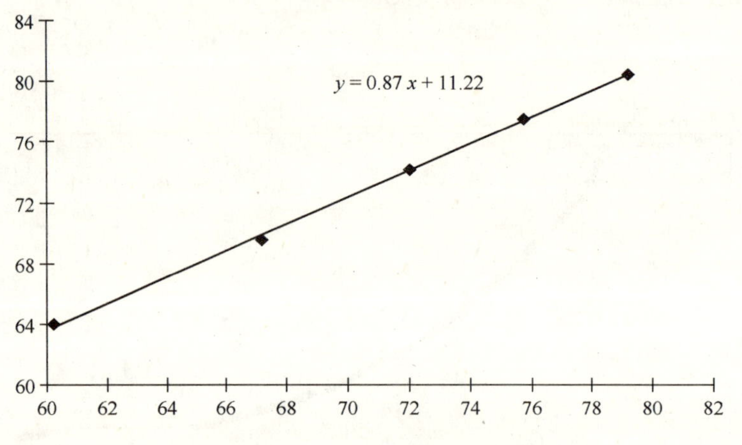


图 12-16　asaoka 法预测结果曲线

**三点法分析结果**　　**表 12-16**

| $t_1=68$ | $d_t=18$ | $t_2=68$ | $d_t=20$ | $t_3=68$ | $d_t=22$ |
|---|---|---|---|---|---|
| $s_1$ | 60.2 | $s_1$ | 60.2 | $s_1$ | 60.2 |
| $s_2$ | 71.1 | $s_2$ | 72.0 | $s_2$ | 72.8 |
| $s_3$ | 77.8 | $s_3$ | 79.2 | $s_3$ | 80.2 |
| $s=$ | 88.5 | $s=$ | 90.5 | $s=$ | 90.7 |

取三次分析的平均值得到最终沉降：89.9cm。

从分析结果可以看到，用拟合曲线法、asaoka 法和三点法得到的最终沉降比较接近，因此取平均值作为煤场Ⅱ-3 区最终沉降量：89.1cm。

3. 煤场Ⅱ-2 区最终沉降量预测

2008 年 9 月 1 日开始抽真空，至 12 月 29 日卸载沉降发展曲线见图 12-17。

由于该区填土一直未能到位，导致该区始终处于缓慢加载阶段，因此不管是拟合曲线还是 asaoka 法和三点法都不适宜进行沉降预测。从加固前静探分析可以看出，Ⅱ-2 区和

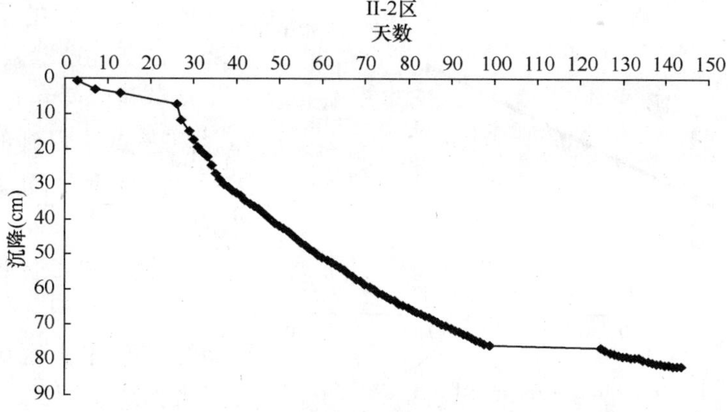


图 12-17　沉降发展曲线

Ⅱ-3 区地质情况相似，软土层平均厚度约 6.4m，在上部荷载相同的情况下，认为两区最终沉降量相近。但Ⅱ-2 区填土高度比Ⅱ-3 区平均低 20cm 左右。由式 $S_c = m_s \sum_{i=1}^{n} \frac{\Delta h_i}{1+e_{0i}} C_{ci} \lg\left(\frac{p_{0i}+\Delta p_i}{p_{ci}}\right)$，根据 ITB 岩土工程勘察报告提供的地质参数，计算得到 20cm 填土荷载差异导致Ⅱ-2 与Ⅱ-3 区最终沉降差为：0.1cm。

由煤场Ⅱ-3 区最终固结度评估得到Ⅱ-3 区最终沉降量为：89.1cm，因此Ⅱ-2 区最终沉降为 89cm。

至卸载，煤场Ⅱ-3 区实际完成沉降共 81cm，实际完成固结度 91%；Ⅱ-2 区实际完成沉降为 81.8cm，推算实际完成固结度为 91.9%。

4. 辅建Ⅲ-1 区最终沉降量预测

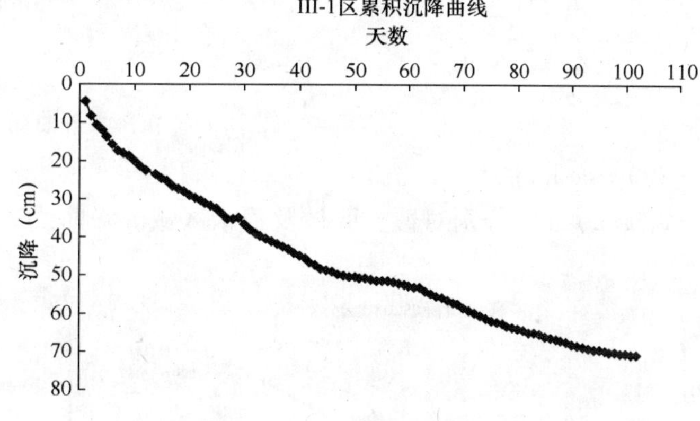


图 12-18　沉降发展曲线

2008 年 6 月 2 日开始抽真空，至最终卸载的沉降发展曲线见图 12-18。

(1) asaoka 法

用 asaoka 法对沉降曲线进行分析，结果见图 12-19。

(2) 三点法

选取恒载后不同时间间隔，用三点法对最终沉降的分析结果见表 12-17。

**三点法分析结果**　　**表 12-17**

| $t_1=62$ | $d_t=20$ | $t_2=62$ | $d_t=19$ | $t_3=62$ | $d_t=18$ |
|---|---|---|---|---|---|
| $s_1$ | 53.1 | $s_1$ | 53.1 | $s_1$ | 53.1 |
| $s_2$ | 64.8 | $s_2$ | 64.4 | $s_2$ | 63.9 |
| $s_3$ | 70.8 | $s_3$ | 70.5 | $s_3$ | 70.2 |
| $s=$ | 77.1 | $s=$ | 77.7 | $s=$ | 79.0 |

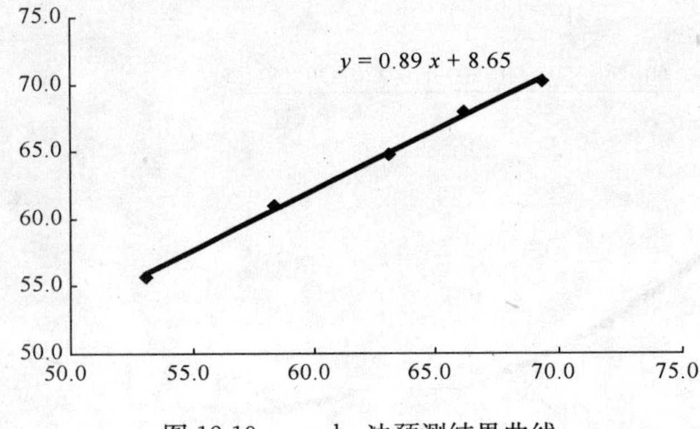


图 12-19　asaoka 法预测结果曲线

取三次分析的平均值得到最终沉降：77.9cm。

从分析结果可以看到，用 asaoka 法和三点法得到的最终沉降比较接近，因此取平均值作为Ⅲ-1 区最终沉降量：78.3cm。

5. 辅建Ⅲ-2 区最终沉降量预测

2008 年 6 月 13 日开始抽真空，至最终卸载覆土区域及覆水区域沉降发展曲线见图 12-20。

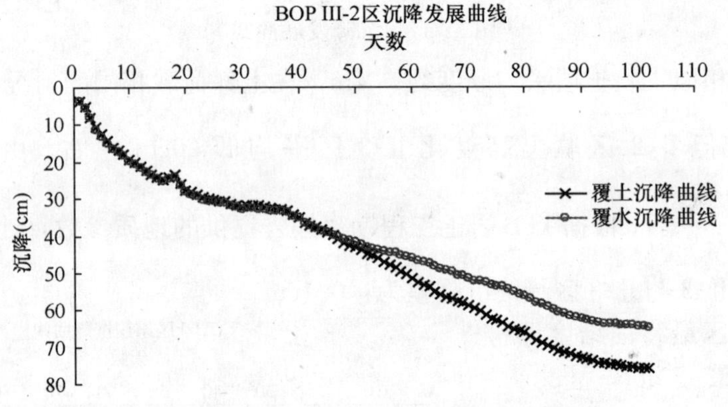


图 12-20　沉降发展曲线

(1) asaoka 法

用 asaoka 法分别对覆土区域及覆水区域沉降曲线进行分析，结果见图 12-21。

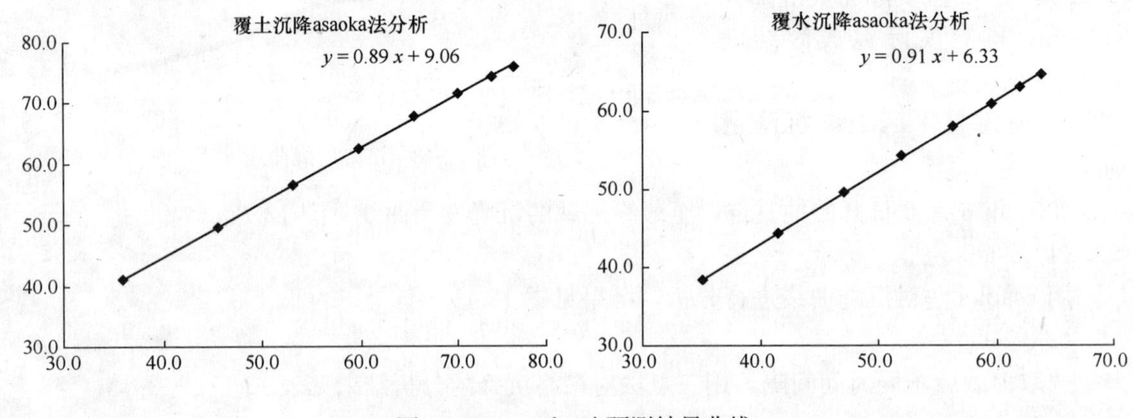


图 12-21　asaoka 法预测结果曲线

解方程组可以得到：覆土部分最终沉降为 82.4cm；覆水部分最终沉降为 70.3cm。

(2) 三点法

选取恒载后三个不同时间间隔，用三点法对覆土区域及覆水区域最终沉降的分析结果分别见表 12-18，表 12-19。

覆土区域三点法分析结果　　表 12-18

| $t_1=40$ | $d_t=31$ | $t_2=40$ | $d_t=30$ | $t_3=40$ | $d_t=29$ |
|---|---|---|---|---|---|
| $s_1$ | 36.0 | $s_1$ | 36.0 | $s_1$ | 36.0 |
| $s_2$ | 64.7 | $s_2$ | 64.0 | $s_2$ | 63.3 |
| $s_3$ | 76.1 | $s_3$ | 75.9 | $s_3$ | 75.6 |
| $s=$ | 83.6 | $s=$ | 84.7 | $s=$ | 85.7 |

取三次分析的平均值得到最终沉降：84.7cm。

覆水区域三点法分析结果　　表 12-19

| $t_1=40$ | $d_t=31$ | $t_2=40$ | $d_t=30$ | $t_3=40$ | $d_t=29$ |
|---|---|---|---|---|---|
| $s_1$ | 35.2 | $s_1$ | 35.2 | $s_1$ | 35.2 |
| $s_2$ | 55.8 | $s_2$ | 55.3 | $s_2$ | 54.8 |
| $s_3$ | 65.0 | $s_3$ | 64.7 | $s_3$ | 64.3 |
| $s=$ | 72.4 | $s=$ | 73.0 | $s=$ | 73.2 |

取三次分析的平均值得到最终沉降：72.9cm。

取平均值得到Ⅲ-2 区覆土区域最终沉降量：83.6cm；覆水区域最终沉降量：71.6cm。

6. 辅建Ⅲ-3 区最终沉降量预测

2008 年 7 月 11 日开始抽真空，至最终卸载覆土区域及覆水区域沉降发展曲线见图 12-22。

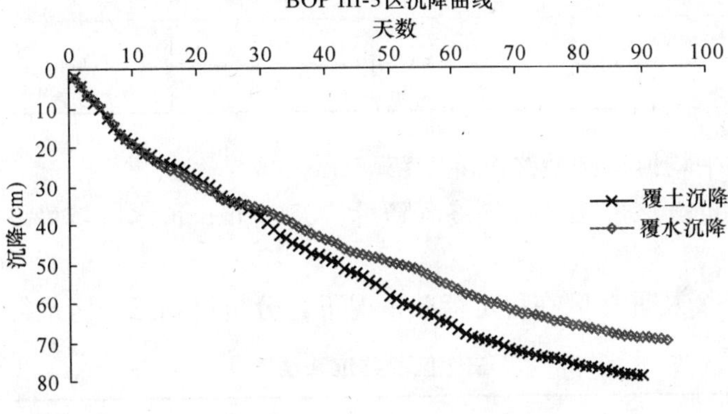


图 12-22　沉降发展曲线

(1) asaoka 法

用 asaoka 法分别对覆土区域及覆水区域沉降曲线进行分析，结果见图 12-23。

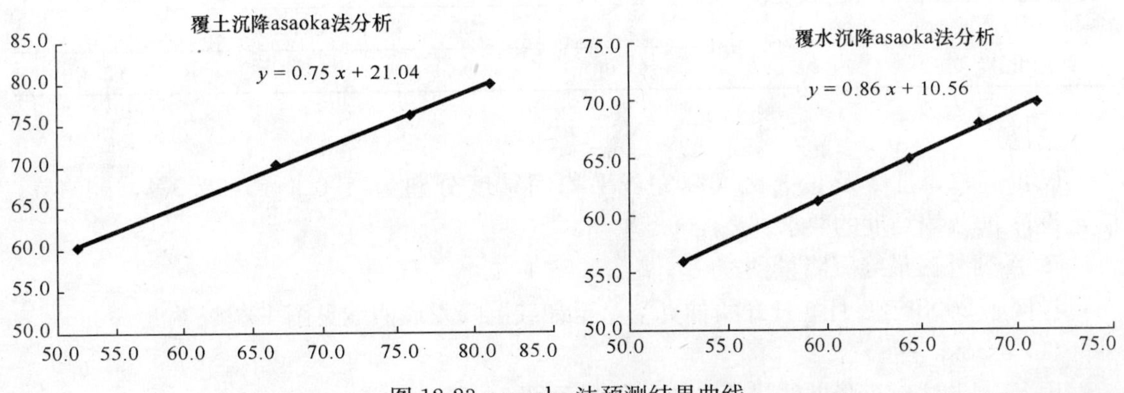


图 12-23　asaoka 法预测结果曲线

解方程组可以得到覆土部分最终沉降为：84.2cm；覆水部分最终沉降为：75.4cm。

（2）三点法

选取恒载后三个不同时间间隔，用三点法对覆土区域及覆水区域最终沉降的分析结果分别见表12-20，表12-21。

覆土区域三点法分析结果　　表12-20

| $t_1=45$ | $d_t=24$ | $t_2=45$ | $d_t=23$ | $t_3=45$ | $d_t=22$ |
|---|---|---|---|---|---|
| $s_1$ | 52.6 | $s_1$ | 52.6 | $s_1$ | 52.6 |
| $s_2$ | 72.0 | $s_2$ | 71.4 | $s_2$ | 70.7 |
| $s_3$ | 79.8 | $s_3$ | 79.5 | $s_3$ | 79.1 |
| $s=$ | 85.0 | $s=$ | 85.6 | $s=$ | 86.4 |

取三次分析的平均值得到最终沉降：85.7cm。

覆水区域三点法分析结果　　表12-21

| $t_1=56$ | $d_t=19$ | $t_2=56$ | $d_t=18$ | $t_3=56$ | $d_t=17$ |
|---|---|---|---|---|---|
| $s_1$ | 52.6 | $s_1$ | 52.6 | $s_1$ | 52.6 |
| $s_2$ | 64.5 | $s_2$ | 64.0 | $s_2$ | 63.6 |
| $s_3$ | 70.1 | $s_3$ | 69.8 | $s_3$ | 69.4 |
| $s=$ | 75.1 | $s=$ | 75.8 | $s=$ | 75.9 |

取三次分析的平均值得到最终沉降：75.6cm。

取平均值得到Ⅲ-3区覆土区域最终沉降量：85.0cm；覆水区域最终沉降量：75.5cm。

固结度计算：

BOP Ⅲ-1，Ⅲ-2及Ⅲ-3区在稳定荷载情况下，分析得到三个区最终沉降为：

三个区最终沉降结果　　表12-22

| 分区 | Ⅲ-1 | Ⅲ-2 | | Ⅲ-3 | |
|---|---|---|---|---|---|
| | 覆土 | 覆土 | 覆水 | 覆土 | 覆水 |
| 稳定水深/堆土高度（m） | 3 | 3.5 | 2.5 | 3.2 | 2.5 |
| 最终沉降量（cm） | 78.3 | 83.6 | 71.6 | 85.0 | 75.5 |
| 实际完成沉降量（cm） | 70.8 | 76.1 | 65.0 | 79.9 | 70.1 |
| 完成固结度（%） | 90.4 | 91.0 | 90.8 | 94.0 | 92.8 |

结论：

BOP Ⅲ-1，Ⅲ-2及Ⅲ-3区实际完成平均固结度分别为：90.4%，90.9%，93.4%，满足设计90%固结度的要求。

7. A列外区最终沉降量预测

Ⅳ区于2008年8月9日开始抽真空，至卸载沉降发展曲线见图12-24。

（1）asaoka法

用asaoka法对沉降曲线进行分析，结果见图12-25。

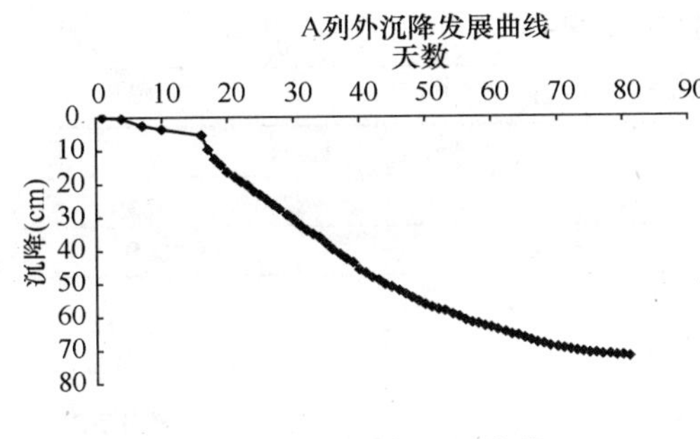


图 12-24　沉降发展曲线

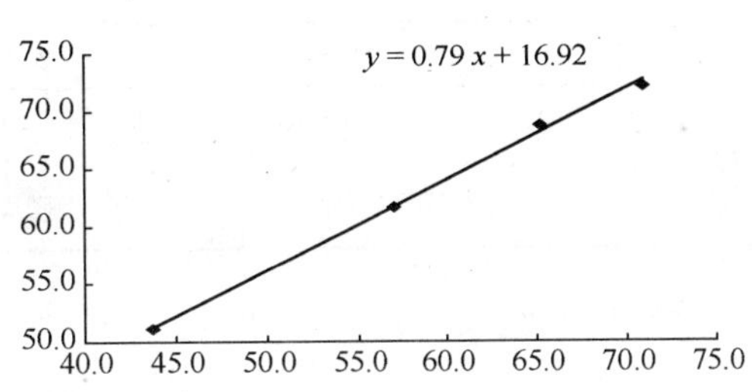


图 12-25　asaoka 法预测结果曲线

解方程组可以得到最终沉降为：78.6cm。

(2) 三点法

选取恒载后不同时间间隔，用三点法对最终沉降的分析结果见表 12-23。

三点法分析结果　　表 12-23

| $t_1=39$ | $d_t=21$ | $t_2=39$ | $d_t=20$ | $t_3=39$ | $d_t=19$ |
|---|---|---|---|---|---|
| $s_1$ | 43.7 | $s_1$ | 43.7 | $s_1$ | 43.7 |
| $s_2$ | 63.3 | $s_2$ | 62.8 | $s_2$ | 62.3 |
| $s_3$ | 72.1 | $s_3$ | 71.7 | $s_3$ | 71.3 |
| $s=$ | 79.3 | $s=$ | 79.5 | $s=$ | 79.7 |

取三次分析的平均值得到最终沉降：79.1cm。

从分析结果可以看到，用 asaoka 法和三点法得到的最终沉降比较接近，因此取平均值作为 A 列外Ⅳ区最终沉降量：78.9cm。

结论：

A 列外至卸载实际完成沉降量 72.1cm，计算实际完成固结度为 91.4%，满足设计 90%固结度的要求。

### 12.3.4.2　试桩

主厂房区域地基处理完毕后，在 3 号锅炉外侧进行了 PC500，PC600 两种桩型的试桩，A1 型，共 3 组，每组 3 根，桩端开口，试验竖向和水平承载力。以③或④层为持力层，最大加载略低于供货商提供的竖向极限承载力×2（安全系数）。

管　桩　参　数　　表 12-24

| 外径 (mm) | 壁厚 (mm) | 型号 | 截面积 ($cm^2$) | 长度 (m) | 弯　矩 | | 桩身竖向承载力 (kN) |
|---|---|---|---|---|---|---|---|
| | | | | | 开裂（kN·m） | 极限（kN·m） | |
| 600 | 100 | A1 | 1570 | 6～16 | 170 | 255 | 2527 |

锤型：导杆柴油锤 JWD. 8. 3。

控制标准：最大捶击数不超过 2000 击，最后 1m 的捶击数不宜超过 250 击；最后 10 击贯入度小于 25mm。

竖向静载试验（$\phi$600）结果如下：

竖向静载试验（$\phi$600）结果　　表 12-25

| 桩号 | 最大加载（kN） | 最大沉降（mm） | 卸载后总沉降（mm） | 回弹率 |
|---|---|---|---|---|
| S1 | 4500 | 16.52 | 4.15 | 0.75 |
| S2 | 4500 | 16.76 | 4.28 | 0.74 |
| S3 | 4500 | 20.32 | 3.79 | 0.81 |

水平试验结果（$\phi$600）如下：

水平试验结果（$\phi$600）　　表 12-26

| 桩号 | 最大加载（kN） | 10.5t 对应位移（mm） | 40mm 位移对应荷载（kN） | 备　注 |
|---|---|---|---|---|
| S1 | 210 | 6.81 | 210 | 最大位移 39.95mm/21t |
| S2 | 196 | 8.76 | 193 | 位移大于 40mm/19.6t |
| S3 | 182 | 8.51 | 178 | 位移大于 40mm/18.2t |

试桩提供的工程数据如下：

试桩提供的工程数据　　表 12-27

| 桩　型 | 竖向极限承载力 | 水平承载力设计值 | 备　注 |
|---|---|---|---|
| PC600 | 450t | 10t（桩顶位移 10mm） | 竖向非破坏性试验 |
| PC500 | 300t | 8t（桩顶位移 10mm） | |

桩的水平承载力设计值高于预估值，估计桩顶处作为地基处理透水层的砂垫层起到了有利作用，由于该砂垫层在地基处理完毕后并不清除，可以认为试桩提供的数据基本可靠，达到了设计要求。

## 12.4 主要建（构）筑物地基基础设计

### 12.4.1 方案选择

桩型：预应力混凝土管桩（当地成熟桩型），PC500，PC600，A1 型；

桩端持力层：③或④层。

主要建（构）筑物基础形式　　表 12-28

| 建（构）筑物 | 基础形式 | 特　点 |
|---|---|---|
| 主厂房 | 桩-筏 | 布桩灵活，整体刚度好，有利于调节不均匀沉降 |
| 锅炉房 | 桩-筏 | |
| 集控楼 | 桩-筏 | |
| 烟囱 | 桩-筏 | |
| 烟道系统 | 桩-承台 | |
| 斗轮机 | 桩-承台 | |
| 转运站 | 桩-承台/箱 | |
| 栈桥 | 桩-承台 | |

### 12.4.2 基础设计

主厂房采用桩筏基础，桩基础为PC A600 100预应力管桩，桩长27.5m左右；筏板厚度初定为2.5m，以现有地坪标高为MSL0.000计算，板底标高－1.6m，板顶标高0.9m，覆土3.5m，室内地面标高4.4m。主厂房桩筏基础平面布置见图12-26所示，筏板宽度54m，长度243m，基础一侧有锅炉及集控楼等相邻建筑物。筏板上分布有厂房柱、磨煤机、汽轮机、冷凝设备等多种荷载。

锅炉基础采用桩筏基础，桩基础为PC A600 100预应力管桩，桩长27.5m左右；筏板厚度初定为2.5m，以现有地坪标高为MSL0.000计算，板底标高－1.6m，板顶标高0.9m，覆土3.5m，室内地面标高4.4m。锅炉基础宽度43m、长度40m（三个独立锅炉基础）。三个锅炉基础平行布置，基础一侧为主厂房基础，1号与2号锅炉之间为集控楼基础。

集控楼采用桩筏基础，桩基础为PC A600 100预应力管桩，桩长27.5m左右；筏板厚度初定为2m，以现有地坪标高为MSL0.000计算，板底标高－0.4m，板顶标高1.6m，覆土2.8m，室内地面标高4.4m。集控楼基础位于1号锅炉房和2号锅炉房之间，宽24m，长52m。布置见图12-26所示。

内力分析——基本组合；

变形分析——长期效应组合；

分析软件——POGAP有限元桩筏分析软件（浙江大学编制）。

#### 12.4.2.1 主厂房桩－筏基础

（1）荷载类型

**荷　载　类　型**　　　　**表12-29**

| 1 | 2 | 3 | 4 | 5 | | |
|---|---|---|---|---|---|---|
| 筏板自重 | 覆土重 | 室内地坪均布荷载 | 厂房柱脚荷载 | 设备荷载 | | |
| 2.5m厚混凝土板 | 3.5m厚覆土 | | | 磨煤机 | 汽机 | 冷凝设备 |

基础及回填土自重计算时，地下水位以上回填土的重度取$18kN/m^3$，基础的重度取$25kN/m^3$；地下水位以下回填土的浮重度取$8kN/m^3$，基础的浮重度取$15kN/m^3$，基础板厚2.5m。室内地坪均布荷载取15kPa。

（2）组合原则

长期效应组合用于计算基础板的沉降，确定群桩刚度，恒载与自重的分项系数取1.0，活荷载的分项系数取0.5。

对于承载能力极限状态的荷载效应组合，可按下述表达式进行结构设计：

$$\gamma_0 S \leqslant R$$

式中，$\gamma_0$——结构重要性系数。本工程$\gamma_0=1.1$（地震组合时不考虑）；

$S$——荷载效应组合的设计值；

$R$——结构或构件抗力设计值。

对于基本组合设计时$S$值按下述公式确定：

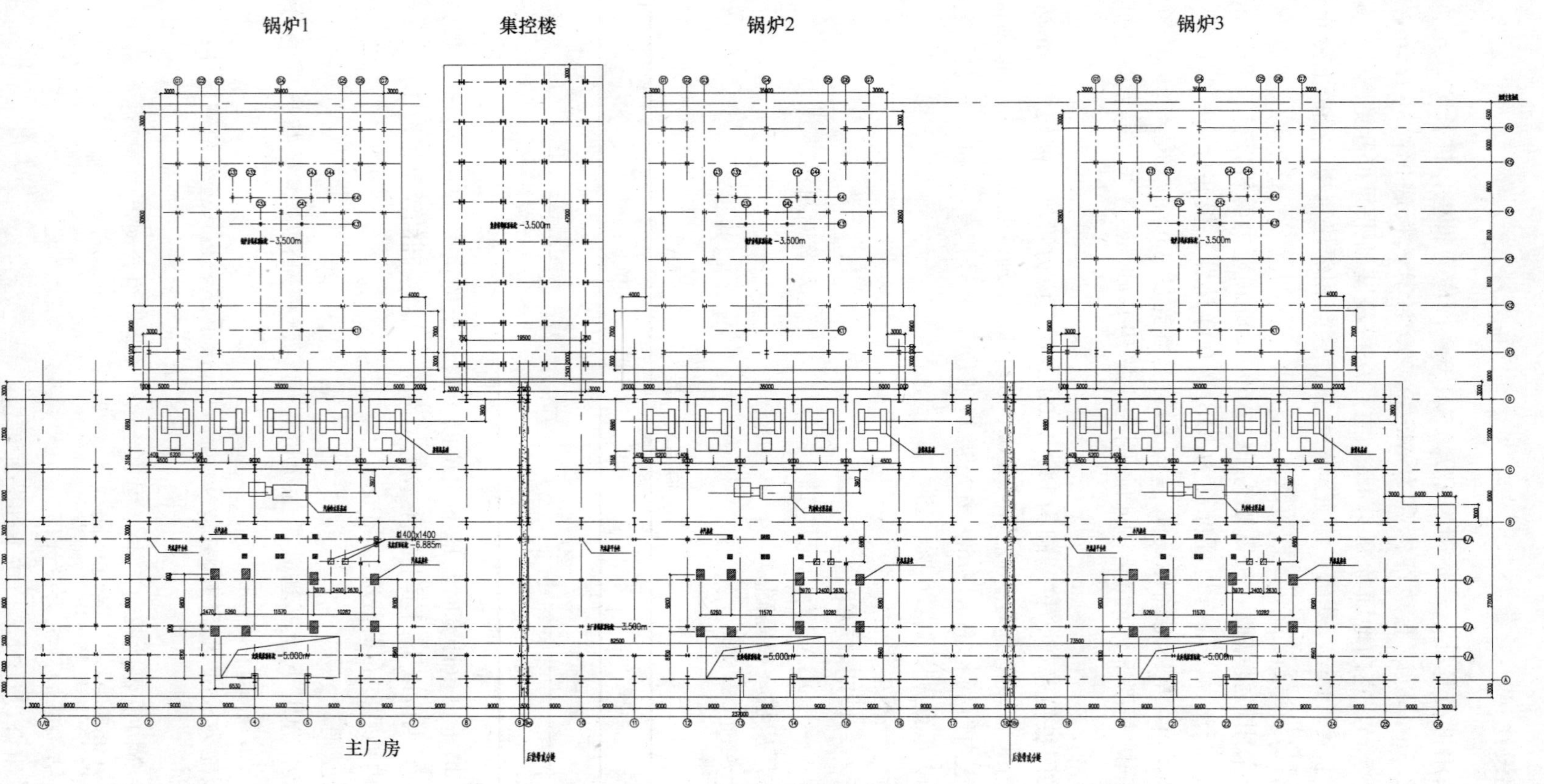


图 12-26 主厂区筏形基础布置图

$$S = \gamma_G C_G G_k + \gamma_{Q1} C_{Q1} Q_{1k} + \sum_{i=2}^{n} \gamma_{Qi} C_{Qi} \psi_{Ci} Q_{ik}$$

式中，　$\gamma_G$——永久荷载的分项系数，本工程中，由于永久荷载效应，对结构不利，取 $\gamma_G=1.2$；

$\gamma_{Q1}$、$\gamma_{Qi}$——第一个和第 $i$ 个可变荷载的分项系数；

$G_k$——永久荷载的标准值；

$Q_{1k}$——第一个可变荷载的标准值；

$Q_{ik}$——其他 $i$ 个可变荷载的标准值；

$C_G$、$C_{Q1}$、$C_{Qi}$——永久荷载、第一个可变荷载和其他第 $i$ 个可变荷载的荷载效应系数；

$\psi_{Ci}$——第 $i$ 个可变荷载的组合值系数。

(3) 荷载组合

长期荷载效应：1.0DL+0.5LL

基本荷载组合效应：1.2DL+1.4LL

1.35DL+0.98LL

1.2DL+1.4LL+0.84WL

1.2DL+1.4LL+0.84WR

1.2DL+1.4LL+0.84WF

1.2DL+1.4LL+0.84WB

1.2DL+0.98LL+1.4WL

1.2DL+0.98LL+1.4WR

1.2DL+0.98LL+1.4WF

1.2DL+0.98LL+1.4WB

地震组合效应：1.2DL+0.96LL+1.3EX

1.2DL+0.96LL−1.3EX

1.2DL+0.96LL+1.3EY

1.2DL+0.96LL−1.3EY

符号说明：

DL 恒载，LL 活载

WL 左风，WR 右风，WF 前风，WB 后风

EX $X$ 方向地震（双向分别作用），EZ $Z$ 方向地震（双向分别作用）

(4) 相邻基础影响

相邻基础对主厂房的长期沉降存在影响，其荷载组合按长期效应组合，相邻基础采用桩基础，桩长暂定 27.5m，底板底标高−1.5m，荷载作用深度−29m。

**相邻基础荷载　　表 12-30**

| 建筑物 | 尺寸 (m×m) | 底板板厚 (m) | 覆土厚 (m) | 恒载 (kN) | 活载 (kN) |
|---|---|---|---|---|---|
| 集控楼 | 27×55 | 2.5 | 3.5 | 138000 | |
| 锅炉 1~3 | 35×44 | 2.5 | 3.5 | 307600 | 14600 |

(5) 桩位布置优化设计

全部竖向荷载的基本组合总值为 4000MN 左右，单桩竖向承载力设计值取 2160kN（理论计算，＜2500kN），总的桩数需要 2000 根左右。若均匀布桩，总桩数为 2000 根左右时，桩间距为 2.4～2.7m。在此基础上，根据不同区域荷载情况以及柱列荷载分布情况，柱列荷载较大区域桩间距控制在 1.8～2.1m，柱列荷载较小区域桩间距控制在 2.4～2.7m，其余区域桩间距控制在 3.0～3.6m。

桩筏基础分析模型及弯矩方向定义如图 12-27 所示：筏板上分布有厂房柱、各类设备的荷载；筏板一侧有锅炉及集控楼的相邻基础，相邻基础荷载作用深度为桩端－29m 处，扩散角 12°，荷载组合为标准组合；桩筏沉降计算经验系数根据印尼当地类似工程的实测资料取 0.5；筏板厚度为 2.5m，以现有地坪标高±0.000 计算，板底计算标高－1.6m（局部深坑为－3.1m），板顶标高 0.9m，覆土 3.5m，室内地面标高 4.4m，筏板宽度 54m，长度 243m，管桩桩长 27.5m。

通过对桩布置形式的调整，以桩顶反力均匀、筏板受力较小为原则，最终得到的桩位图如图 12-28 所示。

长期效应组合条件作用下，筏板沉降分析结果如图 12-29～图 12-33 所示；非地震荷载组合条件下的最大弯矩如图 12-34～图 12-41 所示，桩顶反力包络如图 12-42、图 12-43 所示；地震荷载作用下的最大弯矩如图 12-44、图 12-45 所示；桩顶反力包络如图 12-46、图12-47 所示。

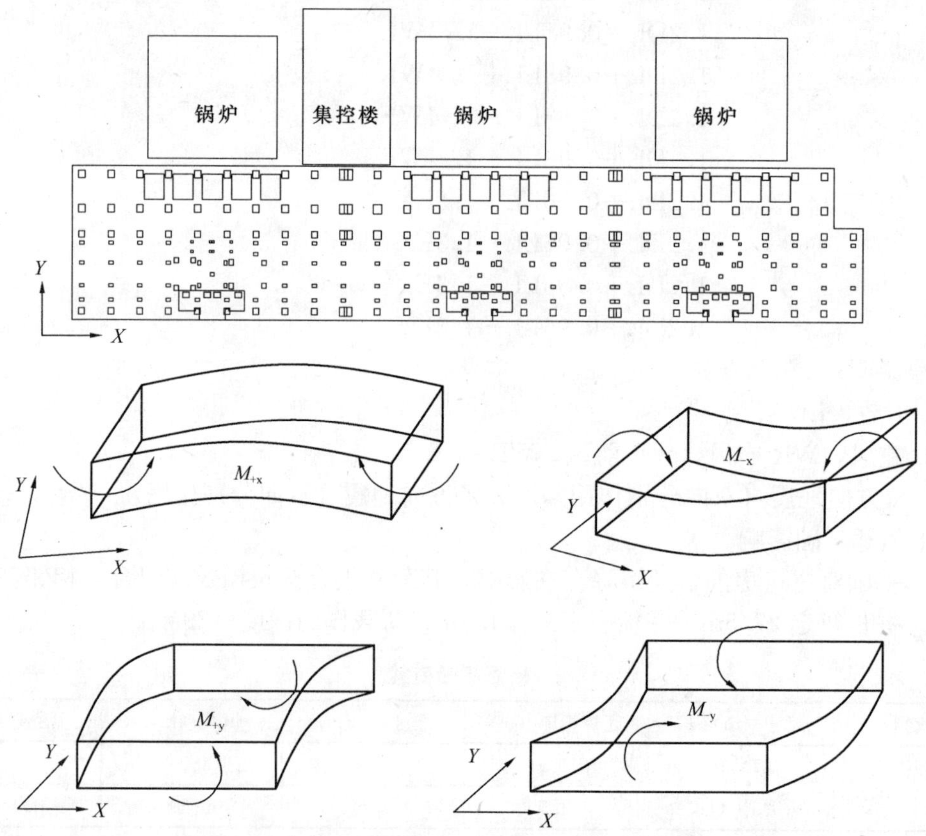


图 12-27 桩筏基础分析模型及弯矩方向定义

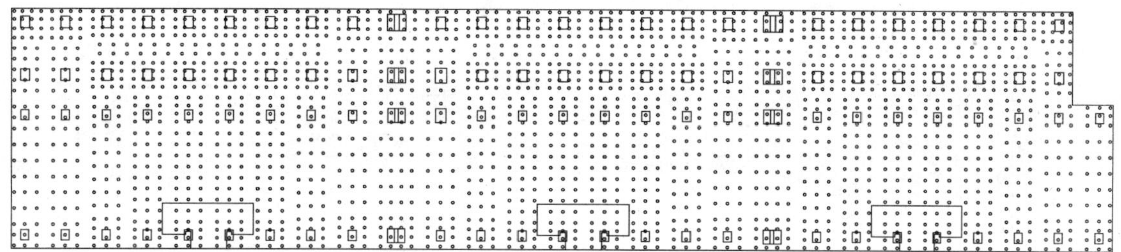

图 12-28　桩位平面布置图（共 2106 根）

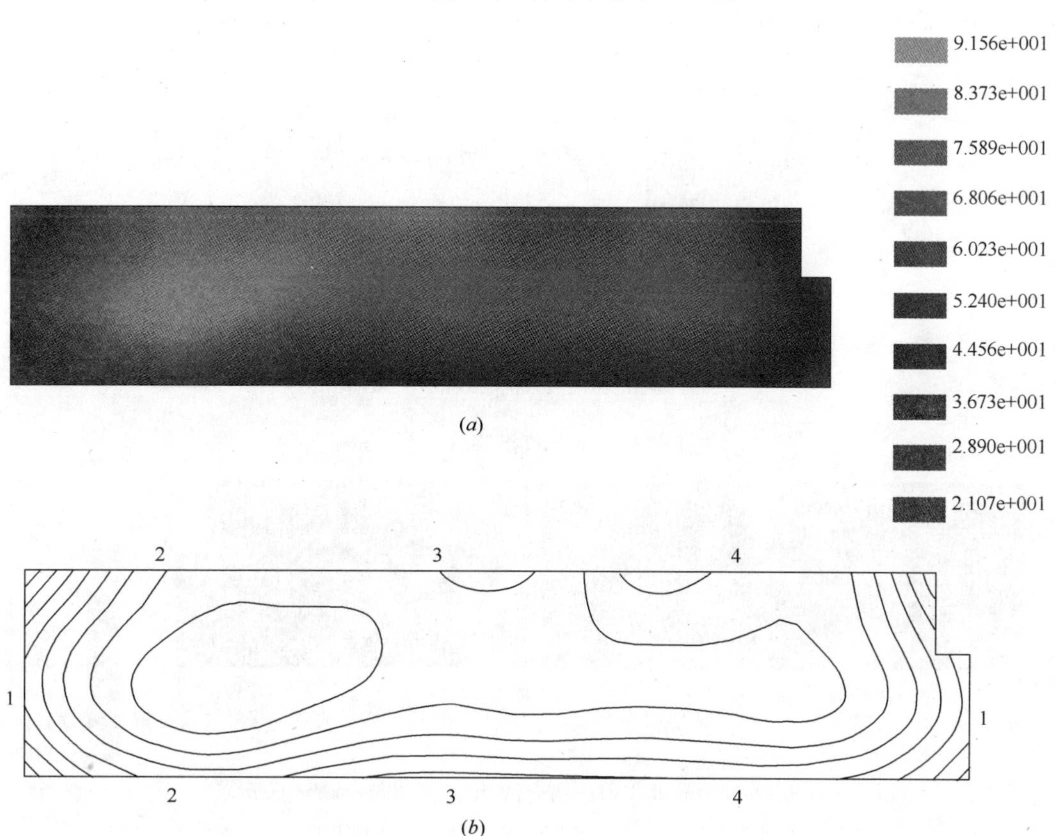


图 12-29　筏板沉降（单位：mm）（最大值 92mm，最小值 21mm）

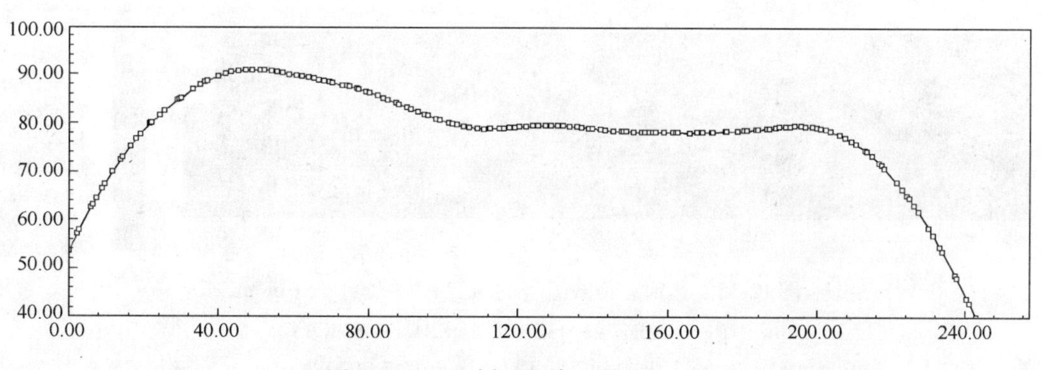


图 12-30　1-1 剖面沉降（单位：mm）

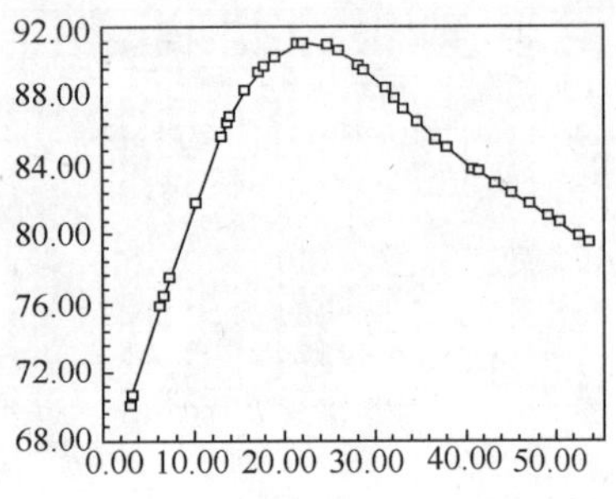


图 12-31　2-2 剖面沉降（单位：mm）

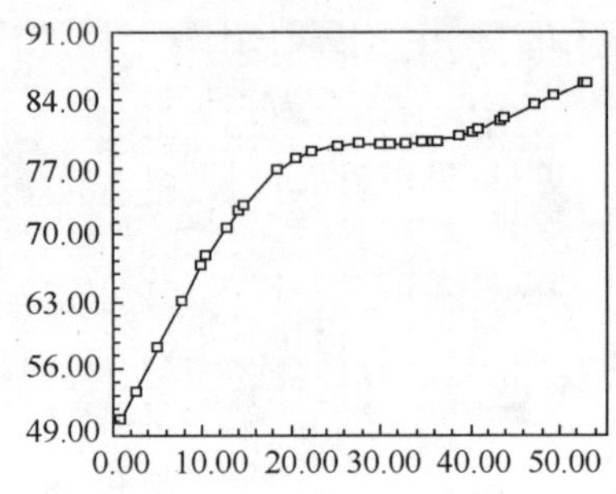


图 12-32　3-3 剖面沉降（单位：mm）

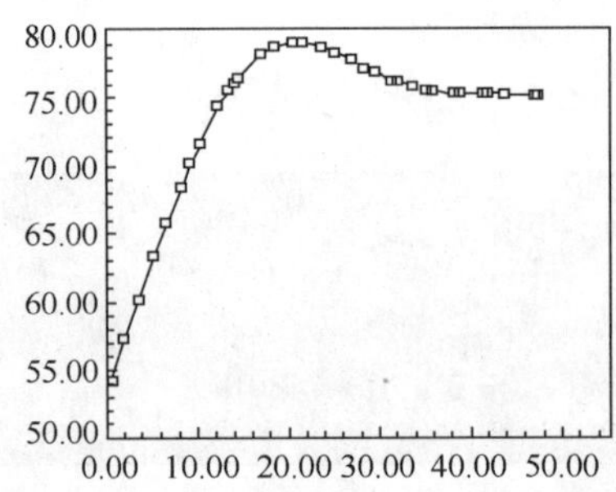


图 12-33　4-4 剖面沉降（单位：mm）

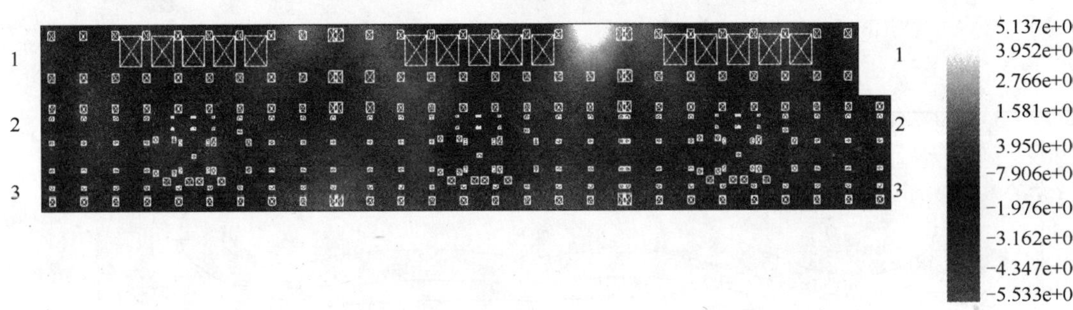


图 12-34　非地震荷载组合的 $M_{xmax}$（单位：kN · m/m，

组合 1. 2DL + 1. 4LL + 1. 4DCB4 + 0. 84WB）

最大正弯矩 5137kN. m/m（上表面受拉），最大负弯矩 5533kN · m/m（下表面受拉）

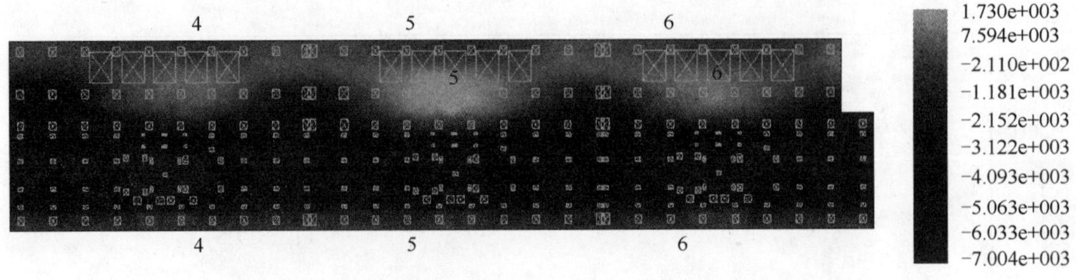


图 12-35　非地震荷载组合的 $M_{ymax}$（单位：kN · m/m，

组合 1. 2DL + 1. 4LL + 1. 4DCB4 + 0. 84WB）

最大正弯矩 2500kN · m/m（上表面受拉），最大负弯矩 7000kN · m/m（下表面受拉）

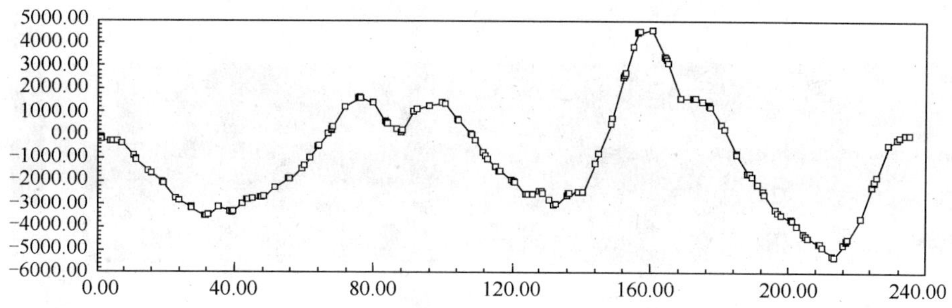


图 12-36　1-1 剖面弯矩（单位：kN・m/m）

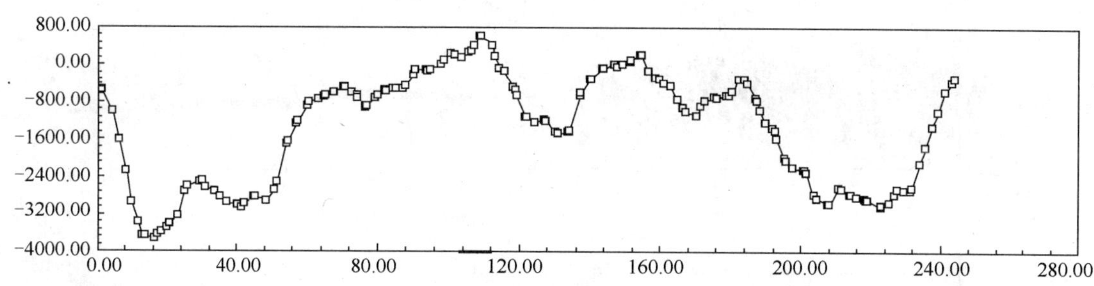


图 12-37　2-2 剖面弯矩（单位：kN・m/m）

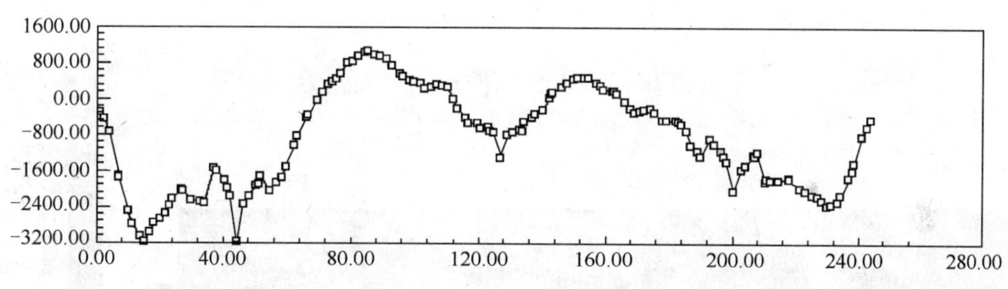


图 12-38　3-3 剖面弯矩（单位：kN・m/m）

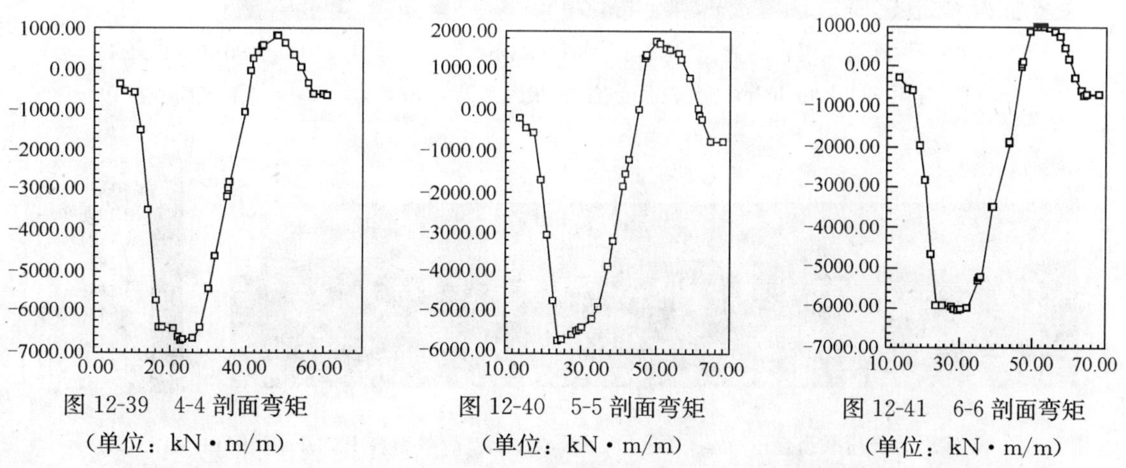


图 12-39　4-4 剖面弯矩（单位：kN・m/m）

图 12-40　5-5 剖面弯矩（单位：kN・m/m）

图 12-41　6-6 剖面弯矩（单位：kN・m/m）

（正弯矩表示上表面受拉，负弯矩表示下表面受拉）

图 12-42　非地震荷载组合的桩反力包络图（单位：kN）
（平均桩反力 1810kN，柱下群桩桩反力平均值 <2160kN）

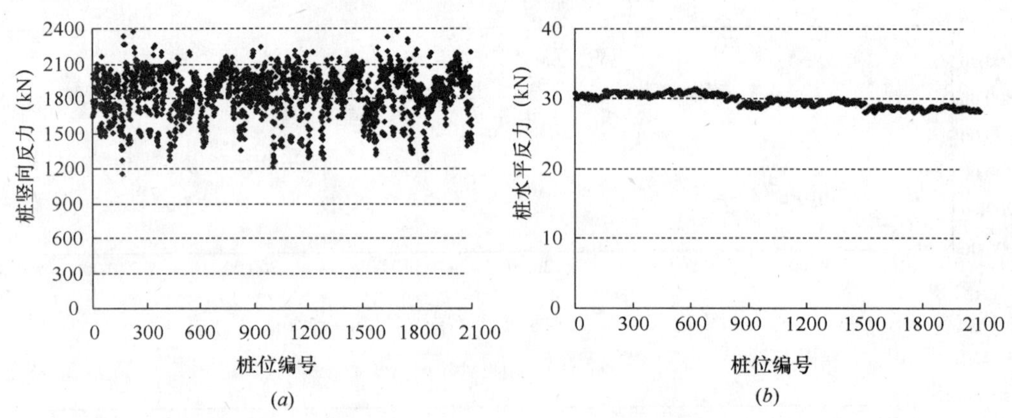


图 12-43　非地震荷载组合的桩反力

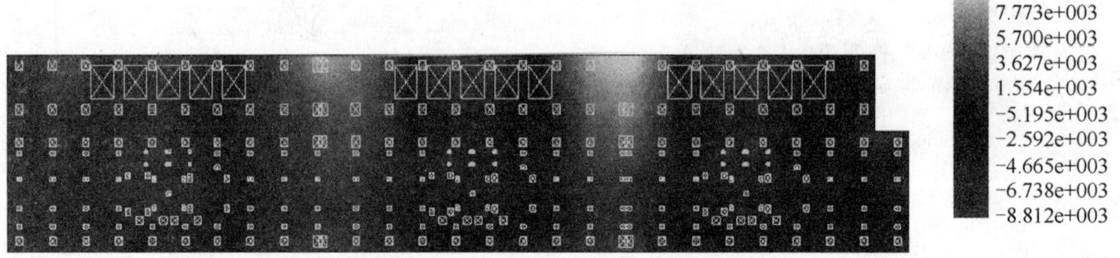


图 12-44　地震荷载组合的 $M_{xmax}$（单位：kN · m/m，荷载组合 1. 2DL + 0. 96LL + 1. 3EZ）
最大正弯矩 9846kN · m/m（上表面受拉），最大负弯矩 8812kN · m/m（下表面受拉）

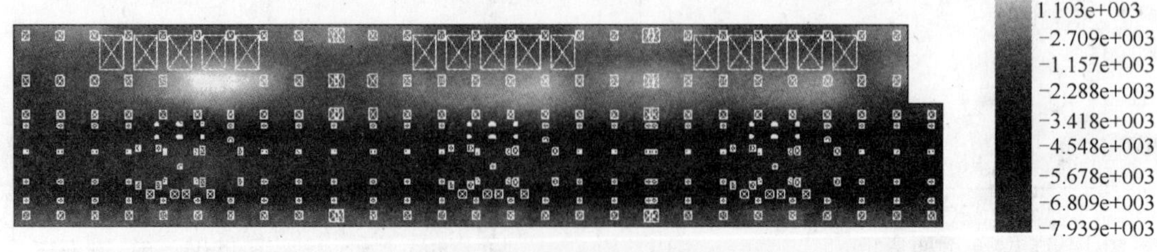


图 12-45　地震荷载组合的 $M_{ymax}$（单位：kN · m/m，荷载组合 1. 2DL + 0. 96LL + 1. 3EZ）
最大正弯矩 3300kN · m/m（上表面受拉），最大负弯矩 7940kN · m/m（下表面受拉）

图 12-46　地震荷载组合的桩反力包络图（单位：kN）
（平均桩反力 2060kN，柱下群桩桩反力平均值 < 2160 × 1.25 = 2700kN）

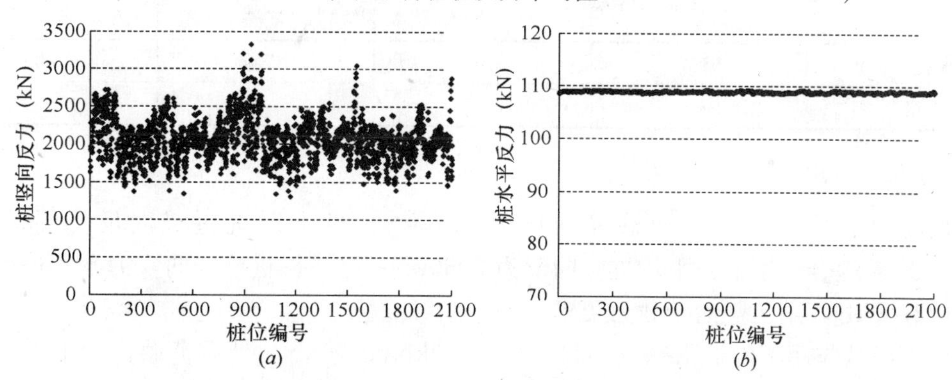


图 12-47　地震荷载组合的桩反力

### 12.4.2.2　主厂房基础分析结果评价

（1）沉降及沉降差

**《火力发电厂土建结构设计技术规定》表 4.2.4 主厂房地基的容许变形值　表 12-31**

| 主厂房结构 | 容许沉降差或倾斜 | | 容许沉降量（mm） | |
|---|---|---|---|---|
| | 纵向 | 横向 | 天然地基 | 桩基 |
| 汽机房外侧柱 | 0.003$l$ | — | 150 ~ 200 | 100 ~ 150 |
| 汽机房外侧柱与框架 | — | 0.003$l$ | — | — |
| 主厂房框架 | 0.003$l$ | 0.002$l$ | 200 | 150 |
| 汽轮发电机基础 | 0.0015$l$ | | 150 ~ 200 | 100 ~ 150 |
| 锅炉基础 | 0.002$l$ | | 150 ~ 200 | 150 |
| 汽轮发电机基础与框架 | 0.005$l$ | | — | — |
| 锅炉基础与框架 | 0.005$l$ | | — | — |

注：表中 $l$ 为相邻柱基的中心距离或汽机基础边长。

长期效应组合作用下，最大沉降 92mm < 150mm；汽机房相邻立柱最大沉降差 6mm，沉降差 6mm < 0.003$l$ = 27mm；汽机房外侧柱与框架间的最大沉降差 6mm < 0.003$l$ =

27mm；框架相邻立柱最大沉降差 6mm<0.003$l$=27mm（纵向）、11mm<0.002$l$=24mm（横向）；汽轮发电机基础相邻立柱间最大沉降差 5mm<0.0015$l$=12.6mm；汽轮发电机基础与框架间相邻立柱最大沉降差 9mm<0.005$l$=40.5mm。主厂房的沉降及沉降差均满足要求。

(2) 筏板内力

弯矩方向规定：正弯矩表示上表面受拉，负弯矩表示下表面受拉。

筏板内力　　表 12-32

| | $M_{x\max}$ (kN·m/m) | | $M_{y\max}$ (kN·m/m) | |
|---|---|---|---|---|
| | 正弯矩 | 负弯矩 | 正弯矩 | 负弯矩 |
| 非地震组合 | 5137 | 5533 | 2500 | 7000 |
| 地震组合 | 9846 | 8812 | 3300 | 7900 |

(3) 桩顶反力

非地震组合作用下：平均桩竖向反力 1810kN；柱下群桩桩竖向反力平均值<2160kN。地震组合作用下：平均桩竖向反力 2060kN；柱下群桩桩竖向反力平均值<2160×1.25=2700kN，满足竖向承载力要求。

非地震荷载作用下的桩水平反力设计值为 30kN<100kN，地震荷载作用下的桩水平反力设计值为 109kN<1.25×100=125kN，满足单桩水平承载力要求。

### 12.4.3 主厂房基础优化设计

优化设计从两方面进行：1. 大筏板和每台机组一块筏板的分析比较；2. 板厚分别取 2.2m、2.5m、3m。

#### 12.4.3.1 分缝方案

1 号机组、2 号机组、3 号机组之间相交部位的沉降差以及板弯矩较小，可考虑分缝以方便施工。在 9 轴与 9a 轴间、18 轴与 18a 轴间分别设宽 1m 的施工缝，桩数及桩位等其余条件不变。

长期效应组合条件作用下，筏板沉降分析结果如图 12-48～图 12-53 所示；非地震荷载组合条件下的最大弯矩如图 12-54～图 12-61 所示，桩顶反力包络如图 12-62、图 12-63 所示；地震荷载作用下的最大弯矩如图 12-64、图 12-65 所示；桩顶反力包络如图 12-66、图 12-67 所示。

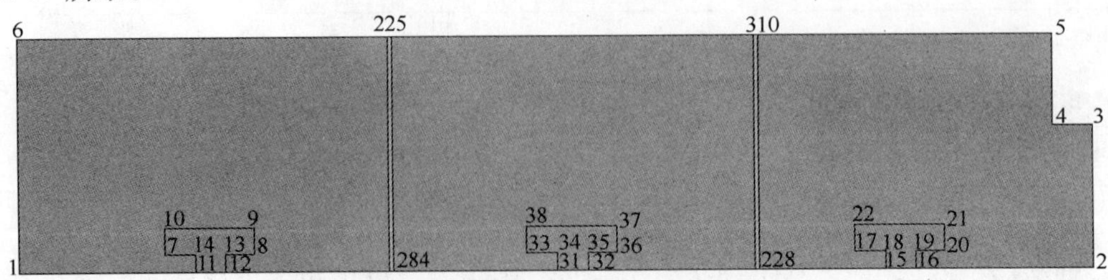


图 12-48　筏板分缝计算模型

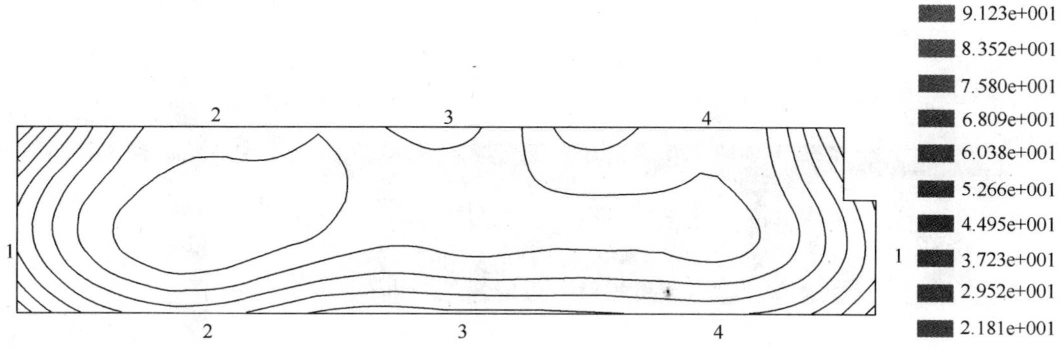


图 12-49　筏板沉降（单位：mm）

（最大值 91mm，最小值 22mm）

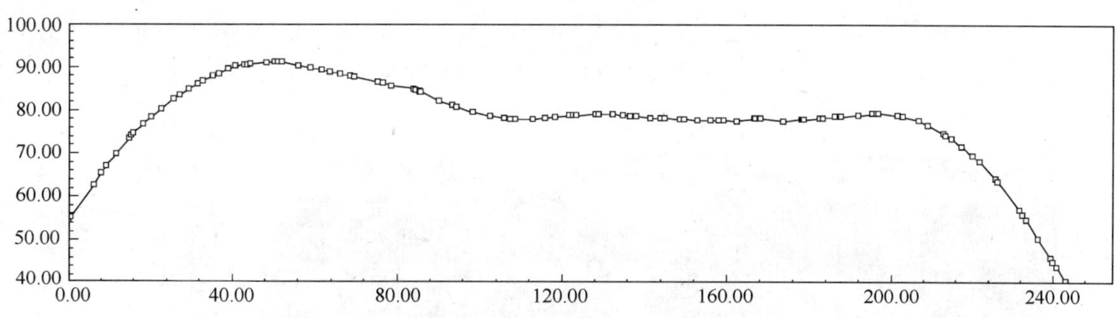


图 12-50　1-1 剖面沉降（单位：mm）

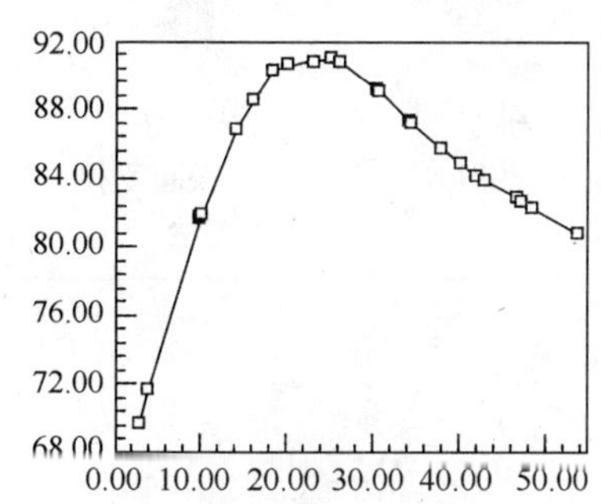


图 12-51　2-2 剖面沉降（单位：mm）

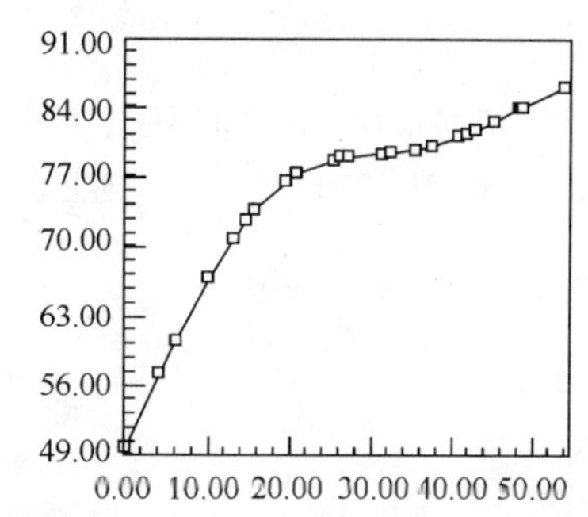


图 12-52　3-3 剖面沉降（单位：mm）

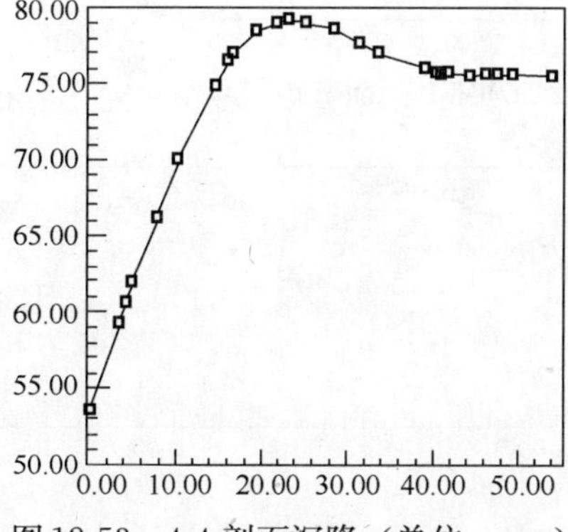


图 12-53　4-4 剖面沉降（单位：mm）

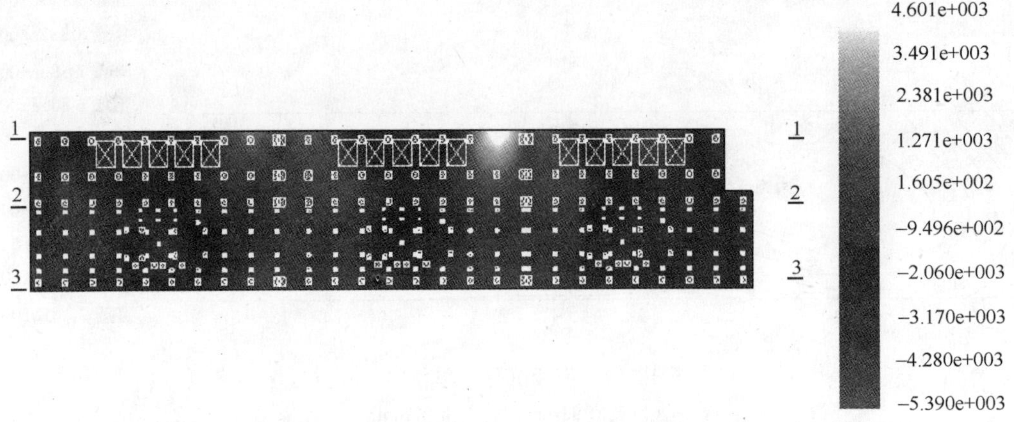


图 12-54 非地震荷载组合的 $M_{xmax}$（单位：kN・m/m，组合 1.2DL＋1.4LL＋1.4DCB4＋0.84WB）最大正弯矩 4600kN・m/m（上表面受拉），最大负弯矩 5400kN・m/m（下表面受拉）

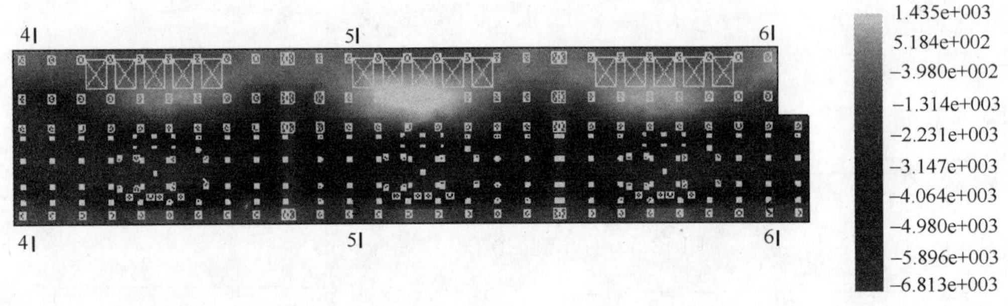


图 12-55 非地震荷载组合的 $M_{ymax}$（单位：kN・m/m，组合 1.2DL＋1.4LL＋1.4DCB4＋0.84WB）最大正弯矩 2100kN・m/m（上表面受拉），最大负弯矩 6800kN・m/m（下表面受拉）

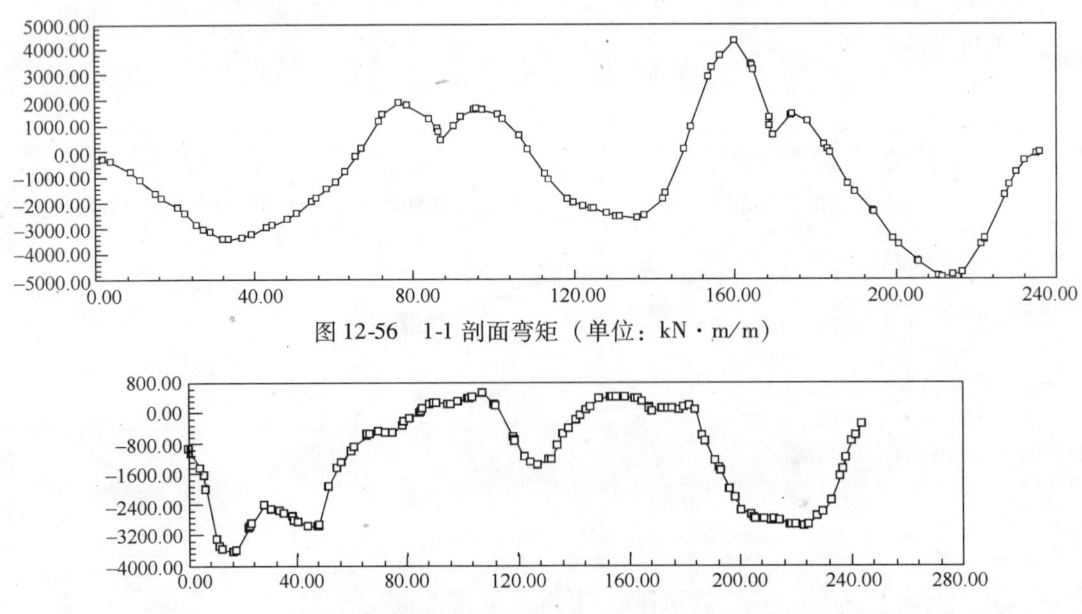


图 12-56 1-1 剖面弯矩（单位：kN・m/m）



图 12-57 2-2 剖面弯矩（单位：kN・m/m）

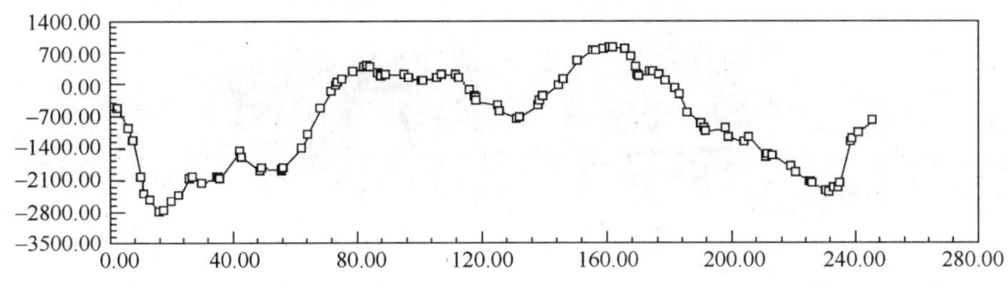


图 12-58　3-3 剖面弯矩（单位：kN · m/m）

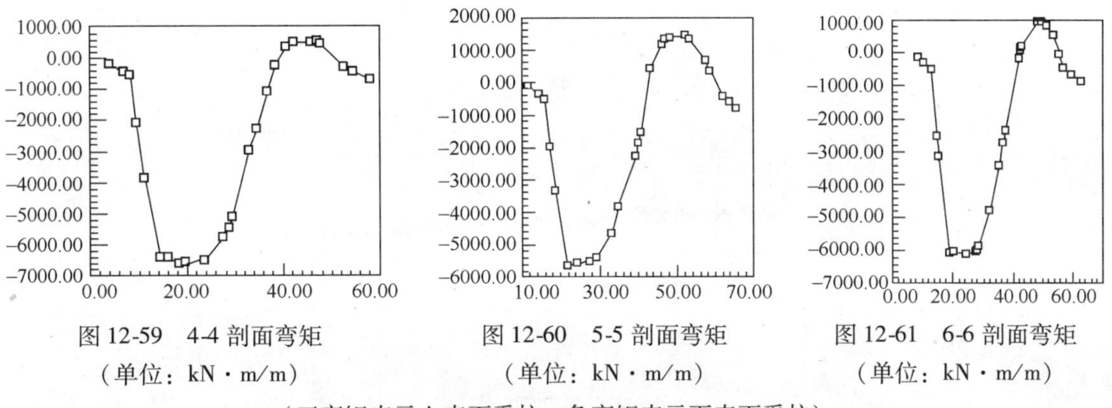

图 12-59　4-4 剖面弯矩（单位：kN · m/m）

图 12-60　5-5 剖面弯矩（单位：kN · m/m）

图 12-61　6-6 剖面弯矩（单位：kN · m/m）

（正弯矩表示上表面受拉，负弯矩表示下表面受拉）

图 12-62　非地震荷载组合的桩反力包络图（单位：kN）
（平均桩反力 1810kN，柱下群桩桩反力平均值 <2160kN）

综合评价：

（1）沉降

长期效应组合作用下，最大沉降 91mm、最小沉降 22mm。分缝后，筏板沉降与不均匀沉降略有减小。

（2）筏板内力

筏　板　内　力　　表 12-33

| | $M_{xmax}$（kN · m/m） | | $M_{ymax}$（kN · m/m） | |
|---|---|---|---|---|
| | 正弯矩 | 负弯矩 | 正弯矩 | 负弯矩 |
| 非地震组合 | 4600 | 5400 | 2100 | 6800 |
| 地震组合 | 6000 | 9335 | 3000 | 7700 |

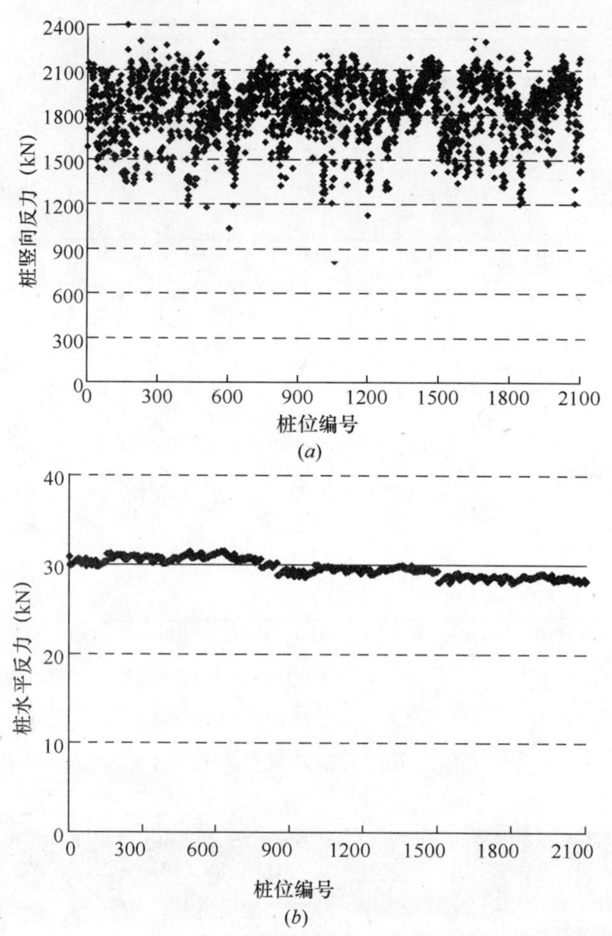


图 12-63 非地震荷载组合的桩反力

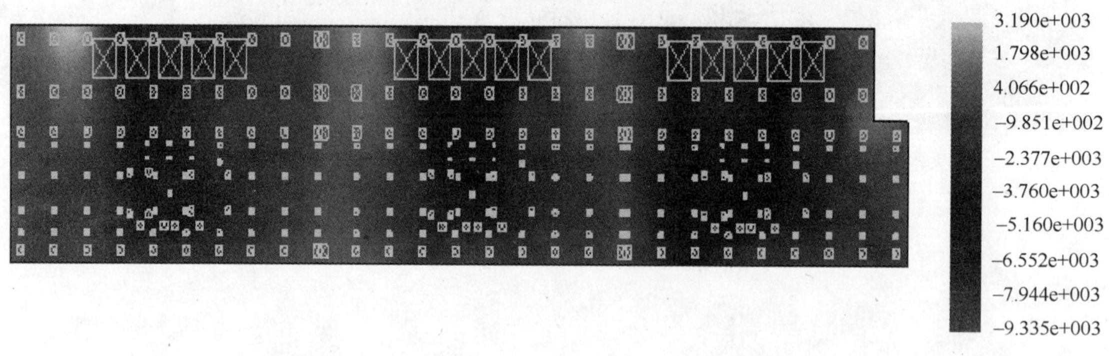


图 12-64 地震荷载组合的 $M_{xmax}$（单位：kN·m/m，荷载组合 1.2DL + 0.96LL + 1.3EZ）

最大正弯矩 6000kN·m/m（上表面受拉），最大负弯矩 9335kN·m/m（下表面受拉）

分缝后，筏板弯矩略有减小。

（3）桩顶反力

分缝对桩顶反力影响不大，桩顶反力满足 27.5m 长桩承载力要求。

分缝对桩顶反力、筏板沉降、筏板弯矩的影响如下表所示，由于分缝位置处于沉降变化较小以及筏板弯矩很小的位置，因此分缝对桩筏基础的受力变形影响很小。对于筏板的

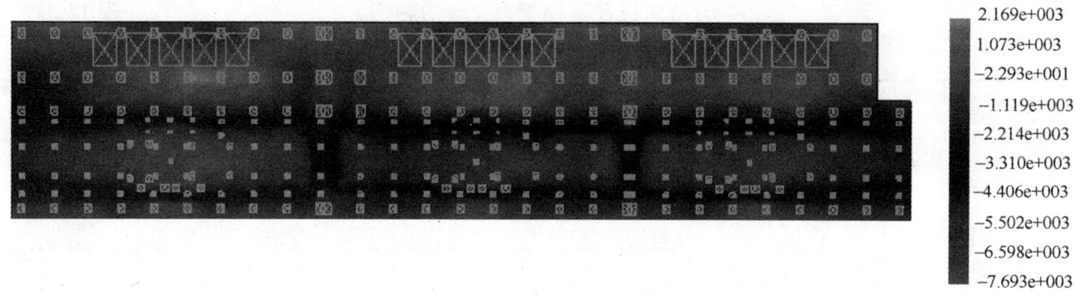


图 12-65　地震荷载组合的 $M_{ymax}$（单位：kN·m/m，
荷载组合 1.2DL+0.96LL+1.3EZ）
最大正弯矩 3000kN·m/m（上表面受拉），最大负弯矩 7700kN·m/m（下表面受拉）

图 12-66　地震荷载组合的桩反力包络图（单位：kN）
（平均桩反力 2060kN，柱下群桩桩反力平均值 <2160×1.25=2700kN）

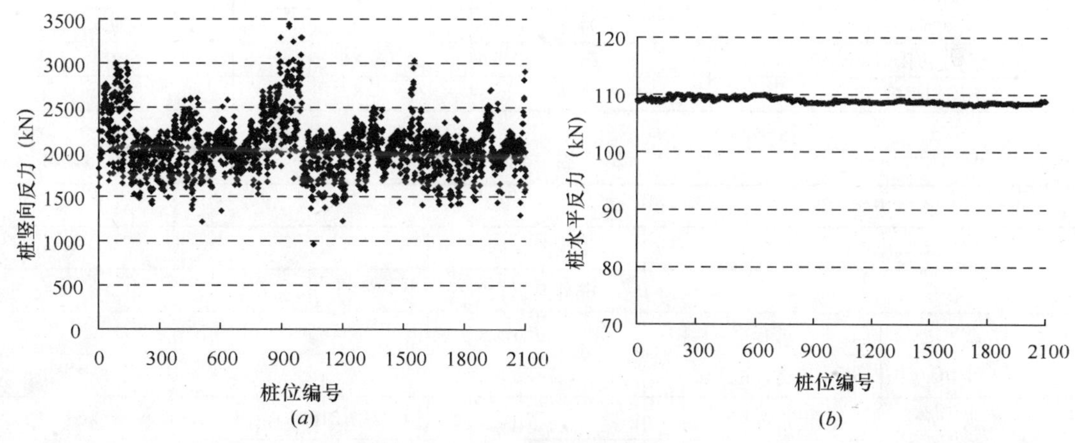


图 12-67　地震荷载组合的桩反力

整体完整性而言，兼顾施工工艺的要求，推荐采用整体筏板的方案。但可在分缝位置处设置后浇带，减小大体积混凝土收缩变形、温度等因素的影响，同时还可以在一定程度上减小沉降差。

分缝对桩筏基础受力变形的影响 表 12-34

| | | | 不分缝 | 分缝 |
|---|---|---|---|---|
| 最大沉降（mm） | | | 92 | 91 |
| 沉降差（mm） | | | 71 | 69 |
| 非地震组合筏板弯矩 | $M_{xmax}$（kN·m/m） | 正弯矩 | 5137 | 4600 |
| | | 负弯矩 | 5533 | 5400 |
| | $M_{ymax}$（kN·m/m） | 正弯矩 | 2500 | 2100 |
| | | 负弯矩 | 7000 | 6800 |
| 地震组合筏板弯矩 | $M_{xmax}$（kN·m/m） | 正弯矩 | 9846 | 6000 |
| | | 负弯矩 | 8812 | 9335 |
| | $M_{ymax}$（kN·m/m） | 正弯矩 | 3300 | 3000 |
| | | 负弯矩 | 7900 | 7700 |
| 非地震组合桩顶反力 | 平均桩反力设计值（kN） | | 1810 | 1810 |
| | 最大桩反力设计值（kN） | | 2376 | 2435 |
| 地震组合桩顶反力 | 平均桩反力设计值（kN） | | 2060 | 2060 |
| | 最大桩反力设计值（kN） | | 3577 | 3694 |

#### 12.4.3.2 筏板厚度优化设计

考虑主厂房筏板厚度分别取2.2m、2.5m、3m三种情况，进行比较设计计算。按3种筏板厚度，筏板沉降与受力、桩顶反力等情况的比较如下：

沉 降 汇 总 表 12-35

| 方案 | 1 | 2 | 3 |
|---|---|---|---|
| 板厚（m） | 3.0 | 2.5 | 2.2 |
| 最大沉降（mm） | 94 | 91 | 90 |
| 最小沉降（mm） | 29 | 24 | 18 |
| 不均匀沉降（mm） | 65 | 67 | 72 |

筏 板 弯 矩 表 12-36

| 方案 | | 1 | 2 | 3 |
|---|---|---|---|---|
| 板厚（m） | | 3.0 | 2.5 | 2.2 |
| 非地震组合 | | | | |
| $M_{xmax}$（kN·m/m） | 正弯矩 | 4955 | 4600 | 4200 |
| | 负弯矩 | 7189 | 5400 | 4382 |
| $M_{ymax}$（kN·m/m） | 正弯矩 | 1500 | 2100 | 2500 |
| | 负弯矩 | 8852 | 6800 | 6200 |
| 地 震 组 合 | | | | |
| $M_{xmax}$（kN·m/m） | 正弯矩 | 6600 | 6000 | 5570 |
| | 负弯矩 | 12740 | 9335 | 7012 |
| $M_{ymax}$（kN·m/m） | 正弯矩 | 2700 | 3000 | 3000 |
| | 负弯矩 | 9685 | 7700 | 7214 |

**桩 顶 反 力** 表 12-37

| 方案 | 1 | 2 | 3 |
|---|---|---|---|
| 板厚（m） | 3.0 | 2.5 | 2.2 |
| 非地震组合 | | | |
| 平均桩反力（kN） | 1900 | 1810 | 1750 |
| 最大桩反力（kN） | 2684 | 2435 | 2266 |
| 地 震 组 合 | | | |
| 平均桩反力（kN） | 2150 | 2060 | 2000 |
| 最大桩反力（kN） | 3737 | 3694 | 3678 |

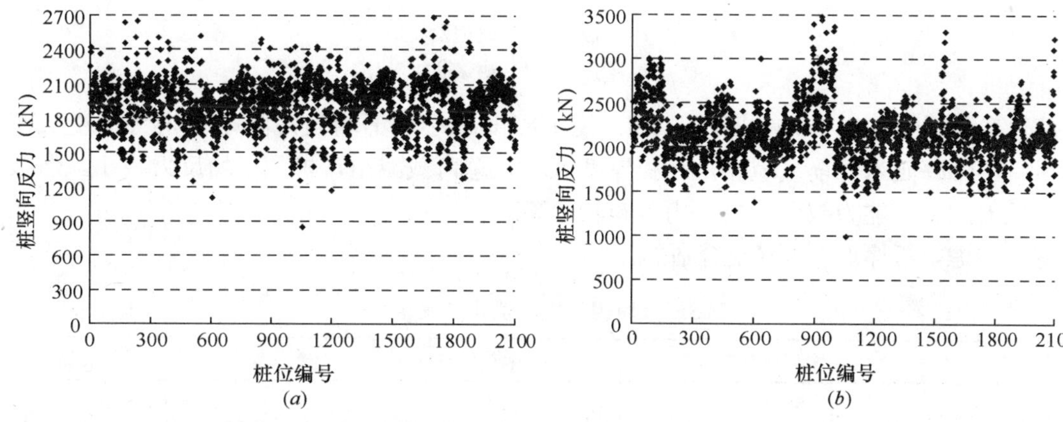


图 12-68 板厚 3.0m 桩反力

（a）非地震组合；（b）地震组合

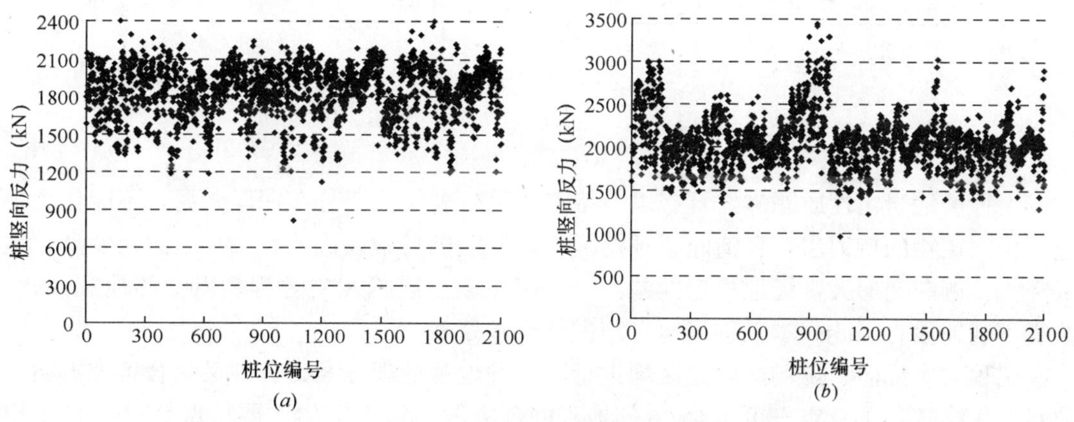


图 12-69 板厚 2.5m 桩反力

（a）非地震组合；（b）地震组合

比较上述三种板厚可得以下结论：

（1）筏板厚度由 2.5m 增大至 3.0m：筏板刚度增大，不均匀沉降略有减小，筏板弯矩有所增大，每延米配筋量增大；筏板厚度增大，总荷载增大，桩顶平均反力增大，但板对桩顶反力的调节能力加强，桩反力分布更加均匀。

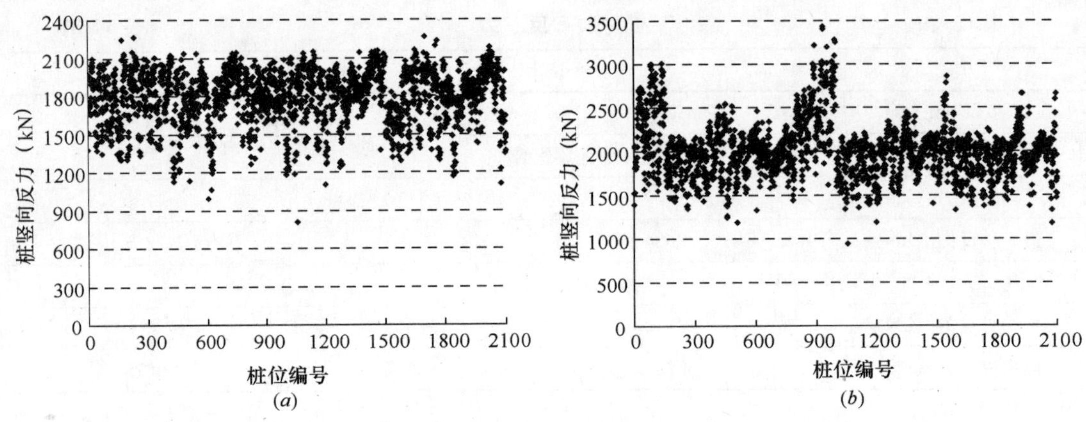


图 12-70　板厚 2.2m 桩反力
(a) 非地震组合；(b) 地震组合

(2) 筏板厚度由 2.5m 减小至 2.2m：筏板刚度减小，不均匀沉降略有增大，筏板弯矩有所减小，每延米配筋量减小；筏板厚度减小，总荷载减小，桩顶平均反力减小，但板对桩顶反力的调节能力减弱，桩反力分布较为离散。

综合考虑，板厚取 2.5m 是合适的。

**和 3m 板厚相比较，优化工程量**　　　　表 12-38

| | 主厂房基础 | 锅炉房基础 | 总　计 |
|---|---|---|---|
| 土方 | 6692m$^3$ | 2947m$^3$ | 9639m$^3$ |
| 钢筋混凝土 | 6467m$^3$ | 2691m$^3$ | 9128m$^3$ |
| 钢筋 | 369t（分区配筋） | — | 369t |
| 桩 | 226 根×27.5m | 36 根×27.5m | 262 根×27.5m |

## 12.5　结　　论

本工程场地岩土性质恶劣，具有以下特点：(1) 表层广泛分布深厚淤泥，不能作为任何建（构）筑物的持力层，且清除、开挖困难，施工机具难以进入；(2) 欠固结度高，地基沉降大，侧向变形大，场地稳定性差；(3) 存在软土震陷和中等程度以上的地震液化，属抗震不利地段。因此，本工程场地必须进行地基处理。

本工程对主厂区、煤场、辅建区均进行了两种地基处理方案比选，又综合考虑方案的优缺点，最终选择了真空＋覆水/堆载的地基处理方案。该方案的主要特点是：a. 技术指标偏低；b. 处理面积广，有利于快速形成表层硬壳，便于施工机具进入；c. 受材料组织和交通条件的约束较小；d. 有利于结合场平进行基础施工，综合时间效益明显。预压结束后进行效果检测和试桩，结果表明处理达到预期效果。

主要建（构）筑物地基基础设计阶段，针对电厂主要建筑物对沉降和不均匀沉降的控制有着严格要求的特点，本案例选择了布桩灵活、整体刚度好、有利于调节不均匀沉降的桩筏基础。

因整体筏板分析结果显示 1 号机组、2 号机组、3 号机组之间相交部位的沉降差以及板弯矩较小，案例又对施工方便的分缝方案进行了分析。由于分缝位置处于沉降变化较小以及筏板弯矩很小的位置，因此分缝对桩筏基础的受力变形影响很小。

对于筏板的整体完整性而言，兼顾施工工艺的要求，最终推荐采用整体筏板的方案。但可在分缝位置处设置后浇带，减小大体积混凝土收缩变形、温度等因素的影响，同时还可以在一定程度上减小沉降差。

案例中的方案比选过程和评价方法对类似工程有重要参考价值。

# 13　1000MW 机塔式锅炉基础设计分析

单机容量 1000MW 电厂的塔式锅炉具有柱距大（柱距达 30m 以上）、单柱荷载大（单柱荷载超过 10000t）的特点，在滨海软土地基场地建设这类构筑物时地基及基础的设计非常关键。本章介绍了我院设计的某 1000MW 电厂的塔式锅炉基础的设计技术研究，通过对桩筏基础方案的比选分析，确定采用中空筏板方案，既解决了塔式锅炉单柱荷载大的基础承载问题，又有效地降低了工程造价，取得了较好的效果。

## 13.1　工　程　概　况

浙江某滨海电厂 2×1000MW 超超临界机组，锅炉采用塔式炉，大板梁顶标高为

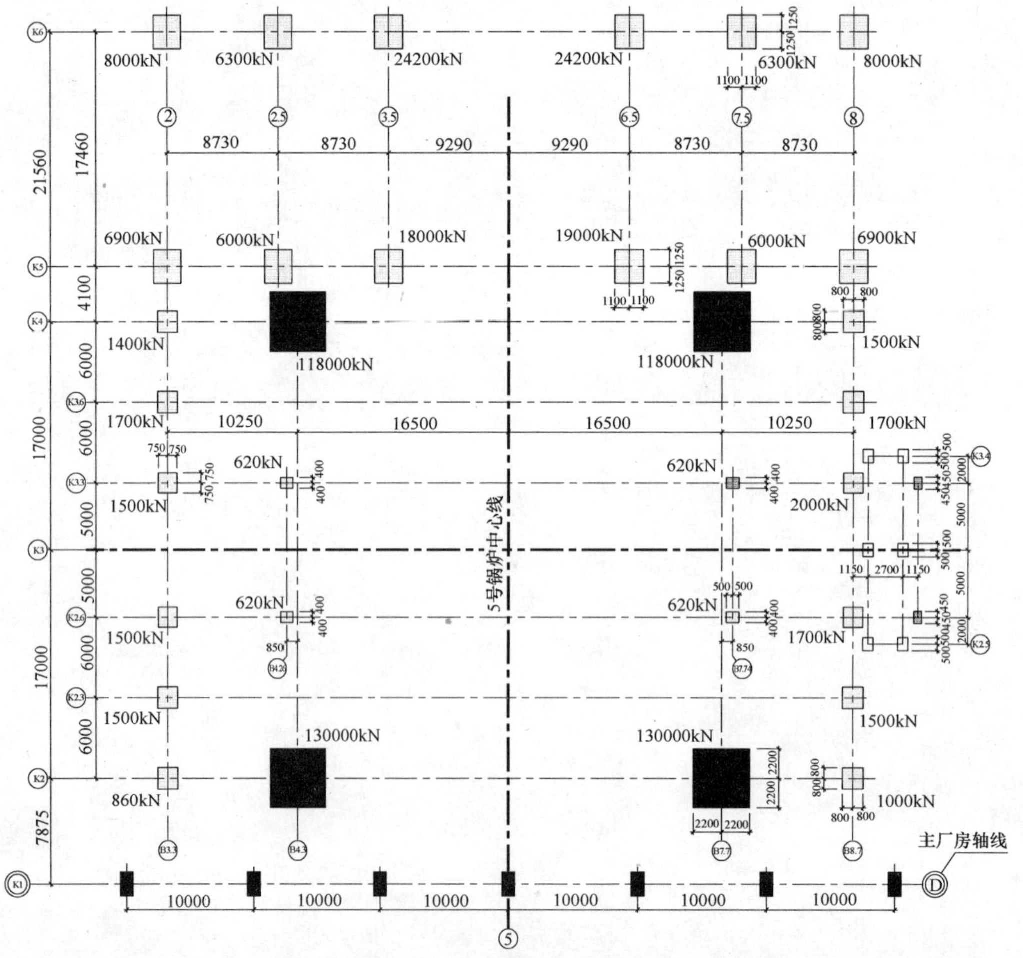


图 13-1　锅炉柱网及各柱最大轴力标准组合值图

127.14m，每座锅炉总荷重约 570000kN（标准组合）。其中，大部分荷载由 4 根约 2.5m ×2.5m 的箱形钢柱承担，这 4 根柱子的柱网尺寸为 33m×34m，柱脚荷载标准值 118000/130000kN，设计值为 150430/166570kN。锅炉炉架纵横两方向均设有垂直支撑。锅炉柱网及各柱最大轴力标准组合值见图 13-1。

本锅炉基础处于滨海滩涂区，地基及承载力从上到下分别为素填土 150kPa、淤泥 80kPa、粉质黏土混碎石 160kPa、全风化凝灰岩 300kPa、强风化凝灰岩 500kPa、中风化凝灰岩 1200kPa。中风化凝灰岩埋深 21～37m。故拟采用 $\phi$1000 冲孔灌注桩，桩端嵌入中风化凝灰岩 1$D$（$D$ 为桩径）。根据试桩结果，单桩竖向承载力特征值 7500kN，水平承载力特征值 280kN（水平临界承载力）。

本工程锅炉拟采用桩筏基础，桩采用嵌岩桩，桩端沉降小、筏板沉降不起控制作用，桩刚度大，桩长范围约 14～31m，在设计分析中应着重注意分析桩刚度、筏板厚度、桩位布置的影响，合理确定相关计算参数。

## 13.2 计算方法的确定

《建筑桩基技术规范》第 5.6.3.3 条规定："对于筏形承台，当桩端持力层坚硬均匀、上部结构刚度较好，且柱荷载及柱间距的变化不超过 20%时，可仅考虑局部弯曲作用按倒楼盖法计算；当桩端以下有中、高压缩性土、非均匀土层、上部结构刚度较差或柱荷载及柱间距变化较大时，应按弹性地基梁板进行计算。"虽然本工程桩端置于坚硬的中风化凝灰岩上，且高大的炉架结构整体刚度也较大（可按刚性结构考虑），但从锅炉厂提供的柱网尺寸和荷载资料来看，柱网尺寸和荷载量值还是相差较大的。因此，采用倒楼盖法不是很合适。考虑到本工程的重要性，设计中采用弹性地基梁板法，并以工程实践中常用的倒楼盖法作对比。

倒楼盖法是经常采用的一种方法，它假设上部结构刚度无穷大，基础只有局部弯矩不存在整体弯曲。它的特点是概念简单，甚至用查表手算也可以得到结果。计算桩筏基础，假定基础为绝对刚体，将桩假定为弹簧（即文克尔地基模型），根据上部荷载，求出基底反力，然后再计算基础内力。

弹性地基梁板法也是将筏板下的桩简化为弹簧，然后采用板的有限元进行分析处理，从而获得板的内力和变形。

弹性地基梁板法与倒楼盖法的差别在于对筏板基础的假定不一样，前者按 MINDLIN 的中厚板理论分析筏板，考虑了筏板的变形，后者假定筏板基础是绝对刚体。

桩、土、承台共同作用的考虑：《建筑桩基技术规范》（以下简称《桩基规范》）5.2.2.2 规定对于桩数超过 3 根的非端承桩桩基，宜考虑桩群、土、承台的相互作用效应，其复合基桩的竖向承载力设计值 $R$ 按下式计算：

$$R = \text{侧阻}\ \eta_s Q_{sk}/\gamma_s + \text{端阻}\ \eta_p Q_{pk}/\gamma_p + \text{承台底土效应}\ \eta_c Q_{ck}/\gamma_c$$

根据《桩基规范》5.2.2.2 的条文解释，由于本锅炉基础采用的是嵌岩桩，其侧阻力发挥值很小，桩端持力层压缩性低，桩基沉降小，侧阻、端阻的群桩效应可忽略不计，承台土的反力也很小。故端承群桩中的基桩，其承载力可视为与单桩相等，即本次锅炉桩基的设计可不考虑桩、土、承台的共同作用。

计算程序采用中国建筑科学研究院 PKPM CAD 工程部编制的 JCCAD 软件（2005 年 3 月版）。

### 13.2.1 群桩中单桩刚度分析

分析群桩中的单桩刚度实际上就是考虑桩土的共同作用。考虑桩土共同作用的方法很多，如荷载传递法、弹性理论法、有限元法和简切位移法等。本工程采用浙江大学岩土工程研究所提出的简化桩土共同作用分析方法。其关键步骤有三个：第一、确定桩端位置下卧层的沉降；第二、根据下卧层的沉降和单桩的 $P$-$s$ 曲线获得群桩中单桩的 $P$-$s$ 曲线；第三、基础的有限元分析。

群桩中单桩刚度分析的关键问题是如何考虑下卧层变形对单桩刚度的影响。本方法采用刚度修正法分析单桩刚度。

为说明方便起见，定义如下符号：

$P$ ——作用在基础板上的总荷载；

$P_k$ ——第 $k$ 根桩的桩顶反力；

$S_k$ ——第 $k$ 根桩桩顶沉降；

$S'_k$ ——第 $k$ 根桩桩端沉降（下卧层沉降）；

$\Delta_k$ ——第 $k$ 根桩桩身压缩量；

$K_k$ ——群桩中第 $k$ 根桩的单桩刚度；

$n$ ——总桩数。

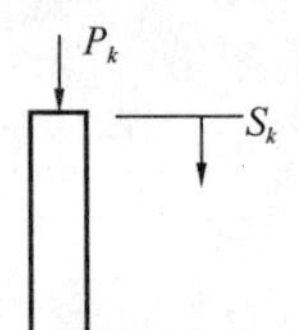

图 13-2 单桩变形示意图

群桩中第 $k$ 根桩的刚度 $K_k$ 可以定义为

$$K_k = \frac{P_k}{S_k}$$

群桩中单桩的沉降表示为 $S_k = S'_k + \Delta_k$（如图 13-2 所示），由于单桩沉降主要由桩身压缩引起，$\Delta_k$ 可以近似地根据单桩的 $P$-$s$ 曲线得到，即当 $P_k$ 已知时，由单桩的 $P$-$s$ 曲线可求出 $\Delta_k(P_k)$。但要注意的是，$S'_k$ 不是由 $P_k$ 唯一确定的，而是由群桩中各桩引起的。实测及计算结果表明，绝大部分桩的桩顶反力均在平均桩反力 $\overline{P} = \frac{P}{n}$ 附近，因此在计算桩的刚度 $K_k$ 时不妨假定：

$$P_k = \frac{P}{n} = \overline{P}$$

把上式代入 $K_k$ 公式可得，

$$K_k = \frac{P/n}{S'_k(P) + \Delta_k(P/n)}$$

本工程桩端为中风化凝灰岩，因此桩端沉降 $S'_k$ 可以忽略不计，近似地取为 0。这样，上式可写成：

$$K_k = \frac{P/n}{\Delta_k(P/n)}$$

从上式可以看出：只要求出桩身压缩量，就可以得到单桩刚度。下面采用两种方法计算单桩刚度：

根据试桩报告 $Q-s$ 曲线，得单桩竖向刚度 $K_v$ 平均值为 $1.61\times10^6$N/m，最大值为 $1.78\times10^6$N/m。

按《桩基规范》附录 B 及附表 B-4，单桩刚度 $K_v$ 平均值为 $1.285\times10^6$N/m，最大值为 $1.77\times10^6$N/m。

通过计算分析可知：桩刚度的增加将导致桩的最大反力增加，也就是说单桩刚度取大值是偏安全的。因此，综合分析上述计算结果后，单桩刚度近似取最大值 $1.80\times10^6$N/m，并按各桩等刚度进行计算。

### 13.2.2 单桩承载力的确定

根据《试桩报告》，直径 1000 桩的单桩竖向承载力特征值为 $R_{a\phi1000}=7500$kN（桩身混凝土为 C30，平均桩长为 28.9，配筋 18 Φ 22），单桩水平承载力特征值为 $R_{H\phi1000}=280$kN（水平临界荷载）。同时报告建议：设计单位应验算桩身强度。在清孔良好的条件下，桩基设计由桩身强度控制。考虑到锅炉区域平均桩长比试桩短，以及施工质量控制和结构的重要性等因素，将锅炉桩基混凝土提高为 C40，则按照《地基规范》8.5.9，桩身强度 $Q\leqslant A_p f_c \Psi_c$。

式中，$f_c$ ——混凝土轴心抗压强度设计值；

$A_p$ ——桩身横截面面积；

$\Psi_c$ ——工作条件系数，预制桩取 0.75，灌注桩取 0.6～0.7（水下灌注桩或长桩时取低值）。

$$Q\leqslant A_p f_c \Psi_c = 0.785\times10^6\times19.1\times0.6 = 8996\text{kN}(\text{承载力设计值})$$

考虑综合分项系数 1.35 和重要性系数 $\gamma_0=1.1$，单桩竖向承载力标准值：

$$R_{a\phi1000}\approx Q\div1.35\div1.1=6055\text{kN}$$

所以，桩竖向承载力特征值按 $R_{a\phi1000}=6055$kN 控制。

### 13.2.3 方案比选

首先按常规的 3 倍桩径布桩，本锅炉基础采用 5.0m 厚进行试算。初选独立筏板、柱下大平板（满堂布桩）、井字筏板 3 种筏板方案进行试算，埋深按－6.5m 考虑，根据锅炉厂家荷载进行计算。

根据计算发现 4 个锅炉大柱附近的桩反力均超标，离此柱越远的桩相应的反力也减小。若采用柱下大平板的筏形基础，由于中间位置的桩，其反力约 1500kN，而此处承台自重、土重及地面活荷载产生的反力为 1410kN，这个反力几乎就是每桩的从属面积内承台及土自重产生的，在此处的桩是多余的，故取消试算柱下大平板。

根据初步试算结果，将试算独立筏板、井字筏板。为了在 4 个大柱下布置更多的桩，根据《桩基规范》3.2.3.1 条，非挤土和部分挤土灌注桩（非摩擦型），最小中心为 2.5$D$。故将桩间距由试算方案时的 3$D$ 减小为 2.5$D$，选取 4 种筏板方案进行计算，埋深按－7.0m 考虑，根据施工图设计阶段锅炉厂家荷载进行计算。

计算方案 A：4 个独立筏板；

计算方案 B：2 条水平联合筏板；

计算方案 C：2 条竖向联合筏板；

计算方案 D：井字中空筏板。

根据上述 4 个方案不同板厚、不同桩刚度的计算比较发现，采用井字中空筏板的方案占优。在此方案的基础上，优化井字筏板的宽度、桩位布置，并考虑与主厂房 D 列柱联合。

由于本锅炉基础采用嵌岩桩，经分析发现，桩的最大反力、桩最大最小反力的差值、筏板配筋量是主要的控制条件，桩位布置、桩刚度、筏板厚度是影响桩反力分布的三个重要因素，最后复核满足冲切、抗剪要求即可。经方案的计算与比较，确定最终桩位布置按图 13-3，作中空筏板方案，各个大柱下取 4×9＝36 根桩。

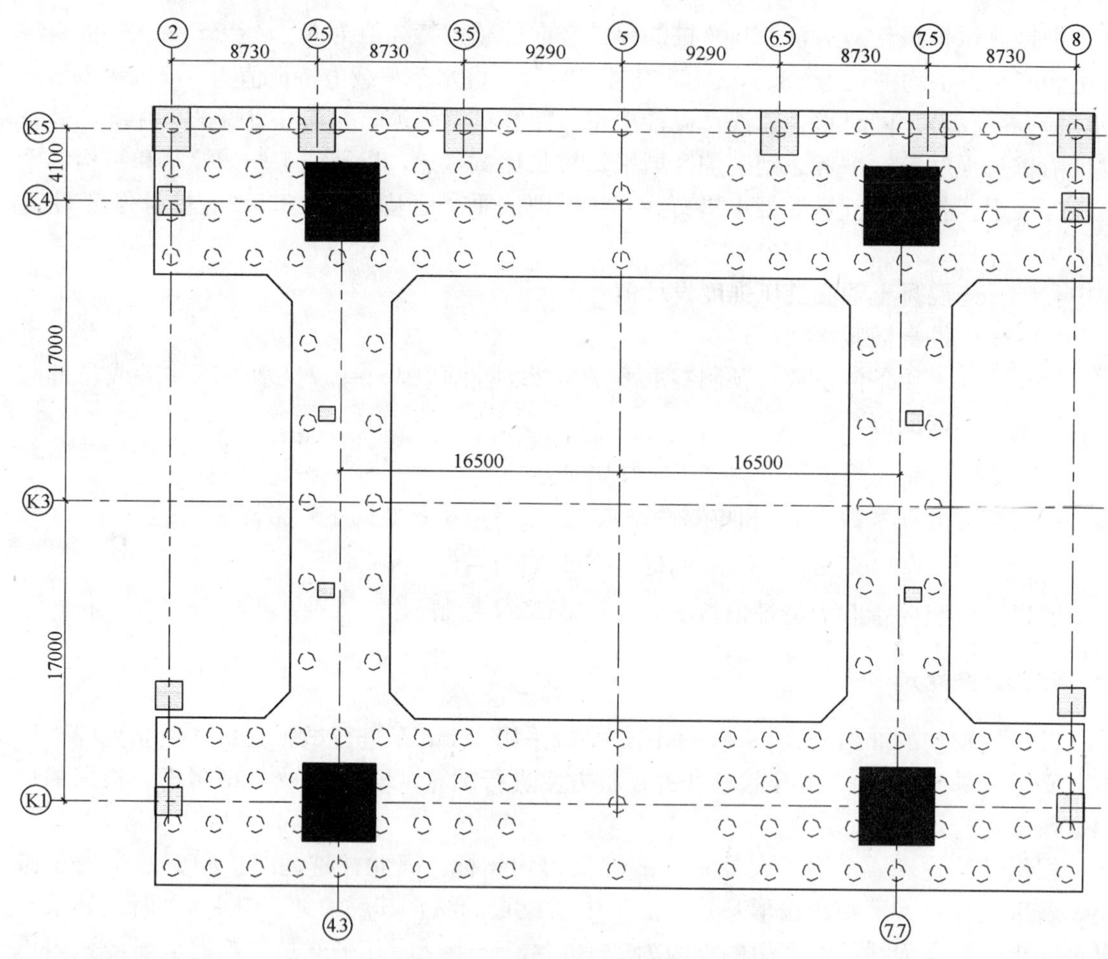


图 13-3 筏板桩位布置示意图

### 13.2.4 单桩平均竖向承载力复核

方案 D，按图 13-1 在柱 K4/B7.7 下荷载最大，共 5 个柱，柱脚总竖向荷载标准值：

$$\Sigma F_z = 118000 + 1500 + 19000 + 6000 + 6900 = 151400\text{kN}$$

此处承台面积约 $A=9.5\times22=209\text{m}^2$，则基底以上承台自重及土重 $G_k$：

$$G_k = A\times\text{埋深}\times\text{平均重度} = 209\text{m}^2\times7.25\text{m}\times24\text{kN/m}^2 = 36366\text{kN}$$

基底以上地面活载 $Q_k$：

$$Q_k = A\times\text{地面活载} = 209\text{m}^2\times10\text{kN/m}^2 = 2090\text{kN}$$

基底总荷载 $\Sigma P = F_z + G_k + Q_k = 151400 + 36366 + 2090 = 189856\text{kN}$

单桩平均反力 $\overline{R} = \Sigma P/n = 189856\text{kN}\div36$ 根桩 $= 5274\text{kN}\leqslant R_{a\phi1000} = 6055\text{kN}$，

结论：单桩平均竖向反力满足承载力的要求。

### 13.2.5 单桩水平承载力复核

近似考虑，忽略桩周土、承台底土的有利影响，是偏安全的考虑。

柱 K4/B7.7 处 5 个柱，基础顶面水平力标准值 $V_x$、$V_y$：

由 $x$ 风控制时，$V_x=9750\text{kN}$，$V_y=850\text{kN}$；

由 $y$ 风控制时，$V_x=310\text{kN}$，$V_y=9180\text{kN}$。

单桩平均水平反力 $\overline{R}_\text{H} = \sqrt{V_x^2+V_y^2}\div$ 桩数 $n$

由 $x$ 风控制时，$\overline{R}_\text{H} = \sqrt{9750^2+850^2}\div36=272\text{kN}\leqslant280\text{kN}$，故 OK；

由 $y$ 风控制时，$\overline{R}_\text{H} = \sqrt{310^2+9180^2}\div36=255\text{kN}\leqslant280\text{kN}$，故 OK。

结论：单桩水平反力满足水平承载力的要求。

### 13.2.6 承台厚度的确定

按 D 方案，取筏板厚度为 4.5m、5.0m、5.5m、6.0m 共 4 种板厚进行计算，可以看出，4 个大柱下方的桩反力最大，离此 4 柱远的桩，随着距离的增大而反力减小。由于 K4/B7.7 柱附近的总荷载最大，故此柱下方的桩反力也是最大的。

不同板厚的桩的最大反力统计、筏板配筋量统计见表 13-1 和表 13-2。

**K4/B7.7 柱下方桩最大、最小反力表** **表 13-1**

| 筏板厚度（m） | 4.5 | 5.0 | 5.5 | 6.0 |
|---|---|---|---|---|
| ϕ1000 桩竖向承载力（kN） | $1.2R_{a\phi1000}=1.2\times6055=7266$ | | | |
| 单桩最大反力（kN） | 7585 | 7179 | 6868 | 6721 |
| 单桩最小反力（kN） | 2166 | 2454 | 2710 | 2939 |

**筏板配筋量情况表** **表 13-2**

| 筏板厚度（m） | 4.5 | 5.0 | 5.5 | 6.0 |
|---|---|---|---|---|
| $x$、$y$ 向上筋（$\text{mm}^2$/m 宽） | 10630 构造配筋 | 11810 构造配筋 | 12990 构造配筋 | 14170 构造配筋 |
| $x$、$y$ 向上筋配筋率 | 0.24% | 0.24% | 0.24% | 0.24% |
| $x$ 向下筋（$\text{mm}^2$/m 宽） | 23350 | 22700 | 22020 | 21320 |
| $x$ 向下筋配筋率 | 0.52% | 0.46% | 0.40% | 0.36% |
| $y$ 向下筋（$\text{mm}^2$/m 宽） | 14970 | 13983 | 12990 构造配筋 | 14170 构造配筋 |
| $y$ 向下筋配筋率 | 0.34% | 0.28% | 0.24% | 0.24% |

通过表 13-1 可以看出，筏板厚度增大，桩的最大反力就减小，角桩处桩反力逐步增大。

通过表 13-2 可以看出，$x$、$y$ 上筋一直是按构造配筋。随着筏板厚度增大，$x$ 向下筋逐渐减小，$y$ 向下筋逐渐减小为构造配筋。筏板在 4.5～6m 厚范围内，配筋量都是适中的。即是说，若根据筏板配筋来确定板厚，则此 4 种板厚均可以采用。

当板厚 5.0m、5.5m、6.0m 时，桩的最大反力满足桩承载力要求，综合考虑后取筏板厚度 $H$=5.5m。

当筏板厚度取 5.5m 时，验算筏板各种冲切及剪切条件，均满足要求。

### 13.2.7 筏板配筋设计

根据 JCCAD 计算的各有限元网格的配筋包络图，将筏板配筋分成 2 个区域：一般区域和加强区。

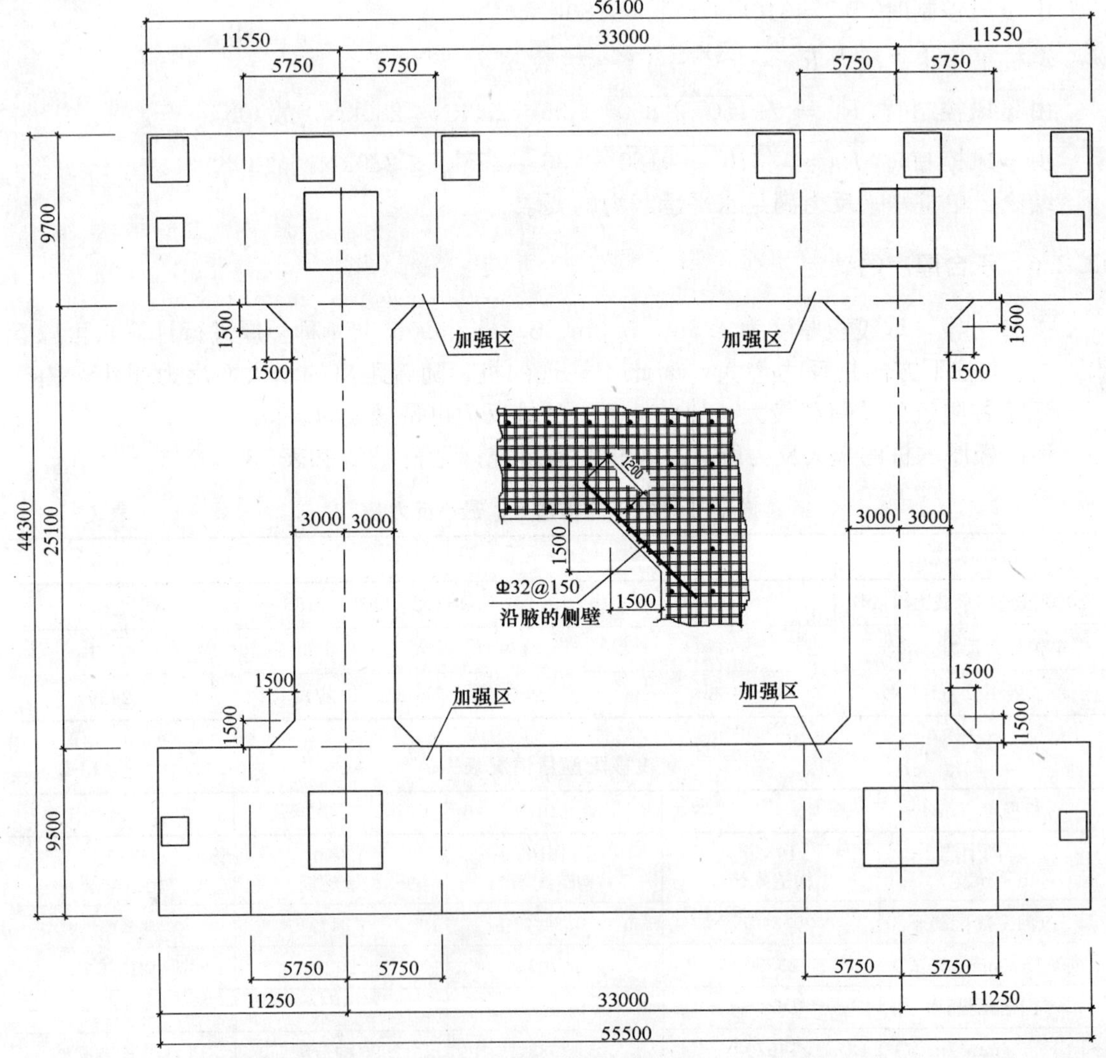


图 13-4 筏板配筋设计图

抗弯钢筋：

一般区域，取 $x$、$y$ 向上筋、下筋均为 2 层，配筋率略大于构造配筋。

加强区域，增加 $x$、$y$ 向下筋的配筋量为 4 层。

插筋及弯起钢筋：

一般区域，按构造沿 $x$、$y$ 方向，双向布置插筋，不作弯起钢筋。

加强区域，沿 $x$、$y$ 方向布置抗剪插筋，并沿 $y$ 向作弯起钢筋，提高筏板抗剪承载力。

### 13.2.8 地基变形验算

《建筑地基基础设计规范》表 5.3.4 得："$H_g>100$m，整体倾斜允许值 0.002。体形简单的高层建筑基础的平均沉降量允许值 200mm。"

《建筑地基基础设计规范》8.5.10 条规定：嵌岩桩可不进行沉降验算。

因此，本锅炉基础可以不进行沉降验算。

### 13.2.9 桩、土、承台共同作用的分析

《桩基规范》5.2.2.2：对于桩数超过 3 根的非端承桩桩基，宜考虑桩群、土、承台的相互作用效应，其复合基桩的竖向承载力设计值 $R$：

$$R=\text{侧阻 }\eta_s Q_{sk}/\gamma_s+\text{端阻 }\eta_p Q_{pk}/\gamma_p+\text{承台底土效应 }\eta_c Q_{ck}/\gamma_c$$

根据《桩基规范》5.2.2.2 的条文解释，由于本锅炉基础采用的是嵌岩桩，其侧阻力发挥值很小，桩端持力层压缩性低，桩基沉降小，侧阻、端阻的群桩效应可忽略不计，承台土的反力也很小。故端承群桩种的基桩，其承载力可视为与单桩相等，即本次锅炉桩基的设计可不考虑桩、土、承台的共同作用。

## 13.3 倒楼盖法与弹性地基梁板法的比较

采用倒楼盖法进行计算，统计各桩最大、最小反力及筏板的最大配筋量可见下表：

**桩最大、最小反力表** **表 13-3**

| 筏板厚度（m） | 4.5 | 5.0 | 5.5 | 6.0 |
|---|---|---|---|---|
| φ1000 桩竖向承载力（kN） | $1.2R_{a\phi1000}=1.2\times6055=7266$ | | | |
| 单桩最大反力（kN） | 5470 | 5470 | 5470 | 5470 |
| 单桩最小反力（kN） | 4310 | 4310 | 4310 | 4310 |

**筏板配筋量情况表** **表 13-4**

| 筏板厚度（m） | 4.5 | 5.0 | 5.5 | 6.0 |
|---|---|---|---|---|
| $x$、$y$ 向上筋（$mm^2/m$ 宽） | 10630<br>构造配筋 | 11810<br>构造配筋 | 12990<br>构造配筋 | 14170<br>构造配筋 |
| $x$、$y$ 向上筋配筋率 | 0.24% | 0.24% | 0.24% | 0.24% |

续表

| 筏板厚度（m） | 4.5 | 5.0 | 5.5 | 6.0 |
|---|---|---|---|---|
| $x$ 向下筋（$mm^2$/m 宽） | 34520 | 33700 | 31230 | 29100 |
| $x$ 向下筋配筋率 | 0.77% | 0.68% | 0.57% | 0.49% |
| $y$ 向下筋（$mm^2$/m 宽） | 10630<br>构造配筋 | 11810<br>构造配筋 | 12990<br>构造配筋 | 14170<br>构造配筋 |
| $y$ 向下筋配筋率 | 0.24% | 0.24% | 0.24% | 0.24% |

通过表 13-3 可以看出，采用平板基础、桩刚度取统一值、桩位不变、埋深不变的情况下，桩反力的分布和板厚无关，也和桩刚度无关。也印证出，倒楼盖法计算，是将筏板考虑成绝对刚体，不考虑厚度变化对筏板刚度、桩反力的影响。

通过表 13-4 可以看出，筏板 $x$、$y$ 向上筋、$y$ 下筋均为构造配筋，$x$ 下筋随着板厚的增加而减小。当筏板厚度 5.5m 时，比弹性地基梁板法计算的配筋量多 9210$mm^2$，多出 $\frac{31230-22020}{22020}=\frac{9120}{22020}\times 100\%=42\%$ 的钢筋量。对比两种方案的最大反力图可知，采用倒楼盖法，离柱远的桩反力增加了，如筏板角点处的桩反力由 3000kN 增大至 5000kN 左右，故计算至柱边的弯矩相应增加，配筋量也相应增加。

通过倒楼盖法与弹性地基梁板法计算结果比较可知，倒楼盖法计算的桩反力分布更均匀，最大桩反力产生在角桩，计算所得的抗弯钢筋、冲切厚度、剪切厚度均略大于采用弹性地基梁板法计算的结果，但二者在量级上是一致的。

倒楼盖法计算出的桩反力分布较均匀，计算的抗弯钢筋增加较多，计算的冲切厚度、剪切厚度与弹性地基梁板法结果相当。弹性地基梁板法，计算的桩反力分布差异较大，对桩承载力来说是偏于不利的。由于弹性地基梁板法更好地考虑了筏板本身的刚度影响，故按弹性地基梁板法的分析作为设计依据。

## 13.4 结　　论

通过前面的分析，可以得出如下结论：

1. 对于嵌岩桩，不需考虑桩、土、承台的共同作用。

2. 对于嵌岩桩，由于桩沉降量很小（本锅炉基础，平均沉降 2mm，最大沉降 3.5mm），故可不进行沉降验算，基础沉降不作为控制条件。

3. 对于嵌岩桩，桩的最大反力、桩最大最小反力的差异值是首要的控制条件。桩的合理分布、桩刚度、筏板厚度是影响桩反力分布的三个重要因素：

（1）桩的合理分布：应尽可能在大（荷载）柱下方、柱边各 $h_0$（基础有效高度）范围内，按桩承载力最大的原则（桩总承载力 $\Sigma R_i$ 最大值，取相应的桩径），以尽可能小的桩间距，尽可能四边对称布置尽量多的桩，分担大柱荷载以减小桩的最大反力；在小（荷载）柱下方，或无柱的地方，则应少布桩。

（2）桩刚度的取值：桩长越短，桩刚度越大，最大桩反力越大，最小桩反力越小，即桩反力的差异性增大，对于桩承载力而言偏于不利。故桩刚度的取值，应结合桩端地形条件，可偏于安全地取偏大的刚度。

(3) 筏板的厚度：埋深不变的情况下，承台厚度越大，最大桩反力减小，最小桩反力增加，即桩反力的差异性减小，对于桩承载力而言是有利因素。但随着承台厚度的增加，势必增加埋深而增加自重，加大桩的反力，且材料用量随之急剧上升。所以，应在一定范围内选择满足基础抗弯、冲切、剪切的合理厚度。

4. 工程实践中常用的倒楼盖法，与弹性地基梁板法比较偏于保守。仅当承台刚度相对较大、桩刚度相对较小时，符合承台是绝对刚体的假定时，方可使用。

目前，世界上大容量机组的锅炉形式主要有 π 形锅炉和塔式锅炉两种炉型。这两种炉型在不同的国家都得到广泛的运用。相比而言塔式锅炉的占地面积小、高度比 π 形锅炉高、单柱荷载大，一般上万吨，在滨海软土地基场地建设这类构筑物时地基及基础的设计非常关键。

本章所介绍的锅炉基础处于滨海滩涂区，具有较大承载力的中风化凝灰岩，埋深 21～37m，为使用嵌岩桩创造了较好的条件。嵌岩桩端沉降小、筏板沉降不起控制作用，桩刚度大，在设计分析中应着重注意分析桩刚度、筏板厚度、桩位布置的影响，合理确定相关计算参数，案例对这些参数的确定方法值得类似工程借鉴。此外，本案例通过弹性地基梁板法和倒楼盖法两种方法的对比计算，也为筏形承台的分析计算提供了很好的参考。

# 14 托板桩在圆形煤场堆煤区地基处理中的应用

火电厂的煤场是火电厂的燃料储存区，是大面积的堆载区域。圆形煤场是近年来发展出来的环保、美观的储煤设施。在软土地基上建设圆形煤场时，煤堆载区域的地基处理的好坏会直接影响周边圆形煤场构筑物的安全。本章介绍了某电厂圆形煤场堆煤区软土地基处理的方案比选过程，并最终确定采用托板桩进行堆煤区域的软土地基处理。

## 14.1 工 程 概 况

沿海某电厂工程一期建设有两座直径 120m 的圆形煤场，堆煤区位于半挖半填区域，由于填土下淤泥层较薄，埋藏浅，故采用换填处理。二期拟建两座直径 120m 的圆形煤场，堆煤区位于一期海涂回填场地，回填厚度约 8m，其下淤泥层已作过塑料排水板堆载预压处理。

## 14.2 工 程 地 质 条 件

根据勘测报告，输煤系统区域各岩土层分布如下：

$⓪_1$ 素填土：灰黄色、青灰色，松散或稍密，由块石、碎石并充填砾、砂组成。

$⓪_2$ 淤泥：深灰色，饱和，软塑或流塑，土体扰动，混多量碎、砾石。

①淤泥：深灰色、灰色，饱和，流塑或软塑，含大量有机质。

③角砾、粗砾砂或中粗砂：灰、灰绿、灰黄色，饱和，稍密，局部为角砾混黏土。

④粉质黏土：浅灰色、灰黄色，以可塑为主夹软塑。

⑤粉质黏土或粉质黏土混碎石：灰黄、黄褐色，硬可塑为主。

⑥粗砾砂或中粗砂：灰、灰绿、灰黄色，饱和，稍密，局部为角砾混黏性土。

⑦碎石混黏性土：黄褐色为主，稍湿，中密-密实，碎石为强或全风化凝灰岩。

⑧碎（卵）石、粗砾砂：灰褐色，中密。

$⑨_1$ 全风化凝灰岩：紫红色、棕红色，大部分风化呈中等密实砂状或硬塑土状。

$⑨_2$ 强风化凝灰岩：紫红色或砖红色，大部分风化呈碎块状。

$⑨_3$ 中风化凝灰岩：以紫红色角砾凝灰岩为主，岩石较坚硬，抗压强度较高。

圆形煤场堆煤区主要岩土层物理力学性质指标见表 14-1。

**堆煤区主要岩土层物理力学性质指标** 表 14-1

| 土层编号 | 岩土名称 | 天然重度 $\gamma$(kN/m³) | 含水量 $w$(%) | 孔隙比 $e$ | 压缩模量 $E_{s1-2}$ (MPa) | 地基承载力特征值 $f_a$ (kPa) | 极限侧阻力标准值 $q_{sik}$ (kPa) | 极限端阻力标准值 $q_{pk}$ (kPa) |
|---|---|---|---|---|---|---|---|---|
| $⓪_1$ | 素填土 | 19 | — | — | 6 | 150 | 80 | — |

续表

| 土层编号 | 岩土名称 | 天然重度 $\gamma$(kN/m³) | 含水量 $w$(%) | 孔隙比 $e$ | 压缩模量 $E_{s1-2}$ (MPa) | 地基承载力特征值 $f_a$ (kPa) | 极限侧阻力标准值 $q_{sik}$ (kPa) | 极限端阻力标准值 $q_{pk}$ (kPa) |
|---|---|---|---|---|---|---|---|---|
| ① | 淤泥 | 17.2 | 52.2 | 1.435 | 2.2 | 90 | 11 | — |
| ⑤ | 粉质黏土或粉质黏土混碎石 | 19.6 | 28.1 | 0.771 | 6.6 | 160 | 58 | 550 |
| ⑨$_3$ | 中风化凝灰岩 | 26.5 | — | — | — | 1500 | — | — |

## 14.3 地基处理方案比较

### 14.3.1 概述

堆煤区场地软土深厚、土质差，且堆煤荷载大，如果地基不进行处理，填土层和淤泥层的天然地基承载力就不能满足要求。同时地基的沉降和侧向变形都很大，导致挡煤墙环基下桩产生相当大的水平位移和弯矩，使桩身发生破坏，从而危及上部结构安全。因此必须对地基进行处理。

堆煤区地基处理设计时应考虑如下问题：(1) 堆煤荷载作用下地基的承载力；(2) 堆煤荷载作用下地基的沉降；(3) 堆煤区地基的侧向变形对挡煤墙环基下桩的影响。

软土场地条件下，常用的地基处理方法有排水固结法、碎石桩法、水泥搅拌桩法、高压旋喷桩法、桩筏基础及托板桩处理法。

场地已经大面积回填了厚度约 8m 的石渣，根据场地目前的情况，无法打设新的塑料排水板，即使采用引孔的方法，塑料排水板顶也无法设置砂垫层，所以堆煤区地基处理时无法新打设塑料排水板。原来一期回填土时已经施工了塑料排水板，故考虑了利用一期塑料排水板进行预压的处理方案。

碎石桩方法较适合于粉土及粉砂地基，通过挤密作用加固地基并承受上部荷载。在淤泥质土中，土体对桩的侧向约束小，桩受荷载作用时，碎石材料挤入到桩周的淤泥质土中，造成桩体破坏。因此《建筑地基处理技术规范》不推荐采用碎石桩处理淤泥质土体。同时碎石桩施工时也需要引孔，穿过填土层，工作量较大。所以碎石桩方案不适合本工程。

水泥搅拌法和高压旋喷法是通过水泥土加固地基。本场地回填土厚度大，且其中含有较大粒径的块石，如果采用水泥搅拌法或者高压旋喷法施工，都需要引孔，但是高压旋喷桩钻杆直径较小（约 100mm），而水泥搅拌桩叶片直径较大（500～700mm），因此用高压旋喷桩引孔相对容易，而水泥搅拌桩引孔工作量大。因此仅对高压旋喷桩方案进行了比较分析。

刚性桩也较适合本工程，如桩筏基础方案和托板桩方案。根据前期工程施工情况，可以选用冲击锤成孔的灌注桩，如采用管桩，则应通过试桩确定管桩的可打性，即穿越填土层的难易程度。

本章具体分析了天然地基方案、利用一期塑料排水板预压方案、高压旋喷桩方案、桩筏基础方案和托板桩方案，最后推荐托板桩方案。

### 14.3.2 天然地基方案

堆煤荷载属于大面积地面荷载，根据《建筑地基基础设计规范》（GB 50007—2002）第7.5.2条，堆载量不应超过地基承载力特征值。由于煤场堆煤区不同于一般的建筑结构地基，可允许有比一般建筑稍大的沉降，故考虑将其地基承载力特征值乘以1.3的放大系数。

根据计算，$⓪_1$素填土和①淤泥层的天然地基承载力均不满足要求。在不处理条件下，堆煤区地基的最大沉降达到1.35m。满堆煤时挡煤墙环基附近土体水平位移达到21cm，环基下桩身最大水平位移为69mm，相应的桩身最大设计弯矩为4320kN·m（发生在环基和桩的连接部位），远远超过了桩身承载力，使桩发生破坏。

### 14.3.3 利用一期塑料排水板进行预压方案

利用一期塑料排水板进行预压，有两种可能的方案。一是先施工挡煤墙环基等煤场结构，然后利用煤的荷载进行自预压。该方案在实施时，通过分级堆载可以保证地基承载力的要求，但是地基仍然会产生相当大的侧向变形，从而使煤场结构破坏。二是先堆土进行预压，待预压完成后再施工煤场结构。在施工桩基和煤场结构之前，地基的沉降和侧向变形已基本完成，因此后续堆煤不会对桩基产生不利影响。以下考虑第二种预压的方案，即先堆载预压，然后再施工桩基和煤场结构。

由于施工的对象是软土地基上的煤场，淤泥强度低而煤场荷载大，因此在进行堆载时，必须严格控制加荷速率。设计时以地基强度来控制加载速率，利用堆土荷载进行预压。采用分级加荷，待前期荷载作用下，地基土体强度有所增长后，再加下一级荷载，最后逐步达到设计荷载。其中参数选取时考虑一期预压后地基产生较大的沉降变形，塑料排水板发生弯折，使得涂抹因子增加。

根据计算，需要4年时间才能完成预压加载，见图14-1。

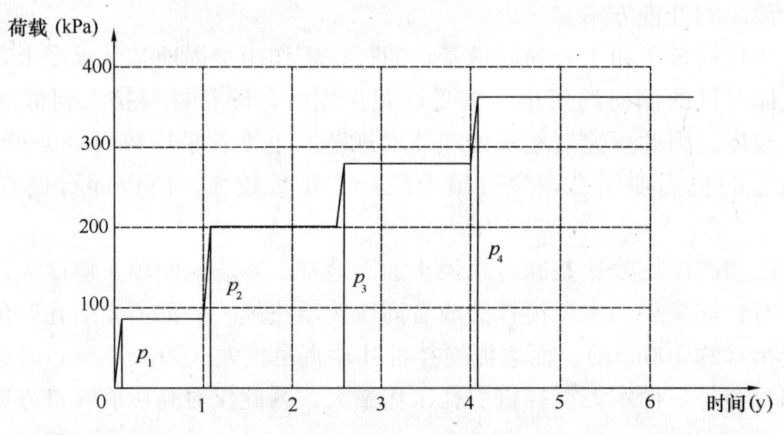


图14-1 预压分级加载图

### 14.3.4 桩筏基础方案

桩筏基础可以将煤场的荷载往深层土体转移，从而减小地基的沉降和侧向变形，同时筏板还可以有效地调节地基的不均匀沉降，从而满足承载力和变形的要求。由于场地已经填筑了厚度较大的回填土，该回填土作用下地基的沉降还没有全部完成（根据地质报告固结度约 90%），采用桩筏基础可以减小一期回填土未完成的沉降对结构的影响，但是随着地基的固结，地基和基础之间可能会发生脱空。

考虑到场地有厚度较大的回填土，分析时采用直径为 800mm 的冲击锤成孔灌注桩，桩长为 43m，以⑤粉质黏土层为持力层，桩身混凝土强度等级 C30。按照《桩基规范》计算可得单桩极限承载力为 4960kN，单桩承载力特征值可取 3100kN，桩间距 3m，堆煤区总桩数 694 根。筏板厚度为 1.0m，筏板混凝土强度等级 C30。

根据计算，筏板的最大沉降约为 8cm，最小沉降为 1cm，不均匀沉降约 7cm。该部分沉降主要由下卧层沉降引起。和不处理相比，沉降量有了相当大的减少。最大基桩反力为 3282kN，最小反力为 2235kN，筏板最大设计弯矩为 700kN·m/m。桩的承载力满足设计要求。

### 14.3.5 高压旋喷桩方案

高压喷射注浆法以水泥为原料，采用高压水射流切割土体，并使土体和水泥浆液充分混合，最后形成水泥土。高压旋喷桩加固土体的质量高可靠性好，具有增加地基强度、提高地基承载力、止水防渗、减少支档建筑物土压力、防止砂土液化和降低土的含水量等多种功能。在一般的软弱地基中加固，能预期得到稳定的加固效果并有较好的耐久性能，可用于永久性工程。它施工较为简便，桩体成形灵活，并且施工设备简单。但对施工技术要求高，加固深度有局限，当深度超过 25m 时，成桩质量不易控制。

高压旋喷桩直径取为 800mm，桩间距为 2.1$d$（1.68m），正方形布置，总桩数 3776 根。处理深度从素填土表面开始，往下施工 25m，包括了素填土 7.3m，淤泥层 5.7m 和粉质黏土层 12m。高压旋喷桩的室内标准试件水泥土强度应大于 3.0MPa。在回填 1m 填土时同时铺设三层土工格栅，层与层间距 25cm，土工格栅抗拉刚度大于 100kN/m。土工格栅之间填筑砂砾，其最大粒径要求小于 15cm，含泥量要求小于 5%。土工加筋垫层施工后，再在其上施工倾斜垫层。

由地质资料计算的单桩极限承载力为 1619kN，单桩承载力特征值为 810kN。桩身强度折减系数取 0.4，由桩身水泥土强度计算的单桩承载力特征值为 600kN。因此，单桩承载力特征值取 600kN。

根据计算，$⓪_1$ 素填土和①淤泥层的复合地基承载力均满足要求。堆煤区场地的沉降为 33cm，土体的最大水平位移也下降到 4cm。环基下桩身最大位移约 2.5cm，桩身最大设计弯矩约 1548kN·m。从计算结果看和不处理相比有了较大的改善。

### 14.3.6 托板桩方案

托板桩是指用刚性桩（包括桩托板）和土工加筋体加固地基的一种相对较新的处理方法。桩托板、地基土体、填土和加筋体之间的相互作用可以描述如下：由于地基软土的存在，填土自重会使托板间的土体产生向下运动的趋势，这种运动趋势受到托板上方填土抗剪强度的限制，减小了作用在土工合成材料上的压力，但增大了托板上的荷载，这种荷载传递机理称为土拱效应（图 14-2）。

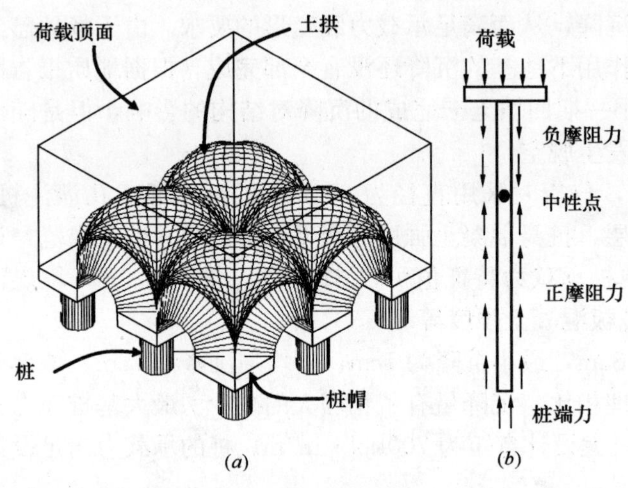

图 14-2　土拱效应及荷载传递规律

该地基处理方法通过桩体将上部荷载往地基深处传递，可以大大减小地基的沉降和侧向变形。加筋垫层的作用类似于柔性筏板，对沉降的调节作用没有刚性板明显，但是该结构使桩体受力比较均匀，可以保证大部分桩承载力充分发挥。

桩体采用冲击锤成孔的灌注桩，桩径 600mm。根据堆煤荷载的分布不均匀性及距离环基位置的远近，采用变桩距和变桩长方式布置，堆煤区下总桩数 755 根，总桩长为 25960m。所有桩都打穿淤泥层，桩身混凝土强度等级 C30。

桩顶设置厚 0.6m 的钢筋混凝土方形托板，强度等级 C30。最靠近环基 2 排桩的托板宽 2m，其他托板宽 1.2m。在托板顶面以上分层铺设三层土工格栅，间距 25cm，抗拉刚度大于 100 kN/m。土工格栅之间填筑砂砾，其最大粒径要求小于 15cm，含泥量要求小于 5%。土工加筋垫层施工后再在其上施工回填土垫层。

## 14.4 计 算 分 析

### 14.4.1 桩竖向承载力验算

单桩竖向极限承载力设计值 $R$（不计负摩擦力段）：

$$R = \sum q_{sik} U L_i + q_{pk} A_p$$

式中，$q_{sik}$ ——第 $i$ 层土的极限侧阻力标准值；

$q_{pk}$ ——桩端持力层极限端阻力标准值；

$A_p$ ——桩端截面面积。

作用在桩上的荷载 $P$ 用复合地基公式进行计算：

$$P = S_a^2 p - f_{ak}(S_a^2 - b^2)$$

式中，$S_a$ ——桩间距；

$b$ ——托板宽度；

$p$ ——堆煤荷载；

$f_{ak}$ ——桩间土承载力特征值。

由于煤场堆煤区不同于一般的建（构）筑物，其地基可允许有稍大的沉降，故可考虑将其地基承载力适当提高。

地基大面积堆载会产生沉降，桩侧产生的负摩阻力对桩体产生的极限下拉力 $Q_g^n$：

$$Q_g^n = \sum \xi_n \gamma'_i z_i U L_i$$

式中，$\xi_n$ ——桩周土负摩阻力系数；

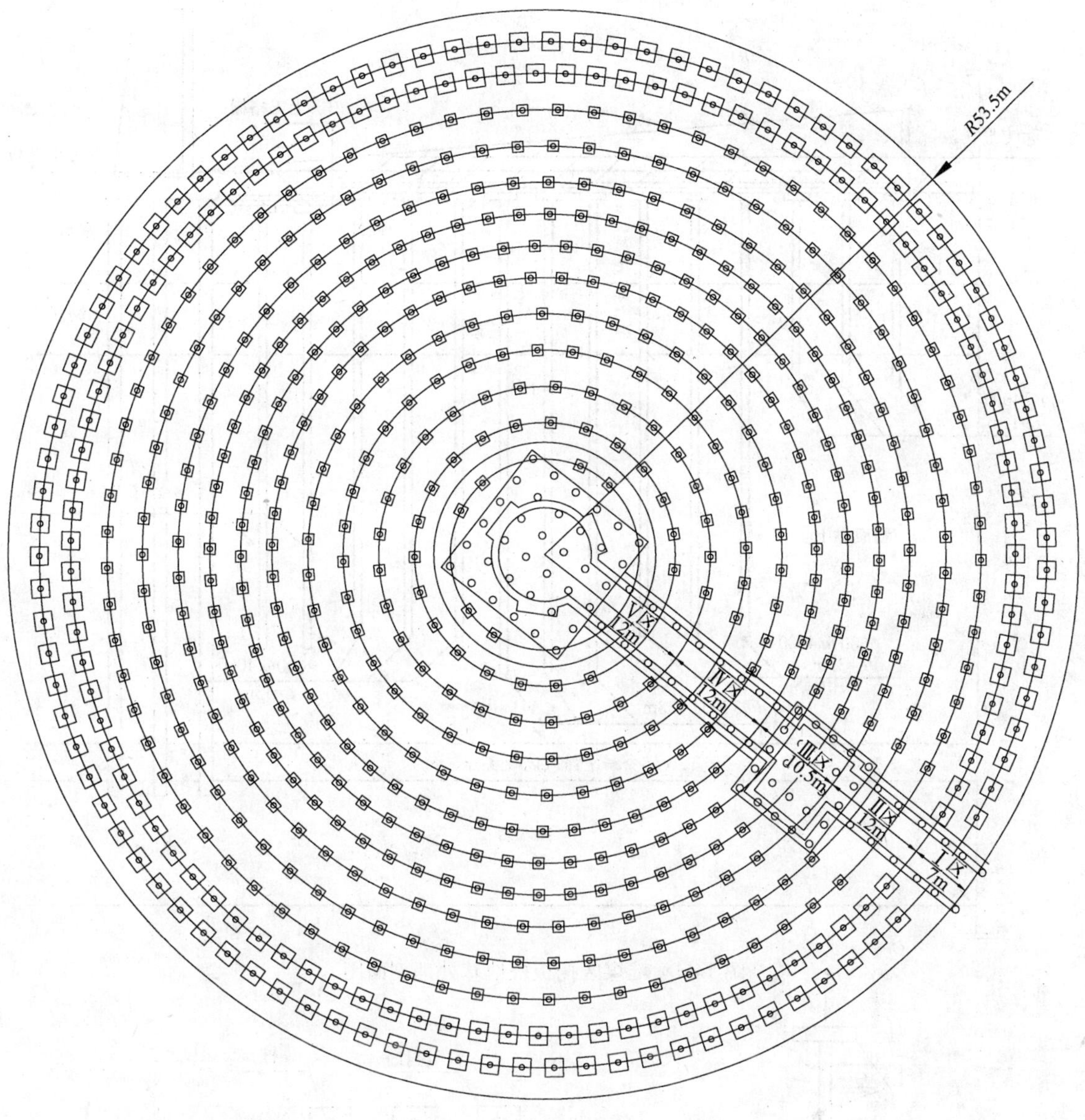


图 14-3 堆煤区托板桩地基处理平面图

$\gamma'_i$ ——第 $i$ 层土底面以上桩周土按厚度计算的加权平均有效重度；

$z_i$ ——自地面起算的第 $i$ 层土中点深度；

$U$ ——桩身周长；

$L_i$ ——中性点以上桩各土层的厚度。

桩的设计思想如下：单桩处理范围之内的上部荷载由桩和桩间土共同承担，桩间土的承载力充分发挥，其余荷载由桩承担；桩侧受到负摩擦力作用。单桩受力及其处理范围分别如图 14-5 和图 14-6 所示。

经计算，各个区域桩的竖向承载力均满足要求。

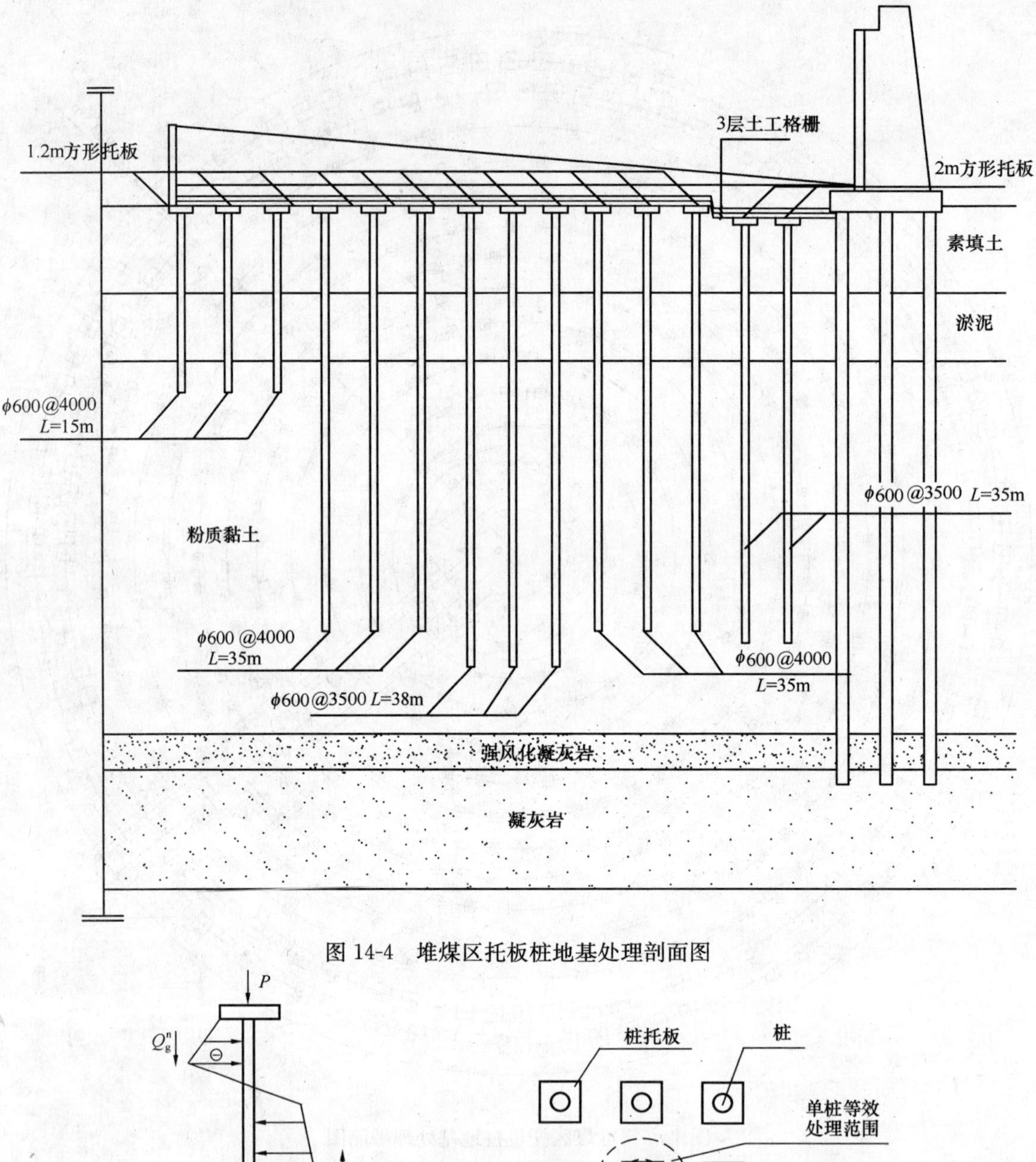

图 14-4　堆煤区托板桩地基处理剖面图

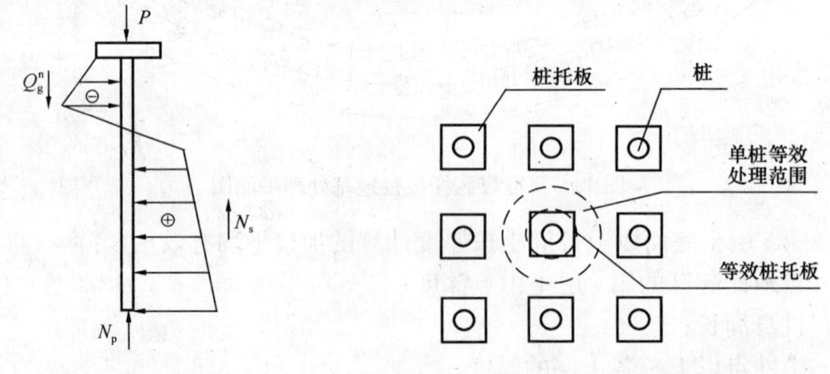


图 14-5　单桩受力简图　　　　图 14-6　单桩处理范围示意图

### 14.4.2　桩水平承载力验算

根据 ANSYS 程序空间建模计算的结果可得：煤场下面土体最大水平位移为 5.8cm，

桩身最大水平位移为 5.1cm；煤场下Ⅳ区桩的水平位移和弯矩都比其他各区大，最大水平位移在桩顶处为－5.81cm，最大弯矩标准值在离桩顶 10.5m 处为 235kN·m。各区桩水平承载力均满足要求。

### 14.4.3 沉降计算

沉降分别采用 PLAXIS 程序、ANSYS 程序和分层总和法进行计算的结果见表 14-2。

**沉降计算结果** 表 14-2

| 方法 | 靠近环基处沉降（cm） | 堆煤最高处沉降（cm） | 靠近煤场中心处沉降（cm） |
|---|---|---|---|
| PLAXIS 程序 | 8 | 14.4 | 27.8 |
| ANSYS 程序 | 9 | 17.1 | 32.7 |
| 分层总和法 | 11.7 | 17.8 | 28.4 |

### 14.4.4 环基下桩的受力分析

由 ANSYS 计算结果可知：内排桩最大水平位移在离桩顶 32m 处为 2.01cm，最大弯矩标准值在离桩顶 38m 处为 808kN·m；中间桩最大水平位移在离桩顶 35m 处为 1.53cm，最大弯矩标准值在离桩顶 38m 处为 505kN·m；外排桩最大水平位移在离桩顶 33m 处为 1.24cm，最大弯矩标准值在离桩顶 38m 处为 337kN·m。桩的计算结果见表 14-3。

**环基下桩的计算结果** 表 14-3

| 地面最大沉降（cm） | 环基下桩最大水平位移（cm） | 桩最大正弯矩标准值（kN·m） |
|---|---|---|
| 30.2 | 2.01 | 808 |

根据计算，堆煤区桩承载力均满足要求，土体最大水平位移为 5.8cm，地基最大沉降为 32.7cm，桩身最大水平位移为 5.1cm，桩身最大设计弯矩为 282kN·m。环基桩身最大水平位移在离桩顶 32m 处为 2.01cm，桩身最大设计弯矩在离桩顶 38m 处为 970kN·m，满足设计要求。

## 14.5 方案经济比较

从前述可知，采用天然地基方案不能满足设计要求，而利用一期塑料排水板进行预压方案不能满足电厂工期要求。故对后三种可行方案的经济比较见表 14-4。其中造价是按表中所列工程量和注中所列单价进行计算的，未考虑土方开挖、煤场地坪等其他费用。

**方案经济比较** 表 14-4

| 方案 | 设计参数 | 造价（万元） |
|---|---|---|
| 桩筏基础 | 1. 灌注桩：694 根 φ800 桩长 43m；<br>2. 钢筋混凝土总体积 10474m³ | 2749 |

续表

| 方案 | 设计参数 | 造价（万元） |
| --- | --- | --- |
| 高压旋喷桩 | 1. 旋喷桩：3776 根 ϕ800 长 25m；<br>2. 三层土工格栅加筋垫层；<br>3. 砂砾垫层厚 1m | 2014 |
| 托板桩 | 1. 灌注桩：755 根 ϕ600，总长 25960m；<br>2. 托板钢筋混凝土体积 957$m^3$；<br>3. 三层土工格栅加筋垫层；<br>4. 砂砾垫层厚 1m | 1138 |

注：1. 高压旋喷桩：200 元/m；2. 灌注桩：1274 元/$m^3$；3. 钢筋混凝土：800 元/$m^3$；4. 土工格栅：20 元/$m^2$；5. 砂砾垫层：60 元/$m^3$。

## 14.6 结　　论

在软土地基上建设圆形煤场时，煤堆载区域的地基处理的好坏会直接影响圆形煤场周边构筑物的安全。本案例中的圆形煤场所在场地软土深厚，土质差。如果地基不进行处理，面临填土层和淤泥层天然地基承载力不能满足要求，以及堆煤后地基的沉降和侧向变形很大，导致挡煤墙环基下桩产生相当大的水平位移和弯矩，使桩发生破坏的问题。

结合本工程的地质条件，选择具体分析以下几种地基处理方案：天然地基方案、利用一期塑料排水板预压方案、高压旋喷桩方案、桩筏基础方案和托板桩方案。通过对比发现：

由于堆煤区一期已回填了约 8m 厚的石渣，所以无法新打设塑料排水板。即使采用引孔的方法，塑料排水板顶也无法设置砂垫层。考虑利用一期已经打设的塑料排水板进行预压，如果先施工挡煤墙环基等煤场结构，然后排水预压，煤场将产生很大的侧向变形，导致煤场结构破坏；如果先排水预压，再施工挡煤墙环基等煤场结构，则所需的工期约 4 年，无法满足电厂工期要求。所以不推荐使用排水固结法处理方案。

桩筏基础方案施工较为方便，可以穿越填土层，基础可靠，承载力高，沉降较小，对挡煤墙环基下桩的影响也小。但是该方案没有充分利用填土的承载力，一期填土没有完成的沉降可能导致基础和地基脱空，且该方案造价较高。

高压旋喷桩方案施工方便，填土层如遇块石可通过小型钻机引孔穿越。它和土工加筋层共同工作可以有效减小沉降，提高地基承载力。但对施工技术要求高，加固深度有局限，当深度超过 25m 时，成桩质量不易控制。需要提高挡煤墙环基下桩的配筋率，桩身弯矩才满足设计要求。由于淤泥层的有机质含量高，该方案的适用性有待试验验证。

托板桩方案施工较为方便，可以穿越填土层。桩和土工格栅加筋垫层共同作用可以有效减小沉降，提高地基承载力，并能充分利用填土层的地基承载力。采用该方案后，满足堆煤区地基承载力的要求，同时挡煤墙环基下桩的受力也满足要求，并且造价较低。经过对多种地基处理方案进行技术经济比较，最终选择托板桩方案。

地基处理的方法很多，在确定地基处理的方案时，应当从技术、经济和施工工期等各个角度综合考虑，并结合当地地基处理的成熟经验和施工条件因素，通过多方案的技术经济比较，选择合理的地基处理方案。